中国科协碳达峰碳中和系列丛书　　　　中国科学技术协会　丛书主编

氢能与储能
导论

彭苏萍　陈立泉 ◎ 主编

刘　玮　陈海生　杨志宾　熊星宇　万燕鸣 ◎ 执行主编

中国科学技术出版社
·北 京·

图书在版编目（CIP）数据

氢能与储能导论 / 彭苏萍，陈立泉主编；刘玮等
执行主编 . -- 北京：中国科学技术出版社，2023.9
（中国科协碳达峰碳中和系列丛书）
ISBN 978-7-5236-0285-0

Ⅰ.①氢…　Ⅱ.①彭…　②陈…　③刘…　Ⅲ.①氢能
②储能　Ⅳ.①TK91②TK02

中国国家版本馆CIP数据核字（2023）第154419号

策　划	刘兴平　秦德继
责任编辑	李双北
封面设计	北京潜龙
正文设计	中文天地
责任校对	焦　宁
责任印制	李晓霖

出　版	中国科学技术出版社
发　行	中国科学技术出版社有限公司发行部
地　址	北京市海淀区中关村南大街16号
邮　编	100081
发行电话	010-62173865
传　真	010-62173081
网　址	http://www.cspbooks.com.cn

开　本	787mm×1092mm　1/16
字　数	320千字
印　张	17.25
版　次	2023年9月第1版
印　次	2023年9月第1次印刷
印　刷	北京顶佳世纪印刷有限公司
书　号	ISBN 978-7-5236-0285-0 / TK·28
定　价	118.00元

"中国科协碳达峰碳中和系列丛书"
编 委 会

《氢能与储能导论》
编 写 组

组　　长

史玉波　　中国能源研究会理事长，教授级高工

成　　员（按姓氏笔画排序）

王成山　　中国工程院院士，天津大学教授

刘吉臻　　中国工程院院士，新能源电力系统国家重点实验室主任

孙正运　　中国能源研究会副理事长兼秘书长，教授级高级工程师

何雅玲　　中国科学院院士，西安交通大学教授

杜祥琬　　中国工程院院士，国家能源咨询专家委员会副主任

杨裕生　　中国工程院院士，中国人民解放军防化研究院第一研究所研究员

周孝信　　中国科学院院士，中国电力科学研究院名誉院长

金之钧　　中国科学院院士，北京大学能源研究院院长

陈立泉　　中国工程院院士，中国科学院物理研究所研究员

陈海生　　中国能源研究会储能专委会主任，中国科学院工程热物理研究所
　　　　　研究员

彭苏萍　　中国工程院院士，中国矿业大学（北京）教授

主　　编

彭苏萍　　中国工程院院士，中国矿业大学（北京）教授

陈立泉　　中国工程院院士，中国科学院物理研究所研究员

执行主编

刘　玮　　国华能源投资有限公司总经理，中国氢能联盟秘书长

陈海生　　中国能源研究会储能专委会主任，中国科学院工程热物理研究所
　　　　　研究员

杨志宾　　　中国矿业大学（北京）教授
熊星宇　　　华北电力大学副教授
万燕鸣　　　中国氢能联盟研究院董事长

写作组主要成员（按姓氏笔画排序）

王志峰	王伯钊	王青松	王洪建	王婷婷	石文辉	吕　喆
乔志军	刘　为	刘　琦	刘佳璐	阮殿波	孙骁强	杜俊平
何永君	李　泓	李先锋	李初福	肖立业	吴相伟	邱清泉
宋　振	宋文洋	张　典	张　岩	张　浩	张南南	陈人杰
武　鑫	林汉辰	岳　芬	金　超	金奕千	郑　华	胡　亮
胡英瑛	胡勇胜	相佳媛	段强领	晏嘉泽	钱　昊	徐玉杰
徐志成	郭　强	唐西胜	黄学杰	曹高萍	崔大安	葛　奔
蒋　凯	鲁　刚	温兆银	谢　飞	雷　泽	裴善鹏	霍　超
戴兴建						

总　序

中国政府矢志不渝地坚持创新驱动、生态优先、绿色低碳的发展导向。2020年9月，习近平主席在第七十五届联合国大会上郑重宣布，中国"二氧化碳排放力争于2030年前达到峰值，努力争取2060年前实现碳中和"。2022年10月，党的二十大报告在全面建成社会主义现代化强国"两步走"目标中明确提出，到2035年，要广泛形成绿色生产生活方式，碳排放达峰后稳中有降，生态环境根本好转，美丽中国目标基本实现。这是中国高质量发展的内在要求，也是中国对国际社会的庄严承诺。

"双碳"战略是以习近平同志为核心的党中央统筹国内国际两个大局作出的重大决策，是我国加快发展方式绿色转型、促进人与自然和谐共生的需要，是破解资源环境约束、实现可持续发展的需要，是顺应技术进步趋势、推动经济结构转型升级的需要，也是主动担当大国责任、推动构建人类命运共同体的需要。"双碳"战略事关全局、内涵丰富，必将引发一场广泛而深刻的经济社会系统性变革。

2022年3月，国家发布《氢能产业发展中长期规划（2021—2035年）》，确立了氢能作为未来国家能源体系组成部分的战略定位，为氢能在交通、电力、工业、储能等领域的规模化综合应用明确了方向。氢能和电力在众多一次能源转化、传输与融合交互中的能源载体作用日益强化，以汽车、轨道交通为代表的交通领域正在加速电动化、智能化、低碳化融合发展的进程，石化、冶金、建筑、制冷等传统行业逐步加快绿色转型步伐，国际主要经济体更加重视减碳政策制定和碳汇市场培育。

为全面落实"双碳"战略的有关部署，充分发挥科协系统的人才、组织优势，助力相关学科建设和人才培养，服务经济社会高质量发展，中国科协组织相关全国学会，组建了由各行业、各领域院士专家参与的编委会，以及由相关领域一线科研教育专家和编辑出版工作者组成的编写团队，编撰"双碳"系列丛书。

丛书将服务于高等院校教师和相关领域科技工作者教育培训，并为"双碳"战略的政策制定、科技创新和产业发展提供参考。

"双碳"系列丛书内容涵盖了全球气候变化、能源、交通、钢铁与有色金属、石化与化工、建筑建材、碳汇与碳中和等多个科技领域和产业门类，对实现"双碳"目标的技术创新和产业应用进行了系统介绍，分析了各行业面临的重大任务和严峻挑战，设计了实现"双碳"目标的战略路径和技术路线，展望了关键技术的发展趋势和应用前景，并提出了相应政策建议。丛书充分展示了各领域关于"双碳"研究的最新成果和前沿进展，凝结了院士专家和广大科技工作者的智慧，具有较高的战略性、前瞻性、权威性、系统性、学术性和科普性。

2022年5月，中国科协推出首批3本图书，得到社会广泛认可。本次又推出第二批共13本图书，分别邀请知名院士专家担任主编，由相关全国学会和单位牵头组织编写，系统总结了相关领域的创新、探索和实践，呼应了"双碳"战略要求。参与编写的各位院士专家以科学家一以贯之的严谨治学之风，深入研究落实"双碳"目标实现过程中面临的新形势与新挑战，客观分析不同技术观点与技术路线。在此，衷心感谢为图书组织编撰工作作出贡献的院士专家、科研人员和编辑工作者。

期待"双碳"系列丛书的编撰、发布和应用，能够助力"双碳"人才培养，引领广大科技工作者协力推动绿色低碳重大科技创新和推广应用，为实施人才强国战略、实现"双碳"目标、全面建设社会主义现代化国家作出贡献。

中国科协主席　万　钢

2023 年 5 月

前　言

能源是人类文明进步的重要物质基础和动力，攸关国计民生和国家安全。当今世界，百年未有之大变局加速演进，新一轮科技革命和产业变革深入发展，全球气候治理呈现新局面，新能源和信息技术紧密融合，加快构建新型能源体系已迫在眉睫。

在全球能源向清洁化、低碳化、智能化的发展趋势下，发展氢能产业已经成为当前世界能源技术变革的重要方向。目前，美国、日本、德国、韩国、法国等发达国家已将氢能规划上升到国家能源战略高度，在燃料电池汽车商用、分布式发电应用、军事领域等均取得了一定进展。对我国而言，发展氢能源与燃料电池产业可以有效优化能源系统，有助于大幅度降低交通运输业的石油与天然气消费量，降低石油和天然气的对外依存度，降低碳排放和环境污染，对于贯彻落实能源安全新战略、加快推进我国能源生产和消费革命、新时代能源转型发展具有重大意义。

储能作为战略性新兴产业，是我国构建新型电力系统、达成"双碳"战略目标的重要技术保障，对于确保能源安全、实现能源绿色低碳转型、促进能源高质量发展具有重要意义。

为全面落实党中央、国务院关于碳达峰碳中和工作有关部署和习近平总书记在中央人才工作会议上的重要讲话精神，在中国科学技术协会的部署下，中国能源研究会组织编写"中国科协碳达峰碳中和系列丛书"之《氢能与储能导论》，助力高等学校"双碳"领域师资培训和人才培养工作。

全书共分上下两篇。上篇为氢能篇，共7章。第1章介绍氢能的相关概念，在分析氢能发展历程、发展意义和技术框架的基础上，指出氢能是世界能源技术变革的重要方向。第2章介绍氢能的发展现状以及相关政策。第3章介绍氢的制备，通过介绍各种制氢方式，分析各种制氢方式的优缺点。第4章介绍氢的储运与安全，包括高压气态储氢、低温液化储氢、固体材料储氢、液态载体储氢、氢的运输模式等。第 5 章介绍氢的应用，包括氢能在交通、电力、工业、建筑、储能等方面的应用情况。第 6 章介绍氢的应用示范工程，选取了国内外具有代表性的典型工程。第 7 章介绍氢能的发展展望。下篇为储能篇，共 7 章。第 8 章介绍储能的相关概念，包括储能的技术分类、应用分类和发展历程等。第 9 章介绍储能的重要性。第 10 章介绍国内外储能发展现状。第 11 章介绍储能技术，包括物理储能、电化学储能、储能系统集成及消防安全等技术。第 12 章介绍储能的相关政策。第 13 章介绍储能的应用，分别介绍了储能在发电侧、电网侧和用户侧的应用及实践。第 14 章对储能发展进行展望。

本书由彭苏萍院士、陈立泉院士主编；刘玮、陈海生、杨志宾、熊星宇、万燕鸣统筹策划。中国氢能联盟研究院的张岩、林汉辰、刘琦、晏嘉泽，中国矿业大学（北京）的雷泽、葛奔、胡亮、金奕千，清华大学的张典，华北电力大学的武鑫，大连海事大学的崔大安，北京新能源汽车股份有限公司的杜俊平，北京市煤气热力工程设计院有限公司的王洪建，苏州大学的金超，国际氢能中心的张南南，中国电力科学研究院有限公司的石文辉，北京低碳清洁能源研究院的李初福参与氢能篇的编写工作。中国科学院工程热物理研究所的徐玉杰、戴兴建，国网能源研究院有限公司能源战略与规划研究所的鲁刚、徐志成，国家电网有限公司的孙骁强、霍超，中国电建集团北京勘测设计研究院有限公司的王婷婷，军事科学院防化研究院的曹高萍、张浩，中国科学院大连化学物理研究所的李先锋，中国科学院物理研究所的黄学杰、李泓、胡勇胜、谢飞，宁波大学的阮殿波、乔志军，中国科学院上海硅酸盐研究所的温兆银、吴相伟、胡英瑛，华中科技大学的蒋凯，北京理工大学的陈人杰，华北电力大学的郑华，中国科学技术大学的王青松、段强领，中国科学院电工研究所的肖立业、王志峰、唐西胜、邱清泉，国网山西省电力公司电力科学研究院的郭强，山东电力工程咨询院有限公司的裴善鹏，北京海博思创科技股份有限公司的钱昊、吕喆，南都电源有限公司的相佳媛，科陆公司的刘佳璐，中关村储能产业技术联盟的刘为、岳芬、宋振参与了储能篇的编写工作。中国能源研究会的宋文洋、王伯钊，中国电机工程学会何永君负责统稿工作。

彭苏萍　陈立泉

2022 年 12 月

目　录

氢能篇

第 1 章　氢能概述

氢能是一种来源丰富、应用广泛、绿色低碳的二次能源，正逐步成为全球能源转型发展的重要载体之一。本章介绍了氢气的基本性质、氢能的发展历程、新时代氢能发展的意义、氢能的主要产业技术框架等。

1.1　氢与氢能

1.1.1　氢的发现

氢（H）位于元素周期表之首，原子序数为 1，原子量为 1.008，分子量为 2.016。氢的单质形态是氢分子（H_2），通常状态下为气体，称为氢气。

氢是宇宙中含量最丰富的元素。在化学史上，人们把氢的发现主要归功于英国化学家、物理学家卡文迪许。1766 年，卡文迪许在《人造空气实验》中讲述用铁、锌等金属与稀硫酸、稀盐酸作用制得一种易燃空气（即氢气），并把它收集起来进行研究。卡文迪许发现，一定量的某种金属分别与足量的各种酸作用，所产生的这种气体的量是固定的，与酸的种类或浓度无关；将这种气体与空气混合的气体点燃，会发生爆炸；这种气体与氧气化合生成水。他认识到这种气体同其他已知的各种气体都不同，从而断定这是一种新的气体。1777 年，法国化学家拉瓦锡通过实验验证了水由氢和氧组成，首次明确提出了"氢气"的概念，并将这种可燃气体命名为 Hydrogen。Hydro– 在希腊文中的含义是"水"，gen 的含义是"源泉"，Hydrogen 的意思就是"水的源泉"。

1.1.2　氢气的物理性质

在通常情况下，氢气是无色、无味的双原子气体分子。在标准状况 [①] 下，氢气的密度为 0.0899 克 / 升，是所有气体中密度最小的。与同体积的空气相比，氢

---

① 温度 0 摄氏度，压强 101.325 千帕。

气的质量约是空气的 1/14。氢气极难溶于水，也很难液化。在标准大气压下，氢气在 −252.77 摄氏度变成无色液体，自然界中的氢主要以化合状态存在于水和碳氢化合物（烃类）中。氢气具有很快的扩散速度和很高的导热性。氢气的分子小、质量轻，使其具有很强的渗透性，常温下可以透过橡胶、塑料，高温下可以透过钯、镍、钢等的金属膜。因此，氢气较难储存。

1.1.3 氢气的化学性质

氢气的化学性质活泼，可与氧发生化合反应。氢气具有可燃性，纯净的氢气在点燃时可以平稳地燃烧，发出蓝色火焰，放出热量，并生成水。常温常压下，氢气的燃点为 574 摄氏度，燃烧体积分数为 4%~75%，低于或高于这个体积分数，即使在高压下也不容易燃烧或爆炸。氢气与具有还原性的金属反应也会表现出氧化性。在这种反应中，氢气是氧化剂，可以将金属氧化为金属离子。氢气和金属反应生成的产物为氢化物，氢化物具有强还原性，非常容易与水反应释放出氢气。

1.1.4 氢能的基本内涵

氢能是在以氢（或其同位素）为主导的反应中或氢在状态变化过程中所释放的能量。氢能可以产生于氢的热核反应，称为热核能或聚变能，能量巨大，通常属核能范畴；也可以产生于氢与氧化剂发生的化学反应，称为氢能，是燃料反应的化学能。

氢能是一种二次能源，即需要通过一定的方法利用其他能源制取而成，而煤炭、石油、天然气等一次能源可以直接开采得到。氢能具有来源广、热值高、能量密度大、可再生、可电可燃、零污染、零碳排等优点，是公认的清洁能源，同时也是一种非常理想的含能体能源。氢能具有多重属性，既可以作为工业原料，也可以作为能源燃料。作为一种多功能的能源载体，氢能被认为是化石燃料的良好替代品。

当前，许多科学家认为氢能是控制地球温升、解决能源危机的最优方案之一，不仅仅因为氢能的用途广泛，可在许多方面替代传统能源，也源于氢能本身所具有的储能属性。此外，无论是从能源发展历史的角度还是氢能生命周期的角度来看，氢能都将是未来能源的重要组成部分。

1.2 氢能的发展历程

自氢被发现以来，因其来源丰富、质量轻、能量密度高、绿色低碳、储存与利用形式多样等优点，被视为未来重要的清洁能源。但受安全、成本、技术等因素制约，以往氢能主要用于军事、航天等尖端领域，在民用领域长期发展缓慢，始终未踏入商业化应用门槛。

1972 年，美国宾夕法尼亚大学的博克里斯教授首次提出了"氢经济"的概念，但由于相关技术的限制，这一概念在当时仅处于设想阶段。20 世纪末，美国出台了《1990 年氢研究、开发及示范法案》《氢能前景法案》等与氢能相关的法案，但实际投入较少，主要停留在基础研究方面。进入 21 世纪后，美国在氢能领域加大投入。2002 年，美国能源部发布《国家氢能发展路线图》，标志着美国"氢经济"的概念开始由设想阶段转入行动阶段。2003 年，美国正式提出在未来 5 年投入 12 亿美元研究氢能领域相关技术，核心目的在于通过发展氢能降低对石油的依赖。

近年来，随着《巴黎协定》的签订，应对气候变化成为今后很长时期内能源、经济和社会长远发展的顶层战略，以绿色低碳为特征的清洁能源成为未来能源发展的重要方向。2020 年 7 月，欧盟发布《欧盟氢能战略》，计划到 2050 年将氢能在欧洲能源结构中的占比提高到 13%~14%。2021 年 6 月，美国发布"氢能源地球计划"，提出在 10 年内实现绿氢成本降低 80% 的目标。目前，全世界正形成新一轮氢能发展浪潮，与此前不同的是，其原因不是化石燃料的缺乏和走高的价格，而是迫在眉睫的气候变化和能源安全。一方面，氢能可以减少化石能源带来的碳排放；另一方面，氢能可以应对可再生能源发电波动带来的储能挑战，还能为高能源需求部门的脱碳和许多化工产品的合成提供绿色解决方案。

中国对氢能的研究与发展可追溯至 20 世纪 60 年代初，当时主要为火箭生产液氢燃料。进入 21 世纪后，中国出台了大量政策支持民用氢能的发展。2006 年，国务院发布《国家中长期科学和技术发展规划纲要（2006—2020 年）》，提出要重点研究高效低成本化石能源制氢、可再生能源制氢，以及经济高效的氢气储存和输配技术。2016 年后，中国明确了氢能领域的具体发展目标，《国家创新驱动发展战略纲要》将氢能和燃料电池技术列为引领产业变革的颠覆性技术，《"十三五"国家科技创新规划》将氢能作为与可再生能源并列的重要组成部分。2022 年 3 月，中国发布首个《氢能产业发展中长期规划（2021—2035 年）》，明确了氢能产业发展定位和目标并作出部署，同时首次明确氢能是未来国家能源体系的重要组成部分。未来，氢能有望在我国能源转型、实现碳达峰碳中和的过程中发挥重要作用。

新一轮氢能产业的快速发展有两个全新的动力。第一个新动力来自技术本身。氢能产业的相关技术已进入成熟期，经过几十年的研发积累，氢产业链上游的制氢技术、中游的氢储运技术和加氢站技术、下游的氢能应用技术均逐渐成熟，为商业化发展奠定了基础。第二个新动力则是可再生能源的高速发展为氢能提供了新的机遇。氢能可以长期储存的特性有望解决由可再生能源快速发展所引发的消纳和储存等问题，配合氢储能发电可以实现电网削峰填谷，保证电力系统安全运行。此外，氢能无论是直接作为工业原料或是作为能源供热供电都是较佳的选择，为人类平稳过渡至新能源时代提供可能性。

从历史角度来看，人类的能源利用一直朝着低碳方向发展，从生物质到煤炭、从石油到天然气，能源分子中碳原子所占比例逐渐降低，大规模利用氢能符合时代发展需要。"双碳"目标的实现过程即是化石能源消耗型向清洁能源再生型、高碳燃料向低碳燃料的转变过程，其本质是燃料的加氢减碳过程。加氢减碳的趋势决定了零碳绿色氢能或成为未来新能源的终极形态。

1.3 新时代氢能发展的意义

随着全球二氧化碳排放量逐年增加，气候变化和环境污染逐渐成为国际社会普遍关注的问题。作为应对气候变化和加快能源转型的重要举措，越来越多的国家开始重视氢能发展，将发展氢能产业作为能源发展战略。氢能已成为加快能源转型升级、培育经济新增长点的重要战略选择。

实现"双碳"目标，未来需要在电力、交通、建筑、工业等关键领域大规模减少二氧化碳排放量，加速推进低碳转型。氢能是推动传统化石能源清洁高效利用和支撑可再生能源大规模发展的理想互联媒介，是实现交通运输、工业、建筑等领域大规模深度脱碳的最佳选择，其产业链长，能够带动上下游产业共同发展，为经济增长提供强劲动力。

1.3.1 新型电力系统

未来新能源将逐步成为电力系统的电源装机和发电主体，预计2060年电网跨季节储存电量需求约6000亿度。氢作为零碳超长时储能，将是新型电力系统的有力支撑。在技术、成本、政策等因素推动下，氢能作为连接可再生能源的纽带和电力储能介质成为可能，在可再生能源高占比的新型电力系统中将扮演越来越重要的角色。

1.3.1.1 氢能促进新型电力系统发展

随着可再生能源装机快速增长以及用户侧负荷的多样性变化，电力系统面临诸多问题与挑战，氢能作为新兴零碳二次能源，将为电力系统发展带来难得的机遇。

一是利用可再生能源电制氢，促进可再生能源消纳。我国可再生能源发展全球领先，水、风、光装机量均为世界第一。据国家能源局发布的 2022 年上半年可再生能源并网运行情况，国内风电、光伏利用率分别为 95.8% 和 97.7%，随着大规模可再生能源的快速发展，其运行消纳问题会进一步显现，利用可再生能源制氢可有效提升我国可再生能源利用水平。

二是利用氢储能特性，实现电能跨季节、长周期、大规模存储。电化学储能存在储能时间短、容量规模等级小等不足，目前主要用于电网调频调峰，平滑新能源出力波动性，实现小时级别的短周期响应与调节。而氢储能具有储能容量大、储存时间长、清洁无污染等优点，能够在电化学储能不适用的场景发挥优势。在大容量长周期调节的场景中，氢储能在经济性上更具有竞争力。

三是利用氢能电站快速响应能力，为新型电力系统提供灵活调节手段。基于电解水制氢装备如质子交换膜和碱性电解水系统等，具有较宽的功率波动适应性，可实现输入功率秒级、毫秒级响应，同时可适应 10%~150% 的宽功率输入，为电网提供调峰调频服务，提高电力系统安全性、可靠性、灵活性，是构建零碳电网和新型电力系统的重要手段。

四是推动跨领域多类型能源网络互联互通，拓展电能综合利用途径。氢能作为灵活高效的二次能源，在能源消费端可以利用电解装备和燃料电池，进行电 – 氢 – 电（热）转换，实现电力、供热、燃料等多种能源网络的互联互补和协同优化，推动分布式能源发展，提升终端能源利用效率。

1.3.1.2　电氢耦合的应用场景分析

氢能发展的初衷是解决低碳和生态环保等问题，可再生能源电力制氢是未来氢能发展的主要方向，将应用于新型电力系统"源、网、荷"各环节，呈现电氢耦合发展态势。

在电源侧，利用可再生能源绿色制氢技术，将风能、太阳能等可再生能源电力通过电解技术清洁高效地转换为氢能，推动氢能在电源侧与可再生能源耦合，促进大规模可再生能源消纳，提高可再生能源利用率。

在电网侧，利用氢能具有跨季节、长时间的储能特性，发挥氢储能作用，可积极参与电网调峰、调频等辅助服务，提高电力系统安全性、可靠性、灵活性，实现能源跨地域和跨季节的优化配置。

在用户侧，通过氢燃料电池热电联供、区域电网调峰调频及建筑深度脱碳减排的应用，可扩展氢能在终端用能领域的应用范围和综合能源业务发展，推动冷 – 热 – 电 – 气多能融合互补，提升终端能源效率和低碳化水平。

1.3.2　难脱碳行业转型

能源是人类生存和发展的基本要素，是推动经济增长和社会进步的强大引擎。化石能源大量使用带来的气候变化、环境污染、资源短缺等问题日益凸显，给人类可持续发展带来巨大威胁，加快能源绿色低碳转型成为世界各国的一致行动。

2016年11月4日，《巴黎协定》正式生效。为实现《巴黎协定》的温控目标，全球逾20个国家纷纷出台了碳减排方案和碳中和时间表。2020年9月22日，习近平总书记在第75届联合国大会上向国际社会作出了我国力争2030年前二氧化碳排放达到峰值、2060年前实现碳中和的承诺。

我国在以往的经济发展方式中存在高污染、高排放问题。一方面，我国正处于工业化快速发展进程中，第二产业是支撑经济发展的主导力量，而第二产业是使用矿产类资源最多的产业部门，消耗大量能源产生碳排放；除了过多的能源需求外，产业部门在能源使用过程中存在着严重的浪费现象，其利用效率与发达国家相比存在较大差距。另一方面，煤炭和石油是我国能源消费的主要组成部分，这两类化石能源具有较高的碳排放系数，相比天然气、风电等清洁能源会产生更多的碳排放。因此，对比欧盟国家承诺的从碳达峰到碳中和目标预计需要60年时间，中国仅有30年时间，将面临比发达国家时间更紧、幅度更大的减排要求。

全社会碳排放控制涉及各个领域，电能替代是促进工业、交通、建筑各行业脱碳的重要举措。目前清洁能源主要通过转化电力使用，电力部门具备优先净零的条件，需要控制化石能源总量，提高可再生能源比例，着力提高利用能效，实施可再生能源替代行动，深化电力体制改革，推动我国能源转型。

在工业领域，钢铁和化工等不以电力为主要能源供给的高能耗产业，工业流程仍高度依赖一次化石能源，是目前工业低碳转型发展的主战场，也是深度脱碳难度最高的领域之一。降低钢铁工业煤炭消耗的核心是改变现有的以煤炭为主要还原剂和燃料的高炉炼铁工艺。结合绿氢的氢冶金技术，是钢铁产业绿色低碳发展的终极方向。电能和氢能替代及二氧化碳捕集技术能够显著降低工业领域的碳排放。传统煤化工、石油化工过程都是典型的高能耗化工工程，通过绿氢替代生产绿色合成氨和二氧化碳加氢制备甲醇、乙醇等燃料，解决二氧化碳捕集后的规模化利用问题，是化工领域实现碳中和目标的重要途径。

1.3.3　新时代能源安全

我国能源具有富煤、贫油、少气的特点，能源供应和消费品种较为单一，能源供需平衡和能源价格稳定性易受到国际能源市场变化及重大危机事件冲击。以电能制氢促进可再生能源开发及多用途高效利用,在"可再生能源和氢能"的新资源禀赋观下,氢电协同构建多元清洁的能源供应体系,推进天然气掺氢管网规划,提升天然气调峰能力,强化能源供应安全保障。氢能在燃料电池交通、绿色化工和绿色钢铁领域的应用,以氢代油、以氢代煤推动终端用能多元化、清洁化,结合绿氢供应,促进能源供给侧和需求侧双向协同,保障能源供需安全。未来,可进一步推动技术装备出口和绿氢开发进口的产业闭环,进一步提高我国在全球能源事务中的影响力和话语权。

以电能制氢促进可再生能源多用途高效利用,应对可再生能源随机波动,支撑高比例可再生能源电力系统安全运行和可持续发展。随着可再生能源装机容量的增大,高比例可再生能源电量场景需要数倍于负荷的装机容量。可再生能源长时间、高出力给系统消纳、安全和储能技术带来极大挑战;在低出力时段,电力系统需要常规能源等非可再生能源机组实现功率平衡。未来电力系统灵活调节能力至关重要,直接关系着电力系统平衡安全全局、决定可再生能源消纳利用水平。发挥氢气大规模、长时间存储优势,大规模部署电解水制氢储能作为灵活性资源,在电源侧和电网侧跟踪可再生能源波动性,灵活响应削减系统中多余的功率,实现可再生能源电力时间、空间转移,有效提升能源供给质量、提高可再生能源消纳利用水平和能源安全水平。

燃料电池技术的持续降本和广泛应用也将为国家能源安全提供重要保障。随着我国社会经济的持续增长,能源消费需求总量不断上升,石油、天然气等进口依存度持续走高,已成为我国能源安全的巨大挑战。从车端看,氢燃料电池汽车加注时间短、续航里程长,在大载重、长续驶、高强度的道路交通运输体系中具有先天优势。相比纯电动路线,氢燃料电池重卡更加符合终端用户的使用习惯。我国燃料电池车迎来了新的发展机遇,围绕着燃料电池车的商业环境也逐渐兴起,加氢站建设增速。燃料电池汽车技术取得明显进展,示范活动不断展开,已经形成了京津冀、长三角、珠三角、山东半岛、中部西部等地区的示范应用。从能源端看,燃料电池发电/热电联供也为能源领域脱碳提供重要支撑手段。发展燃料电池产业对保障国家能源安全、营造低碳减排环境、促进汽车、能源等产业转型升级具有重要的战略意义。

1.4 氢能技术框架

1.4.1 氢能领域技术

氢能是清洁低碳的二次能源,氢能源产业链上游是氢气的制备,主要技术方式有传统能源的热化学重整、电解水和光解水等；中游是氢气的储运环节，主要技术方式有高压气态、低温液态、液体载体和固体材料储氢；下游是加氢站的建设及燃料电池电堆 / 系统、燃氢轮机、氢基冶金 / 化工等。

按氢能产业全链条"制 – 储 – 运 – 加 – 用 – 服"识别，主要技术可分为氢能制取、氢能储运、氢气加注、燃料电池、前沿交叉、氢安全及品质管控六类。

根据技术成熟度等级（Technology Readiness Level，TRL）分级定义：TRL ≥ 8 是符合技术发展趋势并处于领跑的技术；5 < TRL < 8 为关键核心技术，是符合技术发展趋势，但处于并跑与跟跑的技术；TRL ≤ 5 为前沿和颠覆性技术。氢能各技术的当前技术成熟度与技术水平如图 1.1 所示。

制氢技术主要包含以煤炭、天然气为代表的化石能源重整制氢技术、电解水制氢技术、氢气纯化技术、二氧化碳捕集与封存技术、核能制氢技术、光解水技术与生物质制氢技术。

氢储运技术主要包括高压气态储运技术（30 兆帕长管拖车、50 兆帕长管拖车、35/70 兆帕车载Ⅲ型瓶与 35/70 兆帕车载Ⅳ型瓶）、液氢储运技术、天然气掺氢技术、纯氢管道运输技术、有机液体储运技术、固态储运技术和地质储氢技术等。

氢气加注技术主要包含外供高压气氢 35/70 兆帕加氢站、现场制氢加氢站、外供液氢 35/70 兆帕加氢站等多种技术形态。加氢站建设完成后，结合站控技术即可完成氢气加注流程。

氢安全技术主要涉及氢泄漏扩散、氢火灾爆炸、氢与材料相容性和量化风险评估等方面。国内氢安全检测能力滞后于氢能产业发展的需要，第三方公证实验室方面相对不足，研究能力相比国际先进水平有较大差距。

氢能前沿交叉技术主要包括氢基绿色燃料合成技术、氢冶金技术、燃煤掺氨混燃技术、掺氢 / 燃氢轮机技术等。

1.4.2　燃料电池技术

燃料电池是一种将燃料的化学能直接转换为电能的发电装置，具有能量转化效率高（一次发电效率为 40%~60%，系统热电联供效率 > 90%）、排放低、无噪声等特点，是 21 世纪的能源革命性发电技术。燃料电池技术与氢能源产业直接关联，是核心技术环节。

燃料电池工作时，氢气或者其他燃料输入阳极，在电极和电解质的界面发生氢气或其他燃料氧化以及氧气还原的电化学反应，产生电流，输出电能。燃料电池虽名为"电池"，但与传统电池有一定区别，传统电池属于储能范畴，而燃料电池并不储能，其本质是一个能量转换装置，更像是一台"发电机"。与传统的

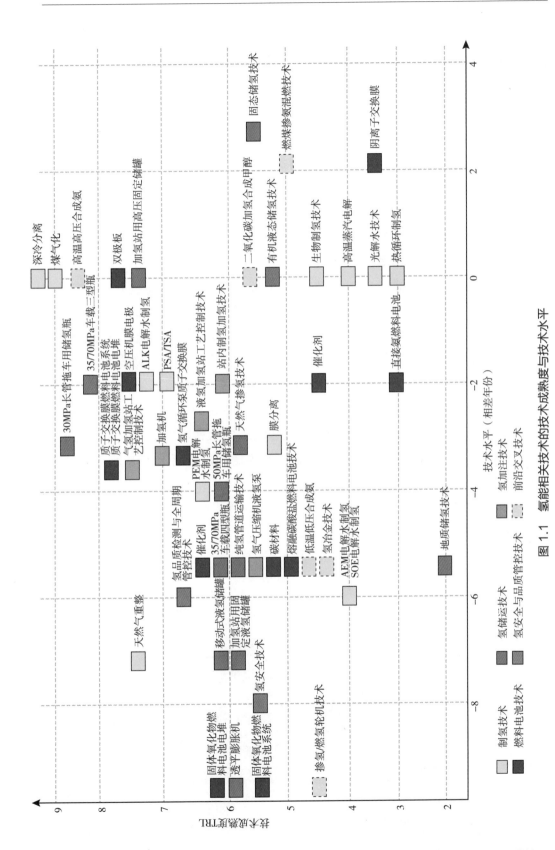

图 1.1 氢能相关技术的技术成熟度与技术水平

火力发电相比，燃料电池的发电效率不受卡诺循环限制，几乎不排放氮氧化物和硫氧化物。

根据所使用的电解质不同，燃料电池可分为固体氧化物燃料电池、质子交换膜燃料电池、熔融碳酸盐燃料电池、磷酸燃料电池、碱性燃料电池等。目前，全球范围燃料电池的主要技术路线以固体氧化物燃料电池和质子交换膜燃料电池为主。高温运行的固体氧化物燃料电池燃料适应性强，可使用粗氢，特别是可直接使用各种含碳燃料（天然气、生物质气、汽油、柴油、乙醇等），发电效率高，在固定式发电应用领域更为突出。高纯氢为低温运行的质子交换膜燃料电池的能源，在以氢燃料电池汽车为代表的交通领域有广阔的发展空间。

1.4.2.1　固体氧化物燃料电池

固体氧化物燃料电池（Solid Oxide Fuel Cell，SOFC）可在高温下直接将储存在燃料中的化学能转化为电能，是一种清洁、高效的能量转化装置。高温工作使SOFC无须采用贵金属催化剂作为电极材料，可以显著降低燃料电池成本；SOFC不仅可以使用氢气作为燃料，还可使用合成气、天然气等多种含碳燃料，具有燃料适应性广的特点；在大、中、小型发电站，移动、便携式电源等领域具有广阔的应用前景。SOFC的基本结构主要由阴极、阳极和电解质三部分组成。多孔的阴极和阳极便于气体有效传输；介于两电极之间的致密电解质，可以避免燃料气与空气直接接触发生燃烧或爆炸，同时保证电解质内部离子（H^+或O^{2-}）快速传输。

以氧离子传导型SOFC为例（图1.2），O_2从阴极表面扩散到阴极与电解质的界面，与电子发生反应生成的O^{2-}在浓差驱动下，通过致密的O^{2-}传导电解质薄膜输

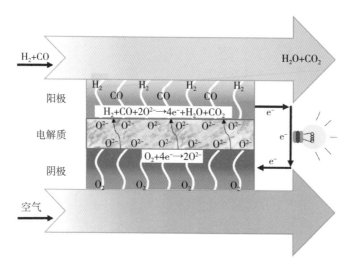

图 1.2　氧离子传导型 SOFC 工作原理示意图

送到阳极侧（燃料气侧）；H_2 或 CO 燃料分子通过疏松多孔的阳极通道迁移到三相界面（气体 – 电解质 – 阳极界面），与氧离子发生反应生成电子、H_2O 和 CO_2。

1.4.2.2　质子交换膜燃料电池

质子交换膜燃料电池（Proton Exchange Membrane Fuel Cell，PEMFC）也称作聚合物电解质膜燃料电池，是一种低温燃料电池，因其电解质由质子（H^+）导电聚合物构成而得名。

PEMFC 的主要部件包括双极板、气体扩散层、催化剂层以及质子交换膜等核心部件。气体扩散层、催化剂层和聚合物质子交换膜通过热压过程得到膜电极组件。在 PEMFC 中，电解质是关键材料之一，它是一片很薄的聚合物膜，起到传导质子、阻止电子传递和隔离阴阳极反应的多重作用；阳极为氢燃料发生氧化的场所，阴极为氧化剂还原的场所，两极都含有加速电极电化学反应的催化剂；气体扩散层的作用主要为支撑催化剂层、稳定电极结构、提供气体传输通道及改善水管理；双极板的主要作用是分隔反应气体，并通过流场将反应气体导入燃料电池，收集并传导电流，支撑膜电极以及承担整个燃料电池的散热和排水功能。

图 1.3 中，右侧的燃料 H_2 通过双极板传递到气体扩散层，被催化剂层中的催化剂氧化生成带正电的 H^+ 和带负电的 e^-，H^+ 通过质子交换膜传递到阴极参与生成水的反应，e^- 在外电路流动形成电流。左侧为阴极侧，O_2 通过双极板后，经过阴极气体扩散层到达阴极催化剂层，在阴极催化剂催化作用下，e^-、H^+ 和 O_2 发生氧化还原反应生成水。

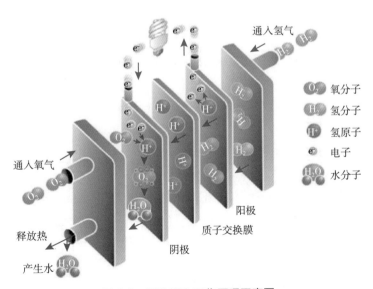

图 1.3　PEMFC 工作原理示意图

1.5　本章小结

在全球能源向清洁化、低碳化、智能化的发展趋势下，发展氢能产业已经成为当前世界能源技术变革的重要方向。氢能是保障能源结构清洁化和多元化的重要支撑，对全球能源清洁、低碳、高效、可持续发展具有重要意义。

在碳达峰碳中和的重大决策下，我国能源领域要牢牢坚持绿色发展，深入推进能源革命，为高质量发展提供动力支撑。氢能是构建以清洁能源为主的多元化能源供给体系的重要组成部分。我国作为能源消费大国和能源短缺国家，发展氢能对调整我国能源结构、加快新时代能源转型有重大意义。当前，以风能、太阳能为主的新能源发展迅速，大力发展可再生能源电解制氢及基于绿氢的衍生品（甲醇、甲烷、氨等绿色燃料和化工原料），将成为确保我国未来新型电力系统安全稳定运行，进而实现我国能源转型和能源独立目标的有力保障。

参考文献

［1］毛宗强. 氢能：21 世纪的绿色能源［M］. 北京：化学工业出版社，2005.

［2］李星国. 氢与氢能［M］. 北京：科学出版社，2022.

［3］PATNAIK P. Handbook of Inorganic Chemicals［M］. New York：McGraw-Hill，2003.

［4］彭苏萍. 氢能产业链急需自主技术突破［J］. 中国石油企业，2021（3）：13.

［5］彭苏萍. 煤炭行业低碳转型发展的工程路径与技术需求［J］. 能源，2021（8）：49-51.

［6］胡亮，杨志宾，熊星宇，等. 我国固体氧化物燃料电池产业发展战略研究［J］. 中国工程科学，2022，24（3）：118-126.

［7］史翊翔，蔡宁生，王雨晴. 固体氧化物燃料电池能量转化与储存［M］. 北京：科学出版社，2019.

［8］刘建国，李佳. 质子交换膜燃料电池关键材料与技术［M］. 北京：化学工业出版社，2021.

［9］刘晓慧.《氢能产业发展中长期规划（2021—2035 年）》发布［N］. 中国矿业报，2022-03-24.

［10］邹才能，李建明，张茜，等. 氢能工业现状、技术进展、挑战及前景［J］. 天然气工业，2022，42（4）：1-20.

［11］凌文，李全生，张凯. 我国氢能产业发展战略研究［J］. 中国工程科学，2022，24（3）：80-88.

［12］BAVYKIN D V，ZUTTEL A，BORGSCHULTE A. Hydrogen as a Future Energy Carrier［J］. Journal of Applied Electrochemistry，2008，38（10）：1483-1483.

［13］中国氢能源及燃料电池产业创新战略联盟. 中国氢能源及燃料电池产业发展报告
　　　2021［M］. 北京：人民日报出版社，2022.

［14］俞红梅，邵志刚，侯明，等. 电解水制氢技术研究进展与发展建议［J］. 中国工程科学，
　　　2021，23（2）：146–152.

［15］中国氢能源及燃料电池产业创新战略联盟. 中国氢能源及燃料电池产业发展报告
　　　2020［M］. 北京：人民日报出版社，2021.

［16］孟照鑫，何青，胡华为，等. 我国氢能产业发展现状与思考［J］. 现代化工，2022，42
　　　（1）：1–6.

［17］魏繁荣，随权，林湘宁，等. 考虑制氢设备效率特性的煤风氢能源网调度优化策略［J］.
　　　中国电机工程学报，2018，38（5）：1428–1439.

［18］张宁，代红才，王轶楠，等. P2X 技术进展及其参与电力系统运行优化模拟研究［J］.
　　　中国电力，2021，54（6）：119–127.

［19］袁铁江，李国军，张增强，等. 风电 – 氢储能与煤化工多能耦合系统设备投资规划优化
　　　建模［J］. 电工技术学报，2016，31（14）：21–30.

［20］刘继春，周春燕，高红均，等. 考虑氢能 – 天然气混合储能的电 – 气综合能源微网日前
　　　经济调度优化［J］. 电网技术，2018，42（1）：170–179.

［21］国际氢能源委员会，麦肯锡公司. 氢能源未来发展趋势调研报告［R］. 德国：国际氢能
　　　源委员会，2017.

［22］钟财富. 氢能产业有序发展路径和机制［M］. 北京：中国经济出版社，2021.

［23］张震，解辉，苏嘉南，等. "碳中和"背景下的液氢发展之路探讨［J］. 天然气工业，
　　　2022，42（4）：187–193.

［24］陈宇，张小玉，张荣沛. 中国氢能产业链现状及前景展望［J］. 新型工业化，2021，11
　　　（4）：180–182.

第 2 章 国内外氢能产业发展现状及相关政策

氢能产业正在成为新能源发展的重点领域，各国积极加强政策支撑，推进技术研发，加速产业发展。截至 2022 年 6 月，全球已有超过 30 个国家（地区）发布氢能规划或战略路线图，覆盖全球超 70% 的主要经济体。以欧美日韩为先导，逐步向各区域重要经济体过渡，并逐步提升产业政策支持力度。本章分析了美国、欧洲、日本、韩国和中国的氢能产业发展历程、政策体系、产业现状，研判国内外氢能行业发展趋势。

2.1 美国氢能产业发展现状

2.1.1 发展历程

美国是全球较早提出氢能研究与利用的国家之一。美国对氢能的关注可以追溯到 20 世纪 70 年代的石油危机时期。由于能源自给项目失利，美国开始布局氢能技术研发并提出"氢经济"概念，资助氢能相关研究项目，并于 1974 年在迈阿密召开了第一次氢能国际会议。同年底，国际氢能协会在迈阿密成立，该组织也是迄今为止历史最悠久的国际氢能组织。

美国颁布多项推动氢能发展的政策和计划，氢能政策与产业发展可分为 4 个阶段。

第一阶段：论证、构建形成制储输用技术链。1990 年，美国颁布《1990 年氢研究、开发及示范法案》，制订氢能研发 5 年管理计划。考虑到商业化推广等相关问题，美国政府于 1996 年推出《氢能前景法案》，决定在 1996—2001 年投入 1.6 亿美元用于氢能生产、储运和应用技术研发，着重论证与展示将氢能用于工业、住宅、运输等方面的技术可行性。

第二阶段：遴选技术发展方向，研发重点领域关键核心技术。2002 年，美国能源部发布《国家氢能发展路线图》，标志着美国氢能产业从构想转入行动阶段。2003 年，美国启动《总统氢燃料倡议》，计划在 5 年内投资 12 亿美元研发氢能生产和储运技术，积极促进氢燃料电池汽车技术和相关基础设施在 2015 年前实现商业化。2004 年，美国能源部发布《氢立场计划》，明确氢能产业发展要经过研发示范、市场转化、基础建设和市场扩张、完成向氢能社会转化 4 个阶段，并从 2004 年至今持续开展氢能与燃料电池项目计划。2005 年，美国参众两院通过能源政策法案，要求汽车制造企业在 2015 年实现氢燃料电池汽车的市场化。2012 年，时任美国总统奥巴马向国会提交 3.8 万亿美元的 2013 年政府预算，其中 63 亿美元拨给美国能源部用于氢能、燃料电池、车用替代燃料等清洁能源研发，对燃料电池系统效率转换提出更高要求，并对美国境内氢能基础设施实行 30%~50% 的税收抵免。

第三阶段：研发和推广应用氢能及其他配套技术。2014 年，美国《全面能源战略》确定氢能在交通转型中的引领作用。在 2019 年实施的氢能计划中，拨款 4000 万美元资助氢能技术研发，旨在通过技术早期应用推进氢能和燃料电池技术突破，同时加快氢能基础设施的建设及其在交通运输业中的应用，重视制氢和储氢领域相关新材料的研发。

第四阶段：碳中和目标下全面推动氢能发展，推广可再生氢技术研发和应用。2020 年 11 月，美国能源部发布《氢能计划发展规划》，提出未来 10 年及更长时期的氢能研究、开发和示范的总体战略框架，明确氢能发展核心技术领域、需求和挑战，提出氢能技术主要经济目标，首次明确氢能在实现碳中和目标中的作用；加快推动氢能技术商业化应用，重点开发可再生能源制氢、核能制氢等清洁制氢技术。2021 年 6 月，美国启动第一批氢能攻关计划，目标是在未来 10 年使清洁氢能价格降低 80%。

2.1.2　发展政策

2020 年 11 月发布的《氢能计划发展规划》设立到 2030 年的氢能技术经济指标，主要包括：①电解槽成本降至 300 美元 / 千瓦，运行寿命达到 8 万小时，系统转换效率达到 65%，工业和电力部门用氢价格降至 1 美元 / 千克，交通部门用氢价格降至 2 美元 / 千克。②产业发展初期，交通部门氢气运输成本降至 5 美元 / 千克；产业发展后期，高价值产品生产部门氢气运输成本降至 2 美元 / 千克。③将 2.2 度 / 千克、1.7 度 / 升的车载储氢系统成本降至 8 美元 / 度；将 1 度 / 千克、1.3 度 / 升的便携式燃料电池电源系统成本降至 0.5 美元 / 度；储氢罐用高强度碳纤维成本达到 13 美元 / 千克。④用于长途重型卡车的质子交换膜燃料电池系统成本降至 80 美元 / 千瓦，运行寿命达到 2.5 万小时；用于固定式发电的固体氧化物燃料电池系统成本降至 900 美元 / 千瓦，运行寿命达到 4 万小时。

2022 年 9 月，美国能源部发布《国家清洁氢战略与路线图（草案）》，阐述清洁氢将如何助力美国脱碳和经济发展目标。美国能源部的目标是在 2030 年将清洁氢的生产增加到 1000 万吨 / 年，2040 年到 2000 万吨 / 年，2050 年到 3000 万吨 / 年。相关目标基于氢气在工业应用、重型运输和长期储能等特定领域使用时具有成本竞争力的需求情景下设置，具备较强的可实现性。通过到 2050 年实现氢气生产和利用的 5 倍增长，美国能源部预计在所有氢气都是清洁生产的情况下，美国的温室气体排放总量可以比 2005 年减少约 10%。

2.1.3 发展动态

氢能制备方面：美国能源部的制氢研究主要集中在提高可再生能源、化石能源和核能在内的多种国内资源生产氢气的效率和成本效益。美国具有氢来源广、可供氢量大的特点。美国年产氢量超 1000 万吨，制氢方式主要为天然气制氢，其次为化工副产氢。其中，天然气制氢设施大量聚集在墨西哥湾，该地石化行业十分发达，少数制氢设施分布在东北部、中部与西海岸；化工副产氢主要由石油化工中的乙烯裂解炉和氯碱工业产生，集中在南部海岸的得克萨斯州和路易斯安那州。

氢能储运方面：美国高压气氢、液氢与氢气管道并行发展，同时正在有序开展有机液体储氢和固体储氢研究。在气氢方面，美国运输部规定通过长管拖车运输氢气，最高压力不得超过 25 兆帕，美国交通部正在考虑将运输压力提升至 50 兆帕。在液氢方面，美国拥有 18 座液氢工厂，总产能约 326 吨 / 天，单项目产能 5~63 吨 / 天不等，正在新建多个 30 吨 / 天的液氢项目。在管道方面，美国在营氢气管道长度超过 2700 千米，主要在墨西哥湾沿岸，服务工业氢用户高度集中的地区。此外，美国能源部成立氢材料高级研究联盟，在氢吸附材料、间隙储氢材料、复合储氢材料、化学储氢材料方面开展研究。

氢能应用方面：在交通领域，美国加氢站与燃料电池汽车高度集中在加利福尼亚州。截至 2022 年 6 月，美国共有 58 座在营加氢站。2021 年，美国新建 9 座加氢站，均为液氢型加氢站。在燃料电池汽车方面，截至 2022 年 6 月，加利福尼亚州燃料电池汽车累计保有量达 14106 辆。在燃料电池发电领域，截至 2021 年 10 月底，美国共有 166 个在营燃料电池发电机组，总产能 260 兆瓦。其中最大的单体燃料电池发电机组位于康涅狄格州，产能达到 16 兆瓦。

2.2　欧洲氢能产业发展现状

2.2.1　发展历程

欧洲对氢能的研究始于 20 世纪 70 年代的石油危机。为减少对石油的进口依赖、削减油气资源消费，氢能成为重点研究领域之一。20 世纪 70 年代，欧盟对氢能的科研投入达 7200 万 ~ 8400 万美元。20 世纪 90 年代，欧洲国家政府、企业和社会对氢能开发利用的动力更为强烈。1992 年，比利时试验全球首台氢燃料公共汽车；1998 年，荷兰皇家壳牌集团成立独立的氢能开发部门。

21 世纪以来，随着欧洲一体化发展，欧盟加强对气候和能源问题的关注，不断提出氢能发展支持性政策。2002 年，欧盟成立氢能和燃料电池高级专家委员会，并于次年发布《未来氢能和燃料电池展望报告》作为纲领性文件。在"第六研发框架"支持下，欧盟成立欧洲氢能和燃料电池技术平台，发布战略研究议程和部署战略。2008 年 7 月，欧盟批准建立"燃料电池与氢能联合行动计划"，通过联合行动的形式推动产业发展，在 2008—2014 年至少斥资 9.4 亿欧元经费用于氢能和燃料电池的研究和发展，并在 2010 年追加 7 亿欧元投资。2011 年年底，欧盟启动"氢燃料大规模车辆示范项目"和"欧洲城市清洁氢能项目"，投资 5300 万欧元，旨在对氢燃料电池公共汽车开展应用示范，以验证技术成熟度，为 2020 年实现商业化部署奠定技术基础。2013 年，欧盟宣布在 2014—2020 年启动"地平线 2020 计划"，在氢能和燃料电池产业投入 220 亿欧元预算。2016 年，欧盟发布《可再生能源指令》等文件，均提出将氢能作为能源系统的重要组成部分。

2.2.2　发展政策

2019 年 12 月，欧盟委员会发布《欧洲绿色协议》。文件提出了欧盟迈向气候中立的行动路线图，旨在通过向清洁能源和循环经济转型，阻止气候变化，保护生物多样性及减少污染，进而提高资源的利用效率，使欧洲在 2050 年前实现全球首个"气候中立"。

2020 年 7 月，欧盟委员会发布《欧洲氢能战略》，为欧洲未来 30 年清洁能源特别是氢能的发展指明方向。2020—2024 年，支持欧盟安装至少 6 吉瓦可再生氢电解槽，生产多达 100 万吨的可再生氢。2025—2030 年，氢成为欧盟综合能源系统的内在组成部分，欧盟至少要有 40 吉瓦的可再生氢电解槽和多达 1000 万吨的可再生氢生产能力。氢的使用将逐步扩展到新领域，包括冶金、卡车、铁路以及一些海上运输应用。2030—2050 年，可再生氢技术成熟，并在所有难以脱碳的部门大规模部署。

《欧洲绿色协议》《欧盟氢能战略》发布后，法国、德国、荷兰、西班牙、葡萄牙和意大利等国相继发布国家氢能战略，规定了氢能发展的明确目标和至 2030 年的融资措施。

2.2.3 发展动态

氢能制备方面：欧洲氢气产能约 980 万吨 / 年，主要来自德国（200 万吨 / 年）。当前，欧洲氢气主要来源于天然气重整和工业副产。由于欧洲是可再生能源应用较先进的地区，加上发达的工业体系，未来欧洲氢气将主要由电解水与天然气重整制氢以及二氧化碳捕集与封存提供，此外还有生物质能制氢、太阳能制氢等。

氢能储运方面：欧洲公司储运和应用领域处于领先地位。法国液化空气集团和林德公司总部位于欧洲，在石油、天然气和化工行业拥有丰富经验，凭借在生产和储运方面的专业知识，欧洲公司将在全球氢气的制取和储运中发挥主导作用。在气氢方面，林德开发大容量长管拖车，可在 50 兆帕压力下运输 1100 千克氢气，未来将开发允许更高压力（70 兆帕）的长管拖车，每次约可运输 1500 千克氢气。在液氢方面，欧洲共有 4 套液氢装置，分别位于德国（2 套）、荷兰与法国，总液氢产能达 24 吨 / 天。在管道方面，欧洲在营氢气管道长度约 1600 千米，位居全球第二。同时，天然气管道掺氢项目在欧洲不断涌现。2020 年，全球约有 3500 吨氢气被掺入天然气管网中，几乎均位于欧洲，最大掺氢比例达到 20%。在有机液体储氢方面，德国液体储氢公司拟开展"绿氢 @ 蓝色多瑙河"项目，通过有机液体储氢的方式，将氢气输运给奥地利和德国的终端用户。

氢能应用方面：在交通领域，欧洲的加氢站与燃料电池汽车主要位于德国。截至 2021 年年底，欧洲共有在营加氢站 173 座。德国继续保持领先，拥有 92 座在营加氢站，位居全球第三。在燃料电池汽车方面，2021 年欧洲共新增燃料电池汽车约 1300 辆，其中德国新增约 400 辆，主要为乘用车。此外，阿尔斯通、西门子已下线燃料电池火车。在燃料电池方面，2021 年欧洲燃料电池出货量达 203 兆瓦（14000 套），同比大涨 35.2%。在冶金领域，2020 年 8 月，由瑞典钢铁集团、大瀑布电力公司以及国有铁矿石生产商合资建设的绿色钢铁项目在吕勒奥试运营。

2.3 日本氢能产业发展现状

2.3.1 发展历程

日本国内能源资源匮乏，95% 以上的石油和天然气都依赖进口。能源地缘政治局势日趋复杂、国际能源市场价格的大起大落，都给日本能源安全甚至经济安全带来冲击。福岛核事故之后，日本核电发展遇到越来越多的阻力，若实现本土"弃核"，能源对外依赖程度将进一步提升。因此，日本迫切需要在当前能源消费格局中开辟新阵地，摆脱其对石油和天然气的依赖。日本政府选择发展氢能，一方面将氢能作为核心二次能源，利用氢能提升能源安全，与可再生能源协同发展，建设零碳社会；另一方面开拓业务市场，振兴产业经济，力图引领全球氢能与燃料电池技术发展。从日本氢能发展实践来看，日本可以被称为是氢能愿景的缔造者、技术实践者、产业推广者。

日本是全球首个提出建设"氢能社会"的国家，其发展历程可以分为 3 个阶段。

第一阶段：技术储备期（20 世纪 70—90 年代末）。1973 年，全球石油危机爆发，日本成立氢能源协会，以大学研究人员为中心开展氢能技术研发。1981 年，日本政府在《月光计划》（节能技术长期研究计划）中启动燃料电池研发。20 世纪 90 年代，丰田汽车、日产汽车和本田汽车启动对燃料电池汽车的研发，三洋电机、松下电器和东芝集团启动对家用燃料电池的研发。1993 年，日本新能源产业技术综合开发机构设立为期 10 年的"氢能系统技术研发"综合项目。

第二阶段：技术实证期（2002—2011 年）。日本《能源基本计划》持续加强对燃料电池和氢能技术的研发支持，通过示范项目验证相关技术产业化推广可行性。在此期间，日本政府启动丰田和本田的燃料电池展示车；日本氢能及燃料电池示范项目启动加氢站与燃料电池汽车的实际应用研究。2005 年，日本新能源产业技术综合开发机构开启固定式燃料电池的大规模实际应用研究；2008 年，日本燃料电池商业化协会制定从 2015 年起向普通用户推广燃料电池汽车的计划。

第三阶段：产业化加速期（2012 年至今）。受福岛核泄漏事故影响，日本政府加速"氢能社会"建设步伐，并在《第四次能源基本计划》推动下于 2014 年 7 月发布日本《氢能与燃料电池战略路线图》，并先后两次修订完善，明确氢能具体的发展路线，量化发展目标，进一步细化和降低成本目标值。2017 年 12 月，日本发布《氢能基本战略》，以 2030 年目标为基础提出工业界、学术界和政府共同致力于建设"氢能社会"的 2050 年目标和方向。2018 年 7 月，日本政府公布《第五次能源基本计划》。2021 年 10 月，日本政府发布《第六次能源基本计划》，除继续强化氢能社会建设外，该计划首次引入氨能，提出到 2030 年利用氢能和氨能产生的电能占日本能源消耗的 1%。

2.3.2　发展政策

2017 年 12 月，日本公布《氢能基本战略》。文件发布的主要目的是实现氢能与其他燃料成本平价，建设加氢站，替代燃油汽车（包括卡车和叉车）和天然气及煤炭发电，发展家庭热电联供燃料电池系统。鉴于日本的资源状况，日本政府还将重点推进可大量生产、运输氢的全球性供应链建设。《基本氢能战略》还设定了 2020 年、2030 年、2050 年及以后的具体发展目标（表 2.1）。

表 2.1　日本《氢能基本战略》目标

项目	2020 年目标	2030 年目标	2050 年目标
供应	氢能主要来源于天然气制氢和化石能源副产氢，正在进行氢能供应链的开发及量产示范	开拓国际氢能供应链；开发国内电转气技术，提供可再生氢能供应	无二氧化碳排放的氢能
产量	4000 吨 / 年	形成 30 万吨 / 年的商业化供给能力	500 万 ~1000 万吨 / 年以上，主要用于氢能发电
成本	10 美元 / 千克	3 美元 / 千克	2 美元 / 千克
发电	研发阶段：氢能发电示范，建立环境价值评估系统	17 日元 / 度	12 日元 / 度，取代天然气发电
汽车	加氢站 160 座 氢燃料电池汽车 40000 辆 氢燃料电池公交车 100 辆 氢燃料电池叉车 500 辆	加氢站 900 座 氢燃料电池汽车 800000 辆 氢燃料电池公交车 1200 辆 氢燃料电池叉车 1000 辆	加氢站取代加气站；氢燃料电池汽车取代传统汽油燃料车；引入大型燃料电池车
燃料电池应用	23 万家庭	530 万家庭（占全部家庭的 10%）	取代传统居民的能源系统

2.3.3　发展动态

氢能制备方面：日本本地制氢产能仅为 200 万吨 / 年，主要依靠化石能源制氢和工业副产氢。由于国内氢气供应无法自给自足，日本资源供应战略重点是建立基于海外氢气供给、可再生能源制氢以及区域氢气供给的三大供应体系。其中在可再生能源制氢方面，日本福岛氢能源研究基地项目于 2020 年 3 月建成，项目包含一座 10 兆瓦电解槽，制氢能力达 1200 标方 / 小时。

氢能储运方面：日本在技术研发与产业规模上均处于全球领先地位。针对短距离运输，日本已突破 45 兆帕高压长管拖车储运氢的技术并完善法规，单次气态氢气运输能力达到 700 千克以上；针对长距离氢气运输，日本海外氢储运主要有液氢、有机物甲基环己烷和氨运输三种方式。2020 年 9 月，日本顺利从沙特进口蓝氨；2021 年 1 月，日本千代田化工以有机液体储氢的方式从文莱进口氢气用于燃气涡轮机发电；2022 年 3 月，由川崎重工建造的全球首艘液氢运输船 Suiso Frontier 从澳大利亚返回日本，搭载液氢 2.6 吨。

氢能应用方面：日本重点开发氢燃料电池乘用车和固体氧化物燃料电池热电

联供系统，在加氢站方面，截至 2022 年 6 月底，日本拥有 161 座在营加氢站；在燃料电池汽车方面，日本最具代表性的厂家是丰田 Mirai 与本田 Clarity，其中丰田 Mirai 全球累计保有量 20279 辆，为全球第二个累计销量超过 2 万辆的燃料电池车型，本土累计保有量 7244 辆。此外，搭载丰田燃料电池系统的大巴已实现批量化应用，物流车实现小规模使用。在热电联供方面，厂商主要包括松下、东京燃气、爱信精机、东芝及京瓷等，截至 2022 年 6 月底，累计装机量近 44 万台。在燃料电池发电方面，三菱、日立电力和川崎重工正在研究氢的直接燃烧及与天然气共同燃烧发电技术。在煤气化联合循环中混入 50% 以上氢能的涡轮机逐步进入商业化生产（表 2.2）。

表 2.2　日本长距离氢能储运技术应用

载体类型	关键指标	用途	基础设施情况	代表企业
液氢	70.8 千克 / 立方米，质量分数 100%	发电	液化过程耗能约为氢本身能量的 12%，需要新型基础设施	开发阶段（川崎重工）
		加氢站		商业 / 验证阶段（岩谷）
甲基环己烷	47.3 千克 / 立方米，质量分数 6.2%	发电	液化时需要能量约为氢的 28%，需要可利用汽油的基础设施	验证阶段（千代田化工）
		加氢站		开发阶段
氨	121 千克 / 立方米，质量分数 17%	发电	液化时需要能量约为氢的 13%，可与液化石油气同样处理，有急性毒性	开发阶段
		加氢站		开发阶段

2.4　韩国氢能产业发展现状

韩国能源安全、能源结构、经济发展状况等内外部环境与日本类似，存在能源对外依存度高、化石能源使用量占比高以及经济增长减缓等问题。

2.4.1　发展历程

韩国首个全面的氢经济愿景的提出可追溯到 2005 年 9 月，贸易、工业和能源部宣布"实现氢能和新可再生能源经济的总体规划"。韩国政府早期规划到 2020 年生产 200 万辆燃料电池汽车、用于发电的燃料电池装机容量为 3100 兆瓦，而实际均未完成。2015 年韩国环境部确定 2030 年碳排放量降低 37% 的目标，将氢能定位为未来经济发展的核心增长引擎和发展清洁能源的核心。2018 年韩国政府发布《创新发展战略投资计划》，将氢能产业列为三大战略投资方向之一，计划未来 5 年投入 2.5 万亿韩元，韩国氢能发展进入新阶段。

2.4.2 发展政策

2019 年，韩国工业部联合其他部门共同发布《氢能经济发展路线图》，提出氢经济三步走战略，明确氢气生产、储运、加氢站建设、氢能利用和安全等方面在不同发展阶段的目标和任务，提出到 2030 年进入氢能社会，率先成为世界氢经济领导者。根据《氢能经济发展路线图》，在燃料电池汽车方面，韩国政府计划2019 年年底在国内普及 4000 辆以上氢燃料电池汽车，2025 年建立年产量达 10 万辆氢燃料电池汽车的生产体系，2040 年将分阶段生产 620 万辆氢燃料电池汽车；在公共交通领域，力争 2022 年有 2000 辆、2040 年有 4 万辆氢燃料电池公交车投用；在加氢站方面，2040 年拥有加氢站 1200 座；在燃料电池发电方面，2040 年将燃料电池年发电量扩大至 15 吉瓦，达到 2018 年韩国发电总量的 7%~8%（表 2.3）。

表 2.3　韩国制供氢技术路线与目标

	2018 年	2022 年	2030 年	2040 年
氢气供应量（万吨 / 年）	13	47	194	526
氢气来源	①副产氢（1%）②天然气转化制氢（99%）	①副产氢②天然气转化制氢③水电解制氢	①副产氢②天然气转化制氢③水电解制氢④海外供氢①＋③＋④占比达50%②占比50%	①副产氢②天然气转化制氢③水电解制氢④海外供氢①＋③＋④占比达70%②占比30%
	—	大规模生产	建立海外供氢体系	零碳排放氢气供应
氢气价格	政策价格	6000 韩元 / 千克	4000 韩元 / 千克	3000 韩元 / 千克
氢气储运	目标：构建稳定且经济可行的氢气流通体系 通过多样化存储方法（如高压气体、液体、固体），提高储氢效率；放宽对高压气体存储的相关规定，开发液化或液体储氢新技术，使其具有极高的安全性且经济可行；随着氢气需求的增长，加大对管式拖车及输氢管道的利用。通过使用轻型高压气态氢气管式拖车降低运输成本，并建设连接整个国家的氢气运输管道			
加氢站	15 座	310 座	—	1200 座
燃料电池汽车	1800 辆	81000 辆	—	6200000 辆

2021 年 10 月，韩国政府公布《氢能领先国家愿景》，拟打造覆盖生产、流通、应用的氢能生态环境。在生产领域，韩国政府将构建清洁氢能生产体系，争取可再生氢的年产量在 2030 年和 2050 年分别达到 100 万吨和 500 万吨，并将氢气自给率升至 50%。在流通领域，韩国政府计划提前实现氨动力船舶和液态氢运输船商用化，为氢能进口打下基础，并扩充氢能充电站等基建设施。在应用领域，韩

国政府将氢燃料汽车技术广泛应用到移动出行工具，还将进一步扩大氢能发电规模。此外，韩国政府将致力于培养氢能行业人才，计划发展 30 家跨国氢能企业、创造 5 万个工作岗位。

2.4.3　发展动态

氢能制备方面：韩国氢气主要来源于化石燃料制氢（99%），未来将大力发展工业副产氢、高效电解水和氢气国际贸易。晓星集团与林德公司合作，将共同建设 1.3 万吨 / 年液氢工厂。

氢能应用方面：与日本类似，韩国也将重点放在燃料电池汽车和热电联供系统开发上。在加氢站方面，截至 2022 年 6 月底，韩国拥有 80 座在营加氢站；在燃料电池汽车方面，韩国最具代表性的是现代 Nexo 燃料电池乘用车，全球累计保有量27309 辆，本土累计保有量 24094 辆。此外，现代汽车积极开发燃料电池重卡，截至 2022 年 6 月底，已有近 50 辆现代 Xcient 燃料电池重卡出口欧洲。在燃料电池发电方面，截至 2021 年年底，韩国燃料电池发电量累计达 749 兆瓦。2021 年 10 月，全球最大氢燃料电池发电站在仁川市投运，产能高达 78.96 兆瓦。2018 年 12 月，现代汽车集团发布中长期氢能及氢燃料电池汽车蓝图 "FCEV 愿景 2030"，根据蓝图，现代汽车将在 2030 年前大幅提高其燃料电池系统年产能至 70 万套，大幅提升其氢燃料电池技术在全球范围内的影响力。另外，现代汽车将拓展新业务，向汽车、无人机、船舶、轨道车辆和叉车等交通运输领域供应燃料电池系统。

2.5　中国氢能产业发展现状

2.5.1　发展历程

中国氢能与燃料电池研究始于 20 世纪 50 年代。20 世纪 80 年代以来，相继启动 "863" 计划和 "973" 计划，加速以研究为基础的技术商业化项目，氢能和燃料电池均被纳入其中。"十三五" 期间，氢能与燃料电池开始步入快车道。2016年以来相继发布《能源技术革命创新行动计划（2016—2030 年）》《节能与新能源汽车产业发展规划（2012—2020 年）》等顶层规划。2019 年两会期间，氢能首次写入政府工作报告。2020 年 4 月，氢能被写入《中华人民共和国能源法》（征求意见稿）。2020 年 9 月 21 日，五部委联合发布《关于开展燃料电池汽车示范应用的通知》，采取 "以奖代补" 的方式，对入围示范的城市群按照其目标完成情况核定并拨付奖励资金，鼓励并引导氢能及燃料电池技术研发。截至 2021 年年底，政府累计支持氢能及燃料电池研发经费超过 20 亿元。

2.5.2 发展政策

为促进我国氢燃料电池行业的发展，近年国家相关部门积极出台系列支持政策，推动氢能及燃料电池产业发展。根据中国氢能联盟研究院统计，截至2022年6月，我国发布国家级氢能专项政策2项，涉氢政策60余项（表2.4）。2022年3月，国家发改委、国家能源局联合发布《氢能产业发展中长期规划（2021—2035年）》（以下简称《规划》）。

表2.4　我国国家级氢能政策

时间	部门	政策
2020年9月	财政部、工信部、科技部、国家发改委、国家能源局	《关于开展燃料电池汽车示范应用的通知》
2020年11月	国务院办公厅	《新能源汽车产业发展规划（2021—2035）》
2021年5月	科技部	《国家重点研发计划"氢能技术"等"十四五"重点专项2021年度项目申报指南》
2021年8月	财政部、工信部、科技部、国家发改委、国家能源局	《关于启动燃料电池汽车示范应用工作的通知》
2021年10月	中共中央、国务院	《中共中央　国务院关于完整准确全面贯彻新发展理念做好碳达峰碳中和工作的意见》
2021年10月	国务院	《2030年前碳达峰行动方案》
2022年2月	国家发改委、国家能源局	《"十四五"新型储能发展实施方案》
2022年3月	国家发改委、国家能源局	《氢能产业发展中长期规划（2021—2035年）》

《规划》正式将氢能纳入我国能源体系，从"未来国家能源体系的重要组成部分、是用能终端实现绿色低碳转型的重要载体和战略性新兴产业重点发展方向"进行定位。

《规划》提出氢能产业发展的基本原则：①创新引领，自立自强。积极推动技术、产品、应用和商业模式创新，集中突破氢能产业技术瓶颈，增强产业链供应链稳定性和竞争力。②安全为先，清洁低碳。强化氢能全产业链重大风险的预防和管控；构建清洁化、低碳化、低成本的多元制氢体系，重点发展可再生能源制氢，严格控制化石能源制氢。③市场主导，政府引导。发挥市场在资源配置中的决定性作用，探索氢能利用的商业化路径；更好发挥政府作用，引导产业规范发展。④稳慎应用，示范先行。统筹考虑氢能供应能力、产业基础、市场空间和技术创新水平，积极有序开展氢能技术创新与产业应用示范，避免一些地方盲目布局、一拥而上。

《规划》提出了氢能产业发展各阶段目标：①到2025年基本掌握核心技术

和制造工艺，燃料电池车辆保有量约 5 万辆，部署建设一批加氢站，可再生能源制氢量达到 10 万 ~20 万吨 / 年，实现二氧化碳减排 100 万 ~200 万吨 / 年；②到 2030 年形成较为完备的氢能产业技术创新体系、清洁能源制氢及供应体系，有力支撑碳达峰目标实现；③到 2035 年形成氢能多元应用生态，可再生能源制氢在终端能源消费中的比例明显提升。

《规划》部署了推动氢能产业高质量发展的重要举措：①系统构建氢能产业创新体系。聚焦重点领域和关键环节，着力打造产业创新支撑平台，持续提升核心技术能力，推动专业人才队伍建设。②统筹建设氢能基础设施。因地制宜布局制氢设施，稳步构建储运体系和加氢网络。③有序推进氢能多元化应用，包括交通、工业等领域，探索形成商业化发展路径。④建立健全氢能政策和制度保障体系，完善氢能产业标准，加强全链条安全监管。

2.5.3　发展动态

氢能制备方面：我国化石制氢产能保持稳定。据中国氢能联盟研究院统计，2021 年我国氢气产量约 3467 万吨 / 年。可再生能源制氢项目批量启动。截至 2021 年年底，相关企业在全国规划了 161 个可再生能源制氢项目，其中 12 个项目已投产，合计制氢能力约为 2.31 万吨 / 年；22 个项目在建。工业副产氢提纯利用持续推进。

氢能储运方面：储运体系技术装备攻关和试点有序开展。在高压气氢方面，当前我国仍以 20 兆帕长管拖车高压气氢储运为主，具备 30 兆帕推广能力；自主研发的 30 兆帕长管拖车，相同容积下的氢气装载运输能力可提升 64%。在液氢方面，自主化液氢装备取得突破。首套自研产量达吨级液化氢系统装置并成功实现稳定生产，满载产能达到 2.3 吨 / 天；张家港液氢装备产业基地投产生产 8~10 吨 / 天氢液化装置、60~300 立方米液氢储罐、40 英尺（12.192 米）液氢罐箱以及液氢加氢站等系列装备。在管道运输方面，纯氢管道开展可行性研究，掺氢管道试点逐步启动。河北定州至高碑店 145 千米氢气长输管道可行性研究正在开展，设计输量 10 万吨 / 年；宁夏开展燃气管网掺氢试验平台建设。新型氢储技术完成示范，我国自主研发的安全有效储氢材料与固态储氢技术入选国资委《中央企业科技创新成果推荐目录》，新型高温垃圾转化制氢油系统在北京房山示范运行。

氢能应用方面：交通领域作为氢能产业应用的突破口正在快速发展。我国氢燃料电池商用车已成为全球最大市场，乘用车借冬奥取得百辆级规模示范。2021 年，我国新增氢燃料电池汽车 1586 辆，氢燃料电池车保有量 9315 辆。作为氢燃料电池汽车的重要基础设施，我国加氢站数量首次实现累计建成加氢站（255 座）、在营加氢站（183 座）和新建成加氢站（126 座）三个全球第一。加氢站呈现多业态发展趋势。工业领域开展可再生氢替代试点示范，探索实施新技术工艺和管理规范。龙头企业在华南、华北等地积极开展百万吨级氢基竖炉等氢冶金应用示范。氢基化工规模化试点落地，宁夏太阳能电解水制氢综合示范项目投产，所产可再生氢将用于制取烯烃；新疆库车万吨级可再生氢示范项目启动建设，所产可再生氢将供应中国石化塔河炼化。能源和建筑领域终端多能互补多场景试点示范。截至 2022 年 6 月底，中国累计建设运营燃料电池发电与热电联产项目 32 个，总规模近 6 兆瓦，项目建设地点以华南、东北和华东地区为主，占比 95%；发电方式以 PEMFC 为主，占比 64%。广东佛山南海氢能进万家项目投运，项目包含 40 套 700 瓦家用燃料电池热电联产设备以及 4 台 440 千瓦商用燃料电池热电联产设备；安徽六安兆瓦级氢能综合利用示范站首台燃料电池发电机组成功并网发电（图 2.1）。

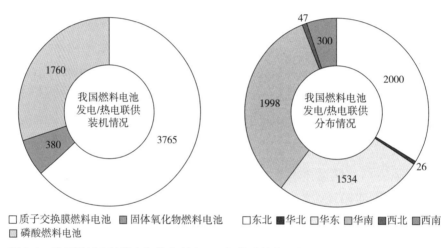

图 2.1 我国燃料电池发电与热电联产项目规模（单位：兆瓦，截至 2022 年 6 月底）
数据来源：中国氢能联盟研究院大数据平台。

2.6 本章小结

全球已有超过 30 个国家和地区发布氢能发展战略。发达国家高度重视氢能产业发展，氢能已成为加快能源转型升级、培育经济增长点的战略选择。根据国际氢能委员会预测，到 2050 年氢能将在全球能源消费中占比达到 18%，减少 60 亿吨二氧化碳排放，氢能产业将创造 3000 万个工作岗位。发达国家行动已逐渐明晰，全球氢能发展由战略引导阶段向行动实施阶段过渡。在推动氢能发展过程中，全球主要发达国家逐步形成各具特色的发展模式。

我国氢能产业仍处于发展初期，积极探索试点示范。我国是全球最大的制氢国，年氢产量超过 3000 万吨。同时，我国可再生能源装机量全球第一，在清洁低碳氢供给方面有巨大潜力。根据中国氢能联盟研究院预测，随着可再生能源制氢在 2030 年实现平价，可再生能源制氢将大规模助力工业、交通、建筑等行业深度脱碳，到 2060 年可再生能源制氢规模有望达到 1 亿吨。我国氢气年需求量将增至 1.3 亿吨，在终端能源消费中占比约 20%。借鉴发达国家发展经验，我国仍需尽快提高关键核心技术水平，加快国产化进程；开启多领域规模应用示范；探索适合我国国情的氢能产业发展路径；加强国际开放合作，推动氢能产业国际化发展。

参考文献

［1］万燕鸣，熊亚林，王雪颖．全球主要国家氢能发展战略分析［J］．储能科学与技术，2022，11（10）：3401-3410．

［2］US Department of Energy. National Hydrogen Energy Roadmap［R］. Washington DC：US Department of Energy，2002.

［3］US Department of Energy. Hydrogen Program Plan［R］. Washington DC：US Department of Energy，2020.

［4］US Department of Energy. DOE National Clean Hydrogen Strategy and Roadmap［R］. Washington DC：US Department of Energy，2022.

［5］Fuel Cell and Hydrogen Energy Association. Roadmap to a US Hydrogen Economy：Reducing Emissions and Driving Growth Across the Nation［R］. Washington DC：Fuel Cell and Hydrogen Energy Association，2020.

［6］Fuel Cells and Hydrogen Joint Undertaking. Hydrogen Roadmap Europe：A Sustainable Pathway for the European Energy Transition［R］. Brussels：Fuel Cells and Hydrogen Joint Undertaking，2019.

［7］Hydrogen Europe. Green Hydrogen for a European Green Deal a 2 × 40 Initiative Europe［R］. Brussels：Hydrogen Europe，2020.

［8］European Commission. A Hydrogen Strategy for a Climate-neutral Europe［R］. Brussels：European Commission，2020.

［9］Clean Hydrogen Partnership. Strategic Research and Innovation Agenda 2021-2027［R］. Brussels：Clean Hydrogen Partnership，2022.

［10］Die Bundesregierung. Die Nationale Wasserstoffstrategie［R］. Deutschland：Die Bundesregierung，2020.

［11］Nationaler Wasserstoffrat. Wasserstoff Aktionsplan Deutschland 2021-2025［R］. Deutschland：Nationaler Wasserstoffrat，2021.

［12］HM Government. UK Hydrogen Strategy［R］. London：HM Government，2021.

［13］可再生能源和氢能部长级会议. 氢的基本战略［EB/OL］.（2017-12-26）［2023-4-1］. https://www.cas.go.jp/jp/seisaku/saisei_energy/pdf/hydrogen_basic_strategy.pdf.

［14］新能源与产业技术开发组织. NEDO 燃料电池和氢技术开发路线图［EB/OL］.（2023-2-17）［2023-4-1］. https://www.nedo.go.jp/library/battery_hydrogen.html.

［15］Clifford Chance. Focus on Hydrogen：Korea's New Energy Roadmap［R］. London：Clifford Chance，2020.

［16］韩联社. 韩政府公布氢能发展愿景［EB/OL］.（2021-10-7）［2023-4-1］. https://cn.yna.co.kr/view/ACK20211007006000881.

［17］新能源网. 韩国全面氢蓝图：建 40 个海外制氢基地　用氨代替燃煤发电　开通自助加氢站［EB/OL］.（2021-11-30）［2023-4-1］. http://www.china-nengyuan.com/news/176012.html.

［18］氢能首席观察员. 全球首部氢法｜韩国政府颁布《促进氢经济和氢安全管理法》［EB/OL］.（2020-2-12）［2023-4-1］. https://mp.weixin.qq.com/s/LsiO1pi2jLJMsFyED.C.vjtQ.

［19］中国氢能联盟. 中国氢能及燃料电池产业手册（2020 版）［R］. 北京：中国氢能联盟，2020.

［20］中国氢能源及燃料电池产业创新战略联盟. 中国氢能源及燃料电池产业发展报告 2021［M］. 北京：人民日报出版社，2022.

［21］氢界. 氢能和产业大数据［EB/OL］.（2023-4-1）［2023-4-1］. https://www.chinah2data.com/.

第3章 氢的制备

氢能产业链涵盖制、储、输、加、用各个环节，按制氢过程消耗的能源可分为化石能源制氢、工业副产制氢、电解水制氢、生物质制氢、光催化制氢等方法。本章介绍不同制氢方法的基本原理和设备、技术发展现状，并分析其产能分布和未来潜力。

3.1 化石能源制氢

化石能源制氢使用煤、天然气、石油（轻烃、石脑油、重油等）为原料制氢，一般不以氢气为最终产品，而是进一步生产化工产品或深度加工提高质量和收率。目前，常见的化石能源制氢方法有煤气化制氢和天然气重整制氢。

3.1.1 基本原理和设备
3.1.1.1 煤气化制氢
煤制氢技术主要分为煤焦化制氢与煤气化制氢，后者技术较为成熟。煤气化制氢是煤与气化剂在一定的温度、压力等条件下发生化学反应转化为合成气的工艺过程。煤气化制氢具有技术成熟、原料成本低、装置规模大的特点，其工艺流程复杂、设备造价高、配套装置多、投资成本大，要求长周期稳定运行。与电解制氢相比，煤气化制氢需要进行气体分离，更重要的是会带来大量的二氧化碳排放。

气化炉是煤气化的关键装置，主流气化炉分为固定床、流化床和气流床三种类型。固定床气化技术可分为常压固定床间歇式气化技术、鲁奇固定床加压气化技术和固定床液态排渣加压气化技术三类。流化床气化炉使用的是碎煤，粒度小，比表面积大，气化剂与煤料接触更充分，其产能比同直径固定床气化炉多将近 6 倍；但流化床容量小，且飞灰中未燃尽的煤含量高。相比之下，气流床煤种适应性更强、气化指标更加优异，按进料方式的不同，气流床分为干粉气化和水煤浆气化两种工艺。

3.1.1.2 天然气重整制氢

天然气制氢技术主要包括天然气蒸汽重整制氢、天然气部分氧化制氢、天然气自热重整制氢和天然气催化裂解制氢等，其中天然气蒸汽重整制氢技术发展较为成熟。该法是在一定的压力、温度、催化剂共同作用条件下，将天然气中的烷烃和水蒸气通过化学反应变换成以氢气和二氧化碳为主要组分的转化气，随后再经过程序控制，将转化气依次通过装有三种特定吸附剂的吸附塔，用变压吸附技术分离出氮气、一氧化碳、甲烷和二氧化碳，从中可提取产品氢气。

天然气蒸汽重整的技术核心和关键设备是蒸汽转化炉，蒸汽转化炉由辐射段和对流段组成。辐射段在催化剂作用下进行天然气与水蒸气的反应，生成氢气和一氧化碳。对流段由原料气预热盘管、过热蒸汽盘管、蒸汽发生器、燃烧空气预热器等换热单元组成，完成烟气热量的回收。化工工业上使用的天然气蒸汽重整炉几乎全部为固定床反应器（第一段转化），这类反应器具有比较简单的结构、使用寿命很长的催化剂，一旦装填后，就不用时常维护，管理简便。由于反应温度高且是加压操作（2~2.5 兆帕），因此需要有耐隔热衬里，以降低反应器材质的选择苛刻度。

3.1.2 技术发展现状

3.1.2.1 技术水平

在煤制氢方面，我国煤气化制氢技术路线成熟，目前处于大规模产业化生产阶段，也是当前成本最低的制氢方式。经过多年发展，我国开发了一批具有自主知识产权的先进煤气化制氢技术，如多喷嘴水煤浆气化技术、航天粉煤加压气化技术、清华炉技术等，广泛应用于合成氨、油品加氢等基础化工原料的生产，甚至天然气、合成油等能源产品的生产。煤制氢在石化炼化行业的应用也非常广泛，国内炼化用煤制氢装置的最大规模超过 20 万标方 / 小时（有效气）。近年来，广东茂名、山东淄博、江西九江、江苏南京、安徽安庆等地炼厂建设了一系列大规模煤制氢装置。

在天然气制氢方面，我国天然气重整制氢技术成熟，目前处于大规模产业化生产阶段，代表单位有中海石油气电集团、四川亚联高科等。其中，中海石油气电集团牵头完成的我国首套"250 标方 / 小时小型撬装天然气制氢设备"创新性强，拥有自主知识产权，总体技术达到国际先进水平，可满足 500 千克 / 天规模加氢站用氢需求。

3.1.2.2　制氢成本

原料煤是煤制氢技术最主要的消耗原料，约占制氢总成本的 50%。天然气重整制氢的平均成本高于煤气化制氢，其中天然气原料占制氢成本的比重达 70%。未来，在不考虑碳价格的情况下，受制于天然气资源禀赋以及煤炭价格影响，理想情况下煤炭和天然气价格保持现状，化石能源制氢成本未来下降空间较小；在考虑未来碳价的情况下，煤气化制氢与天然气制氢由于碳排放量较高，整体制氢成本会呈现上升趋势。2030 年前后，我国处于碳达峰关键时期，碳价将开始呈现大幅上涨，化石能源制氢价格将大幅提高。对碳捕集、利用与封存（Carbon Capture，Utilization and Storage，CCUS）技术来说，随着技术和规模的成熟，技术成本下降；但由于该技术无法将制氢过程中的二氧化碳全部捕获，仍需缴纳部分高额碳价，因此综合成本将不会出现大幅下降。

3.1.3　产能分布与未来潜力

我国煤炭资源主要分布在晋陕蒙宁、新疆、黄淮海区和西南区，东南区煤炭资源保有量少。西北、华东、华北地区煤制氢产能较大。从我国六大区域煤制氢产量看，西北、华东、华中地区在煤制氢产量上占据相对优势（图 3.1）。

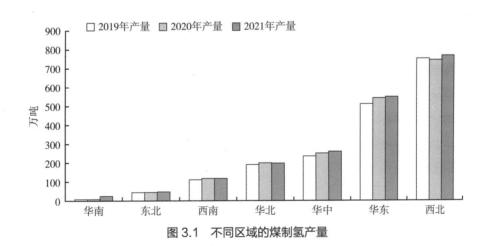

图 3.1　不同区域的煤制氢产量

从各省份煤制氢产量看，山东、内蒙古、陕西等省份年均产量在 200 万吨左右；其次是河南、安徽、山西等地，年均产量在 130 万吨左右。总体来看，各省份煤制氢产能差距明显，未来清洁煤、零碳煤示范项目改造落地投产将在短期内持续助力各地制氢产业的发展（图 3.2）。

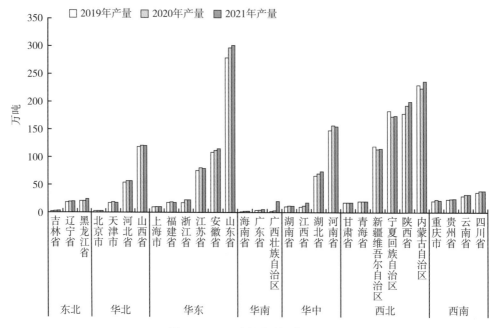

图 3.2 不同省份的煤制氢产量

我国天然气资源主要分布在中部（四川盆地、鄂尔多斯盆地）、西部（塔里木盆地、柴达木盆地、准噶尔盆地）和近海区域（渤海湾盆地、琼东南盆地、莺歌海盆地、珠江口盆地）。天然气制氢产量整体差距较小，华东、西北、东北等地区优势较为明显。整体来看，我国各区域天然气制氢产量差别不大，年均产量最高的是华东地区，约150万吨/年；年均产量最低的是西南地区，约60万吨/年（图3.3）。

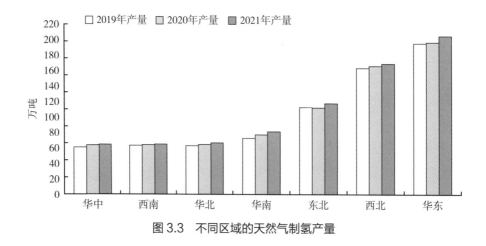

图 3.3 不同区域的天然气制氢产量

从各省份天然气制氢产量看，辽宁省相对优势明显，年均产量约 90 万吨；其他省份则在 50 万吨 / 年左右，省份间产量差距较小（图 3.4）。

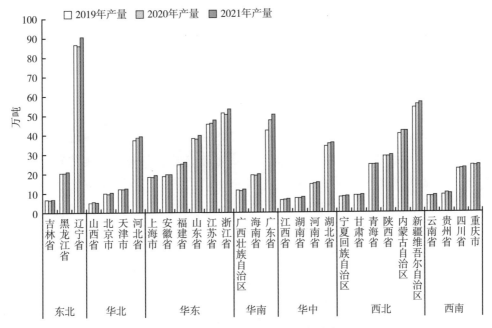

图 3.4　不同省份的天然气制氢产量

考虑到化石能源制氢生产过程会排放大量二氧化碳，大量封存二氧化碳也会受限于合格的地质条件，存在二氧化碳封存泄漏风险问题。因此，现阶段只有生态固碳才可兼顾经济效益和社会效益。未来，非化石燃料发电进行电解水制氢将逐渐成为主要的低碳制氢方式（表 3.1）。

表 3.1　化石能源制氢技术发展规划

发展趋势	制氢装置减少能耗及原料消耗、使用高效耐用的催化剂、长周期稳定运转以及低碳排放			
存在问题	二氧化碳排放问题仍未解决，化石能源制氢 +CCUS 目前成本较高，且长期二氧化碳封存存在风险			
方向部署	目前：副产氢高效分离回收技术	2025—2035 年：化石能源制氢 +CCUS 示范（碳捕集）	2035—2050 年：化石能源制氢 +CCUS 推广；化石能源转化制化学品和氢气示范（无碳排放）	2050 年以后：化石能源转化制化学品和氢气推广（无碳排放）

3.2 工业副产制氢

工业副产氢主要包括焦炉煤气副产氢、氯碱工业副产氢、轻烃裂解副产氢，主要在钢铁和化工等行业应用。相比其他制氢方式，工业副产氢既能提高资源利用效率和经济效益，又可降低大气污染、改善环境。

3.2.1 基本原理和设备
3.2.1.1 焦炉煤气副产氢

炼焦是指炼焦煤在隔绝空气的条件下加热到 1000 摄氏度，通过热分解和结焦产生焦炭、焦炉煤气和其他炼焦化学产品的工艺过程。每炼 1 吨焦炭可产生约 430 立方米的焦炉煤气。焦炉煤气主要由氢气（约 55%）和甲烷（约 23%）组成，此外，还有少量烃类、一氧化碳、二氧化碳、氧气、氮气、硫化氢、有机硫、氨、焦油尘、苯、甲苯、二甲苯、一氧化氮等杂质。

3.2.1.2 氯碱工业副产氢

氯碱厂以食盐水为原料，采用离子膜或石棉隔膜电解槽生产烧碱和氯气，同时可得到副产品氢气。电解直接产生的氢气纯度约为 98.5%，含有氯气、氧气、氯化氢、氮气、水蒸气等杂质，把这些杂质去掉即可制得纯氢。我国氯碱厂多采用变压吸附技术提氢，获得高纯度氢气后用于生产下游产品。

3.2.1.3 轻烃裂解副产氢

轻烃裂解包括丙烷脱氢与乙烷裂解。其中，丙烷脱氢是制备丙烯的重要方式，丙烷在催化剂的作用下通过脱氢生成丙烯，其中氢气作为丙烷脱氢的副产物。乙烷裂解制乙烯工艺以项目投资低、原料成本低、乙烯收率高、乙烯纯度高等优势引起国内炼化企业的关注。乙烷裂解制乙烯会副产大量氢气，我国乙烷资源主要依靠从美国进口，存在原料风险问题。

3.2.2 技术发展现状
3.2.2.1 技术水平

我国的工业副产氢气来源极为广泛，杂质种类繁杂且含量分布宽，单一纯化技术路线无法满足实际需求。工业副产气来自炼油、化工、钢铁、焦化等行业，其排放量大、地域分布广，研究和开发高效的工业副产气净化除杂技术、分离纯化技术是促进工业副产气制氢工艺发展的关键。目前，低压、低氢含量的工业副产气（如兰炭尾气）制氢工艺仍存在能耗高、投资过大的难题，开发先进的分离纯化工艺和改进现有的吸附分离技术是解决此类问题的突破口。

在催化剂方面，国产化的新型高效丙烷脱氢制丙烯催化剂有望打破国外技术垄断。2016 年，由重质油国家重点实验室李春义教授课题组成功研发、中国石油工程建设公司华东设计分公司设计的丙烷 / 丁烷脱氢技术在山东恒源石油化工股份有限公司工业化试验取得成功，各项技术指标达到或超过国外同类技术水平；2022 年 6 月，濮阳市远东科技有限公司采用丁烷脱氢工艺的 15 万吨 / 年丙烷脱氢装置试验成功。此外，中国石化北海炼化 1000 吨 / 年丙烷脱氢中试项目采用了中国石化自主研发的丙烷脱氢技术。

3.2.2.2 制氢成本

工业副产氢制氢潜力巨大，由于其显著的减排效果、较高的经济性优势，在电解水制绿氢成本达到或接近平价以前，副产氢是过渡阶段的较优途径之一。但工业副产氢通常受到企业发展影响，具有一定的不可控性（表 3.2）。

表 3.2 各类工业副产氢成本

工艺	原料气中氢气体积分数（%）	提纯后产氢纯度（%）	生产成本（元 / 千克）	提纯成本（元 / 千克）	综合成本（元 / 千克）
焦炉煤气	约 44	> 99.99	—	4.48~7.84	9.30~14.90
氯碱化工	98.50	> 99.99	12.32~15.68	1.12~4.48	13.44~20.16
丙烷脱氢	99.80	99.999	12.32~14.56	2.80~5.60	14.00~20.16
乙烷裂解	95.00	> 99.99	12.32~14.56	2.80~5.60	15.12~20.16

数据来源：《中国氢能产业发展报告 2020》。

3.2.3 产能分布与未来潜力

我国工业副产氢产量常年保持在 600 万吨以上，焦炉煤气副产氢每年产量为 450 万 ~500 万吨，氯碱工业副产氢每年产量为 80 万 ~100 万吨。工业副产氢是我国一大主要氢气来源途径。炼焦企业、钢铁企业和氯碱工业每年会副产数百万吨的氢气。工业副产氢产能分布比较分散，整体上靠近能源负荷中心。我国焦化厂主要分布在华北、华东等地区；较大规模的氯碱企业主要分布在新疆、山东、内蒙古、上海、河北等省、市、区；丙烷脱氢项目主要分布在华东及沿海地区。

3.3 电解水制氢

近年来，化石能源消耗带来的环境污染问题越发严重，随着化石资源不断消耗、原料价格上升，制氢成本增高。相反，电解槽的设备成本下降，利用负荷增加以及度电成本下降将会带来电解水制氢成本降低。利用可再生能源电解水制氢还可实现制氢过程零污染，极大降低环境负荷。可以预见，低成本、高效率、绿色化的电解水制氢将是未来制氢工业的核心技术之一。

目前，电解水制氢方法主要有碱性电解水制氢、质子交换膜电解水制氢、固体氧化物电解水制氢及阴离子交换膜电解水制氢等。

3.3.1 基本原理和设备

3.3.1.1 碱性电解水制氢

碱性电解槽主要由电源、电解槽箱体、电解液、阴极、阳极和横隔膜组成。当施加足够大的电压时，水分子将在阴极上发生还原反应产生氢气，在阳极上发生氧化反应产生氧气。在阴极，两个水分子被分解为两个氢离子和两个氢氧根离子，氢离子得到电子生成氢原子并进一步生成氢分子；两个氢氧根离子在阴、阳极之间的电场力作用下，穿过多孔的横隔膜到达阳极，在阳极失去两个电子生成1个水分子和1/2个氧分子。

碱性电解水制氢系统的核心组成部分为碱性电解槽（电解电堆），电解槽的性能直接影响整个制氢系统的制氢效率，其制造成本也在整个设备中占比很大。单位时间内产氢量越多，电解槽成本越高。碱性电解槽的内部结构包含双极板、极框、阳极电极、阴极电极、隔膜、密封垫等，部分电解槽还专门设置集流器，外部有端压板、螺栓、螺母紧固件。

3.3.1.2 质子交换膜电解水制氢

质子交换膜电解槽主要由两个电极和聚合物薄膜组成，质子交换膜通常与电极催化剂组成一体化结构，在这种结构中，以多孔的铂材料作为催化剂结构的电极是紧贴在交换膜表面的。薄膜由 Nafion（一种阳离子交换剂）组成，含有磺酸基，水分子在阳极被分解为氧和氢离子，而磺酸基很容易分解成亚硫酸根和氢离子，氢离子和水分子结合形成水合氢离子，在电场作用下穿过薄膜到达阴极，在阴极生成氢。质子交换膜电解槽技术的核心部件也是电解槽，由膜电极、双极板等部件组成。

3.3.1.3 固体氧化物电解水制氢

固体氧化物电解池是固体氧化物燃料电池的逆过程，可根据电解质载流子性质不同分为氧离子型电解池和质子型电解池。在氧离子型电解池中，燃料极发生还原反应，水（二氧化碳等）在电极催化剂上吸附，并接收电子解离成氢气（一氧化碳等）和氧离子，解离的氧离子通过电解质薄膜传输到空气极生成氧气。质子型电解池操作温度比氧离子型电解池更低，且由于产物氢气与进料气水分处于电解池的两极，因此更有利于氢气的提纯获取，未来具有更好的应用前景。

以氧离子型电解池为例，固体氧化物电解池关键材料包括电解质、氧电极和氢电极。

电解质：电解质是固体氧化物电解池的重要组成部分，其性质不仅直接影响电解池的性能，还决定与之相匹配的电极材料和制备技术的选择。除传导离子、阻隔气体外，固体氧化物电解池电解质材料还需要在室温、工作温度、制作温度等不同范围内具有良好的机械性能，以及与氧电极、氢电极材料之间良好的兼容性。目前，电解质材料主要分为 ZrO_2 基、CeO_2 基、ABO_3 类钙钛矿等。

氧电极：氧电极的主要作用是提供氧气生成场所和扩散通道，因此要求氧电极具备较高的电子电导率和多孔结构，且在高温下对氧析出反应有较高的催化活性。锰酸锶镧是早期广泛应用的良好氧电极材料，但由于是纯电子导体，较低的离子电导率使其应用受到限制。混合离子电子导体（如镧锶钴铁基钙钛矿型氧化物）是当今应用最广泛、研究最深入的氧电极材料。

氢电极：氢电极的主要作用是为水蒸气提供分解反应场所及电子传导和氢气扩散通道，需具备良好的电子电导率和电催化活性，同时有充分的孔隙以确保水蒸气和氢气顺利进出。Ni-YSZ 是固体氧化物电解池最常用的氢电极材料。与固体氧化物燃料电池相比，固体氧化物电解模式下氢电极的水蒸气含量更高，且水蒸气的迁移能力比氢弱，这对电极的孔道结构和稳定性提出了更高要求。

3.3.1.4　阴离子交换膜电解水制氢

阴离子交换膜电解槽结构与质子交换膜电解槽类似，主要由阴离子交换膜和两个过渡金属催化电极组成，一般采用纯水或低浓度碱性溶液作电解质。阴离子膜是阴离子交换膜电解水系统中的重要组成部分，其作用是将氢氧根从阴极传导到阳极，同时阻隔气体和电子在电极间直接传递。

3.3.2　技术发展现状

3.3.2.1　技术水平

在碱性电解水制氢方面，我国核心电解槽已实现 100% 国产化，但制氢效率技术指标仍有较大改进空间。在制氢效率与电流密度方面，目前我国工业用碱性电解槽电解电流密度约为 0.3 安 / 平方厘米（1.84 伏），欧美国家电解槽电流密度高达 0.4 安 / 平方厘米（1.8 伏）。我国碱性电解槽直流电解氢气能耗约 54 度 / 千克，电解效率约 65%，低于国外先进碱性电解槽约 70% 的电解效率。在设备寿命方面，我国与国外设备寿命目前均达 80000 小时以上。在设备成本方面，我国设备成本优势明显，约为 1400 元 / 千瓦。国内碱性电解槽研发生产代表单位有中国科学院大连化物所、中船集团第七一八研究所、苏州考克利尔竟立氢能科技有限公司、天津市大陆制氢设备有限公司、西安隆基氢能科技有限公司等。

在质子交换膜电解水制氢方面，我国正在抓紧攻关，技术性能尤其是寿命尚缺乏市场验证。在制氢效率方面，我国质子交换膜制氢设备的电流密度约为 1~1.2 安 / 平方厘米（1.92 伏），国外质子交换膜制氢设备的电流密度已达 1.5 安 / 平方厘米（1.92 伏）。在寿命方面，国外质子交换膜电解槽寿命约 60000 小时，我国尚缺乏验证。在成本方面，我国质子交换膜制氢设备的成本高于国外水平，平均设备成本约为 1 万元 / 千瓦。

在固体氧化物电解水制氢方面，经过多年不断地技术攻关，目前我国固体氧化物电解水装备制造厂商在单电池、电堆、发电系统及测试设备方面积累了丰富经验，形成了从关键材料、单电池、电堆制备到独立发电系统集成及测试设备制造的能力。由中国科学院上海应用物理研究所设计研制的 20 千瓦级高温电解制氢装置制氢速率 ≥ 10 标方 / 时，储氢压力为 41 兆帕，储氢量为 12 千克，电解池能耗为 3.2 度 / 标方氢气。中国矿业大学（北京）固体氧化物燃料电池中心集成了一致、高效、可靠千瓦级固体氧化物电解电堆，建立了电池及电堆测试及验证平台，实现了千瓦级电堆稳定运行，单堆电解功率达到 2 千瓦，低热值电解效率 ≥ 90%。

在阴离子电解水制氢方面，清华大学、吉林大学、山东东岳集团、山东天维膜技术有限公司进行了阴离子交换膜研制的相关工作，中国科学院大连化物所重点开展了催化剂的研发工作，中船集团第七一八研究所开展了阴离子电解槽的集成与基础研发工作。阴离子交换膜电解水制氢的发展程度完全取决于材料技术的突破情况，高氢氧根离子传导率可实现高电流密度与高制氢效率，从而降低整体运营成本和资本支出。

3.3.2.2 制氢成本

作为未来主流的制氢方式，电解水制氢的成本主要取决于电解槽的设备成本、利用负荷以及度电成本。在国际可再生能源署的转型能源情景中，2030 年全球将部署 270 吉瓦电解槽产能，成本减幅可达 55%；2050 年部署 1700 吉瓦产能，成本减幅可达 70% 以上。

技术进步和装机规模增长将持续推动可再生能源发电成本下降。不考虑碳税情况下，2025 年光伏与风电新增装机发电成本将达 0.3 元 / 度，可再生能源电解水制氢成本将低至 25 元 / 千克，具备与天然气制氢进行竞争的条件；2030 年光伏与风电新增装机发电成本预计将达 0.2 元 / 度，可再生能源电解水制氢成本将低至 15 元 / 千克，具备与配套碳捕集与封存的煤制氢进行竞争的条件（表 3.3）。

表 3.3　我国 2025—2060 年可再生氢结构展望

年度	风光累计装机（吉瓦）	电解槽装机（吉瓦）	可再生氢总量（万吨）	可再生氢占比（%）	制氢成本（元/千克）
2025	1000	10	35	1	25
2030	1400	70	500	13	15
2060	6600	400	10000	80	< 7

注：2025 年按照可再生能源电解水装机占比 1%、负荷 2000 小时、制氢效率 5.0 度/标方测算。

3.3.3　产能分布与未来潜力

我国可再生能源资源丰富，但地域性分布存在差异（图 3.5）。东北、西北地区可再生能源制氢潜力较大。其中，宁夏风能资源总储量 2253 万千瓦，太阳能光伏电站可开发规模约 1750 万千瓦；吉林省白城市具有约 1600 万千瓦风能、约 1300 万千瓦光伏的开发潜力。在河北省张家口市（风电）、四川省（水电）以及富余电力和可再生能源充足的地区，电解水制氢的供应潜力较大。内蒙古、新疆、青海和甘肃等地在可再生能源电解制氢方面具有绝对优势，西藏、黑龙江、四川、山东等地次之。在制氢产量上，内蒙古、新疆、青海和甘肃等地的可再生能源电解制氢规模大约在 10000 万吨，制氢潜力巨大。

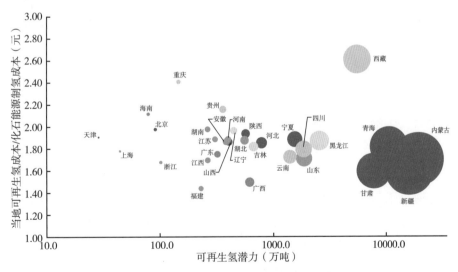

图 3.5　我国各区域可再生能源电解制氢潜力

《"十四五"能源领域科技创新规划》明确指出，在未来氢气制取技术领域中将集中攻关适用于可再生能源电解水制氢的质子交换膜和低电耗、长寿命高温固体氧化物电解制氢关键技术，随着未来技术的突破，有望实现大规模、低成本的可再生氢供应。

2025 年，实现碱性水电解制氢设备电解能耗 ≤ 48 千瓦·时 / 千克氢气，电解效率 ≥ 71%，电解电流密度 ≥ 0.3 安 / 平方厘米（1.72 伏），降低设备成本至 1000 元 / 千瓦，设备寿命提高至 90000 小时以上；质子交换膜制氢设备电解能耗 ≤ 48 千瓦·时 / 千克氢气，电解效率 ≥ 71%，电解电流密度 ≥ 1.5 安 / 平方厘米（1.80 伏），降低设备成本至 7000 元 / 千瓦，寿命提高至 80000 小时以上。

2030 年，碱性电解设备能耗 ≤ 44 千瓦·时 / 千克氢气，电解效率 ≥ 75%，电解电流密度 ≥ 0.3 安 / 平方厘米（1.54 伏），设备成本降低至 800 元 / 千瓦，设备寿命继续提高至 100000 小时以上；质子交换膜制氢设备技术领域实现质子交换膜关键材料的国产化替代，实现质子交换膜制氢设备电解能耗 ≤ 42 千瓦·时 / 千克氢气，电解效率 ≥ 78%，电解电流密度 ≥ 2.0 安 / 平方厘米（1.54 伏），设备成本降低至 4000 元 / 千瓦，寿命提高至 100000 小时以上。

3.4　生物质制氢

生物质制氢是指将生物质经过预处理之后，利用气化或者微生物催化脱氧的方式制氢。与传统的化石能源制氢以及工业副产氢相比，生物质制氢能降低污染物含量，具备环保效益。从工艺上看，生物质制氢工艺可分为生物质气化制氢、生物质超临界水气化制氢和生物质快速热解制氢，其中生物质气化制氢工艺具备大规模应用前景。

3.4.1　基本原理和设备

3.4.1.1　生物质气化制氢

生物质气化制氢的原理是利用气化剂对生物质原料进行气化，最终转化为富氢燃料。制氢过程主要发生在生物质气化炉中，热化学反应包括生物质的热分解反应，生物质碳与氧的氧化反应，碳与二氧化碳、水的还原反应，其制氢核心部件包括气化剂、气化反应器和催化剂。最终气体的有效成分除氢气外，还包括一氧化碳、甲烷、二氧化碳等副产物，在分离提纯后可以得到纯度较高的氢气。

3.4.1.2　生物质超临界水气化制氢

生物质超临界水气化制氢是指生物质在超临界水中，通过热解、水解、冷凝和脱氢分解产生氢气、一氧化碳、二氧化碳以及甲烷和其他气体的过程，其制氢核心部件主要为管状反应器。传统生物质气化反应制氢由于生物质含水量较高，其干燥成本较高；生物质超临界水气化制氢不仅可以避免较高的干燥成本，也具有较高的气化率和氢气产率；更为重要的是，整个反应并不会生成焦油、木炭等副产物，有效避免了二次污染问题。因此，生物质超临界水气化制氢具有很好的应用前景。

3.4.2　技术发展现状

我国生物质制氢技术的研究已有一定进展，未来将聚焦降低二次污染和提高经济效益等方面。生物质气化制氢和生物质热裂解制氢技术在我国发展时间长，相对较为成熟，前者已在集中供气、供热、发电等领域实现应用，通过吸收国外先进技术与自主创新并举，目前已研制出集中供气和户用气化设备，形成多个系列气化炉产品，进入实用化试验及示范阶段。但由于生物质气化过程中会产生焦油等污染性副产物，降低了生物质制氢的环保效益，未来将在减少焦油产生、提高气化站经济效益等方面实现突破。

3.5　光催化制氢

3.5.1　基本原理和设备

光催化制氢是利用一些半导体材料（如二氧化钛）的吸光特性实现光解水反应的发生，其制氢核心部件为光催化剂。具体表现为：光催化材料吸收足够大能量的光子后，产生光激电子 – 空穴对；随后光激电子 – 空穴对发生分离产生光激载流子；光激载流子迁移至表面电子与水发生还原反应产生氢气，迁移至表面空穴与水发生氧化反应产生氧气。

3.5.2　技术发展现状

目前，光催化制氢技术仍处于实验室研究阶段，研究重点主要在开发具有催化活性高、稳定性好、成本低的光催化剂。斯坦福大学、清华大学、中国科学技术大学、中国科学院大连化物所等都在进行光催化制氢技术的相关研究。2022 年，我国云南大学研究团队设计并合成出 Pd 单原子 / 原子团簇作为 MIL–125 MOF 结构衍生 TiO_2 的助催化剂，发现采用该结构为助催化剂的 $Pd_{0.75}/TiO_2$ 光催化剂的产氢性能优异，其产氢率是 TiO_2 的 15 倍，该研究对高效光催化剂的设计和研发提供了新思路。未来，随着更多的研究关注和政策扶持，技术的开发和进步将越来越快，光解水制氢技术将进一步完善。

3.6 本章小结

本章从制氢技术的工艺、适用规模、制氢成本等多维度进行分析，评价各类制氢技术的发展情况。从生产工艺看，氢气生产方式有氯碱副产气、焦炉煤气、乙烷裂解副产气、甲烷、煤炭、天然气、电解水等多种制氢方式。其中，氯碱副产气、焦炉煤气、乙烷裂解副产气等制氢在能源效率、碳排放、成本方面占优势。从能源效率看，氯碱副产气制氢、焦炉煤气提取制氢能源效率均在 80% 以上，天然气制氢、乙烷裂解副产气制氢、丙烷脱氢副产气制氢、焦炉煤气转化制氢能源效率为 60%~80%，煤制氢能源效率在 50%~60%。从制氢平均成本看，焦炉煤气制氢 < 煤制氢 < 其他副产气制氢 < 甲醇制氢 < 天然气制氢 < 电解水制氢。从碳排放看，副产气制氢 < 天然气制氢 < 干气制氢 < 甲醇制氢 < 火电电解水制氢 < 清洁能源电解水制氢。从制氢平均成本看，焦炉煤气制氢 < 煤制氢 < 其他副产气制氢 < 甲醇制氢 < 天然气制氢 < 电解水制氢。

参考文献

[1] 赵岩，张智，田德文. 煤制氢工艺分析与控制措施 [J]. 炼油与化工，2015，26（3）：8-11.

[2] 商欢涛，徐广坡. 天然气制氢工艺及成本分析 [J]. 云南化工，2018，45（8）：22-23.

[3] 亚化咨询. 中国氢能产业链年度报告 2020 [R]. 上海：亚化咨询公司，2020.

[4] 中国氢能源及燃料电池产业创新战略联盟. 中国氢能源及燃料电池产业发展报告 2020 [M]. 北京：人民日报出版社，2021.

[5] 张晖，刘昕昕，付时雨. 生物质制氢技术及其研究进展 [J]. 中国早知，2019，38（7）：74-80.

[6] 李亮荣，彭建，付兵，等. 碳中和愿景下绿色制氢技术发展趋势及应用前景分析 [J]. 太阳能学报，2022，43（6）：508-520.

[7] 尹正宇，符传略，韩奎华，等. 生物质制氢技术研究综述 [J]. 热力发电，2022，51（11）：37-48.

[8] 杨琦，苏伟，姚兰，等. 生物质制氢技术研究进展 [J]. 化工新型材料，2018，46（10）：247-250，258.

第 4 章 氢的储运与安全

氢的储运和加注是氢能产业链的中间环节，连接产业链前端制氢和后端应用环节。当前，氢的储运技术成本过高，降低储运成本是推动我国氢能产业发展面临的极大挑战，也是迫切需要突破的技术领域。本章重点介绍高压气态储氢、低温液化储氢、固体材料储氢、液体载体储氢等各种储氢技术，总结氢的主要运输模式以及目前的研究热点天然气掺氢技术。

4.1 高压气态储氢

高压气态储氢是在氢气的临界温度以上，通过高压压缩的方式存储气态氢。其储存方式是采用高压将氢气压缩到一个耐高压的容器里，这种储氢方法是目前最常用并且发展比较成熟的技术。

4.1.1 关键技术

4.1.1.1 氢气的压缩

氢气的生产和应用环节都离不开压缩技术。氢气的压缩有两种方式：一种方法是直接用压缩机将氢气压缩至储氢容器所需的压力，存储在体积较大的储氢容器中；另一种方法是先将氢气压缩至较低的压力存储起来，加注时，先将部分气体充压，然后启动增压压缩机，使储氢容器达到所需的压力。

高压氢气压缩机是氢气压缩的核心装置，根据工作原理及内部结构的不同，压缩机可分为膜式、往复活塞式、回转式、螺杆式、透平式等类型，使用时需根据流量、吸气及排气压力选取合适的压缩机类型。一些发达国家的氢气压缩机技术研发较早、技术先进，主要品牌有美国 PDC Machines、英国 Howden、德国 Hofer 等。

4.1.1.2 氢气的加注

氢气加注与天然气加注的原理相同，但前者操作压力更高，安全性要求也更高。氢气的加注主要采用以下几种方式。

直接加注：气体不经过其他容器，从压缩机出口直接输入储氢容器，达到规定的压力，这种加注方法耗费时间较长。

单级储气，单级加注：通过固定容器向储氢容器充气，容器不分组，而是串联起来。该加注方法要求固定容器的压力适当高于储氢容器的充装压力，充装时所有固定容器的压力变化保持一致。

多级储气，多级加注：通过固定容器向车载容器充气，将固定容器分成并联的数组（如分成高、低两组或高、中、低三组），并在压缩系统和储氢系统、储氢系统和加注系统之间配置优先顺序盘，按需要的顺序向固定容器和储氢容器充气。

单级储气，增压加注：采用这种方式时，固定容器的压力可以低于储氢容器的充装压力，但需要在储气系统上并联一个增压压缩机。

采用不同的加注方式，氢气的利用率也不同。一般来说，相同储存压力级别时，多级充气较单级充气压力更高。此外，氢气利用率还受固定容器压力、各组容器容积匹配等参数的影响。

4.1.1.3 高压气态储氢容器

高压气态储氢容器主要分为纯钢制金属瓶（Ⅰ型）、钢制内胆纤维环向缠绕瓶（Ⅱ型）、铝内胆纤维全缠绕瓶（Ⅲ型）及塑料内胆纤维缠绕瓶（Ⅳ型）四种类型。其中，Ⅲ型瓶和Ⅳ型瓶具有重容比小、单位质量储氢密度高等优点，已广泛应用于氢燃料电池汽车。高压储氢瓶的工作压力一般为35~70兆帕，国内车载高压储氢系统主要采用35兆帕Ⅲ型瓶，国外以70兆帕Ⅳ型瓶为主。目前，我国Ⅲ型瓶技术发展成熟，35兆帕和70兆帕两种类型的产品均已实现产业化，其中35兆帕储氢瓶应用广泛，70兆帕储氢瓶仅占极少市场份额。Ⅳ型瓶目前在国内正成为研究的热点。

4.1.1.4 高压气态储氢的风险和控制

高压氢气储运设备一般都在超过几十个大气压下使用，储存着大量的能量。因超温、充装过量等原因，设备有可能因强度不足而发生超压爆炸。高压氢气储运设备在充装气体的时候，气体介质会放出大量热量，使设备的各连接部分温度升高。

美国对于氢气在无缝气瓶中的充装做了很多规定：要求氢气的操作由专业人士来完成；高压储氢设备的连接部分要有较好的密封性；燃料电池汽车中使用的氢气纯度一般要达到99.99%以上，一方面要防止氢气与杂质的反应，另一方面要防止毒化燃料电池，所以在高压氢气的管路中不能存在油污等杂质、气瓶首次使用时应进行抽真空处理、气瓶不能受到冲击作用、在使用氢气的场合不能有火星等。

在高压储氢设备中设置超压保护装置，可以很好地解决氢气充装和储运中的压力风险。设备出现超压时，超压控制系统可以及时调整和关闭系统中氢气的通道，截断超压源，同时泄放超压气体，使系统恢复正常。

输运和车用的储氢设备必须考虑动载荷对设备本身的影响，设备要做减震措施以增强保护。由于震动等原因，这类设备的阀门可能会受到一定影响，配备在输运和车用上的储氢设备必须进行严格检查后才能使用。输运与车用时，高压储氢设备处于移动状态，如果发生事故其危害性更强。除了在储氢设备中要进行安全状态监控，还应在驾驶室、车体外部增加气体探测器等。

4.1.2 应用领域

在气态、液态和固态三大类储氢技术中，气态储氢技术具有设备结构简单、能耗低、充装和排放速度快等优点，是目前占绝对主导地位的储氢方式。高压气态储氢的主要应用领域有运输用大型高压储氢容器、加氢站用大型高压储氢容器、燃料电池车用高压储氢罐等。

高压氢气的运输是将氢气从产地运输到使用地点或者加氢站，运输设备有的使用大型高压无缝气瓶或 K 瓶装氢，采用汽车运输；有的直接采用高压氢气管道运输。

加氢站用高压储氢容器是氢存储系统的主要组成部分。目前，各汽车公司开发的车载储氢容器压力规格一般为 35 兆帕和 70 兆帕，因此加氢站用高压储氢容器最高气压多为 40~85 兆帕。

高压储氢的主要应用方向是燃料电池车。根据燃料电池车的使用需求，储氢容器应向轻质、高压方向发展，致力于提高效率、增加容器可靠性、降低成本、制定相应标准、优化结构等方面的工作。但是，提高容器最高工作压力并不是一个无止境的目标。压力越高，对材料、结构的要求也越高，成本也将随之增加，同时事故造成的破坏力也增大。在达到单位质量储氢密度要求的情况下，提高容器的可靠性、降低成本、减轻质量是需要解决的关键技术。

4.2 低温液化储氢

低温液化储氢是一种深冷的氢气存储技术，氢气经过压缩后，深冷到 21 开以下，使之变为液态氢后，存储到特制的绝热真空容器中。

4.2.1 关键技术

4.2.1.1 液氢设备的低温绝热

低温绝热技术是低温工程中的一项重要技术，也是实现低温液氢储存的核心技术手段。一般来说，向真空绝热容器的传热由固体传导传热、辐射传热和夹层中残留气体的传导、对流传热三大部分组成。通常，真空夹层中残留气体传热很小，可以忽略不计。液氢设备用绝热材料可分为两类，一类是可承重材料，如 Al/聚酯薄膜/泡沫复合层、酚醛泡沫、玻璃板等，此类材料的热泄漏比多层绝热材料严重，优点是内部容器可"坐"在绝热层上，易于安装；另一类为不可承重、多层（30~100层），如 Al/聚酯薄膜、Cu/石英、Mo/ZrO$_2$ 等，常使用薄铝板或在薄塑料板上通过气相沉积覆盖一层金属层（Al、Au 等）以实现对热辐射的屏蔽，缺点是储罐中必须安装支撑棒或支撑带。

4.2.1.2 液氢储罐

液态氢的体积密度大，质量储氢效率（指氢的存储质量/包括容器的整体质量，40%）比其他储氢形式都大，但是沸点低（20.3 开）、潜热低（31.4 千焦/升，433 千焦/千克）、易蒸发。液氢汽化是液氢存储必须解决的技术难点。若不采取措施，液氢储罐内达到一定压力后，减压阀会自动开启，导致氢气泄漏，引发安全性问题。因此在设计液态氢容器时应考虑周详。

4.2.1.3 液氢的运输

液氢一般采用车辆或船舶运输。液氢生产厂距离用户较远时，可以把液氢装在专用低温绝热槽罐内，放在卡车、机车、船舶或飞机上运输，这是一种既能满足较大输氢量又比较快速、经济的运氢方法。液氢也可用专门的液氢管道输送。由于液氢是一种低温液体，其储存容器及输送管道都需要高度的绝热性能。即使如此，还会有一定的冷量损耗，所以管道容器的绝热结构比较复杂。液氢管道一般只适用于短距离输送。

4.2.2 应用领域

4.2.2.1 液氢在航空领域的应用

氢的能量密度很高，是普通汽油的 3 倍，这意味着燃料的自重可降低 2/3，这对飞机来讲是极为有利的。以液氢为燃料的超声速飞机，起飞质量只有煤油的一半，而每千克液氢的有效载荷能量消耗率只有煤油的 70%。美国洛克希德·马丁公司通过对亚声速和超声速运输机进行航空煤油和液氢的燃烧对比试验，证明液氢具有许多优越性。多家航空公司对民航喷气发动机设计方案进行了研究，得出如下结论：在相同的有效载荷和航程下，液氢燃料要轻得多。飞机的总质量减小，可以缩短跑道、增加载荷，从而节省总的燃料消耗量。

4.2.2.2　液氢在汽车领域的应用

液氢重卡作为液氢终端应用的场景之一，正逐步进入大众视野。液态氢的密度远高于气态氢，储存液态氢的罐体空间比气态氢小很多，不仅提高了空间利用率，而且减轻了自身重量，使车辆可以拥有更大的装载空间。

4.2.2.3　液氢在航天领域的应用

氢气作为一种高能燃料，其燃烧值（以单位重量计）为 121061 千焦 / 千克。相比之下，甲烷的燃烧值为 50054 千焦 / 千克，汽油为 44467 千焦 / 千克，乙醇为 27006 千焦 / 千克，甲醇为 20254 千焦 / 千克。由液氢和液氧组合的推进剂所产生的比冲高（390 秒），在航天工业得到重要应用。

近年来，我国航天领域所使用的液氢大多数由国外设备生产。随着我国航天事业的快速发展，对液氢燃料的需求也在增加。2021 年 9 月，中国航天推进技术研究院历时 400 多天突破了氢液化设备的核心技术难关，实现了液氢制造设备 90% 以上的国产化，自主研制的氢液化系统能连续稳定生产液氢 35 个小时，在满负荷工作的情况下，每天的产能可达到 2.3 吨。

4.2.2.4　液氢在其他领域的应用

在大规模、超大规模集成电路制作过程中，需用超纯氢作为配置某些混合气的载气。在冶金工业中，氢常被用作将金属氧化物还原成金属的还原剂，也被用作金属高温加工时的保护气氛。液氢还可作为实验研究用低温冷却剂、充填气泡室（低温物理研究），以及用于其他超高温、超低温物理研究。

4.3　固体材料储氢

固体材料储氢利用固体对氢气的物理吸附或化学反应等作用，将氢储存在固体材料中。固态储氢具有安全、高效、高密度的特点。

4.3.1　技术原理及储氢材料

寻找和研制高性能储氢材料是固态储氢技术发展的当务之急，也是未来储氢发展乃至氢能利用的关键。储氢材料是一类对氢具有良好吸附性能或可以与氢发生可逆反应，实现氢的储存和释放的材料。储氢材料有很多种，如储氢合金、配位氢化物、碳质吸附材料等。储氢材料自 20 世纪 60 年代末发现以来，就引起了学术界和工业界的广泛兴趣，各国纷纷开展相关研究工作并取得了重要进展。但目前储氢材料的研究大多仍处于实验室探索阶段，一些储氢材料和技术离氢能的实用化还有较大距离，在质量和体积储氢密度、工作温度、可逆循环性能以及安全性等方面还不能同时满足实用化要求。

衡量储氢材料的主要性能指标有理论储氢容量、实际可逆储氢容量、循环利用次数、补充燃料所需时间以及对杂质（空气中和材料中）的不敏感程度等。目前研究的储氢材料主要有两大类：一类是基于化学键结合的化学储氢方式，如储氢合金、金属配位氢化物、化学氢化物等；另一类是基于物理吸附的储氢材料，由于氢气通常与储氢材料以范德华力相结合，因此具有吸放氢速率快、循环性能好等优点，但由于结合力较弱、吸放热较小，需要在较低的温度下使用，代表材料有金属有机框架材料、碳质及石墨烯材料等。

4.3.2　技术特点

4.3.2.1　工作压力低，安全性强，使用寿命长

固体材料储氢的储存压力在 2.5 兆帕以内，远低于普通高压钢瓶（15 兆帕）和碳纤维复合瓶（35~70 兆帕）。由于储存和使用的压力很低，相对于高压气瓶，固态储存的氢气泄漏风险大大降低。

固态储存的氢气以金属氢化物的形式存在，储氢容器内只有氢气和固体颗粒，没有任何溶液或腐蚀性物质，长期储存不会发生自腐蚀、自放氢和容量衰减现象。由于容器内氢气压力低，大大降低了器壁氢脆风险，在不遭受外界破坏和严重环境侵蚀时，可长期放置。

储氢合金具有优良的循环使用性能。目前，部分实用的储氢材料在循环吸放氢 5000 次后，其储氢容量仍可达初始容量的 80% 以上。如以每年 200 次吸放氢循环计算，材料的使用寿命可达 25 年。

4.3.2.2　放氢纯度高，提高燃料电池的工作效率和使用寿命

燃料电池工作时，膜催化剂对杂质气体如氨气、二氧化氮、二氧化碳、一氧化碳等非常敏感，微量的杂质气体即可导致催化剂部分或全部中毒而失去活性，从而缩短电池的使用寿命，这也是制约燃料电池大规模应用的一个重要因素。储氢材料可吸附上述杂质气体，实现氢气纯化，向固态储氢系统充入普通纯氢便可释放出纯度达 6N（99.9999%）的超高纯氢，大大降低燃料电池膜催化剂的中毒风险。

4.3.2.3　放氢吸热，有利于燃料电池散热、提高系统能量效率

目前，燃料电池正常工作时的发电效率约为 50%，其余能量基本转化为热能。以 2 千瓦燃料电池为例，在额定功率下工作，发热量为 120 千焦 / 分，耗氢量约为 30 升 / 分。实用的储氢合金放氢的吸热量为 36~54 千焦 / 分，储氢合金可以吸收掉燃料电池工作热量的 30%~45%。因此，通过合理的一体化结构设计，燃

料电池电源工作释放的热量可确保储氢系统的正常工作，而储氢系统吸收的热量可大大缓解燃料电池的散热负担，使系统的整体能量利用效率得到提升。

4.3.2.4 系统体积小，储存密度大，结构紧凑

固态储氢模块的体积储氢密度可达 50 千克 / 平方米，是标况下氢气体积密度的 560 倍，是普通高压氧气钢瓶的 4 倍以上，是超高压碳纤维复合瓶的 2 倍以上。

4.3.2.5 再充氢压力低，充氢方便

固态储氢系统在室温下的充氢压力一般不高于 3 兆帕，可实现在线充氢，操作简便、安全。从现有情况看，气态压缩氢技术由于体积庞大和高要求的加注技术，使其应用场景受限；液态储氢存在液态蒸发的问题，且储存温度低、能耗大、安全性能差，不适用于车载和燃料电池；固态储氢单位体积储氢量大、占地面积小，可以根据需要进行稳定的吸放氢，安全性能好，适合作为车载、燃料电池、移动供氢等的氢源，是最有发展前景的一种储氢方式。

4.3.3 应用领域

目前，固体材料储氢技术整体处于研发示范的早期阶段，近年国内陆续有以固态储氢为能源供应的大巴车、卡车、冷藏车、备用电源等问世。

由于固体材料储氢多采用金属氢化物以及铝合金氢罐，使现有固态储氢罐重量较大，当前的终端应用多集中在固定式储氢应用市场以及对重量不敏感的小型移动式应用。固态储氢可能成为未来大规模应用的储能方式，作为建筑热电联供电源、微网的可靠电源与移动基站的备用电源，长期安全存储，快速进行调峰。在移动应用领域，固态储氢罐可以作为一种产品供给售卖和补能替换。

整体看来，固体材料储氢的高密度、高安全性优势明显，随着氢能行业及企业的关注度加大，固态储氢有望在实际应用中不断完善技术，助推氢能行业多元化储运体系实现。

4.4 液态载体储氢

4.4.1 技术原理及储氢材料

液态有机氢载体储氢技术借助某些烯烃、炔烃或芳香烃等不饱和液体有机物和氢气的可逆反应、加氢反应实现氢的储存（化学键合），借助脱氢反应实现氢的释放。液态有机氢载体主要包括一些小分子醇醛胺酸和简单的脂环化合物或杂环化合物。

目前，液态载体储氢技术主要面临三个技术难题：①如何开发高转化率、高

选择性和稳定性的脱氢催化剂；②脱氢反应是强吸热的非均相反应，需要在低压高温非均相条件下反应，脱氢催化剂在高温条件下容易发生孔结构破坏、结焦失活等现象，不仅其活性随着反应的进行而降低，而且有可能因为结焦而造成反应器堵塞；③脱氢过程也可能发生副反应（如氢解反应），使环状结构的氢化物转化为 C1~C5 的低分子有机物。

4.4.2 技术特点

与传统气态储氢、液化储氢、金属及其氢化物储氢相比，液态有机氢载体储氢具有以下特点。

储氢量大，储氢密度高。例如，苯和甲苯的理论储氢量分别为 7.19%（质量分数）和 6.16%（质量分数），高于现有的金属氢化物储氢和高压压缩的储氢量，其储氢密度也分别高达 56.0 克 / 升和 47.49 克 / 升，有机液体氢化物的储氢量都接近美国能源部对可能的车载储氢系统提出的技术指标：储氢的质量密度约为 6%（质量分数），体积密度约为 60 千克 / 立方米。

储氢效率高。以环己烷循环储氢体系为代表，假设反应时释放的热量能够全部回收，那么苯催化加氢反应的循环过程效率可达 98%。

氢载体储存、运输和维护安全方便，储氢设施简便，尤其适合长距离氢能输送。氢载体在室温下呈液态，与汽油类似，可以方便地利用现有的储存和运输设备进行长距离运输和长时间保存。

高度可逆的加 / 脱氢反应，成本较低且储氢剂可重复循环使用。小分子醇醛胺酸型液态有机氢载体主要包括甲醇水溶液、甲醛水溶液、甲酸、乙醇胺、乙二醇等，其中只有甲酸有部分示范性应用，其余都还处于研究的初级阶段。芳香化合物型液态有机氢载体主要包括芳香烃（如甲苯、苄基甲苯、二苄基甲苯、萘、联苯）、吡啶及其衍生物（如 4- 氨基吡啶、2,6- 二甲基吡啶）、吲哚及其衍生物（如 1- 甲基吲哚、2- 甲基吲哚）、喹啉及其衍生物（如喹啉、2- 甲基喹啉）、咔唑及其衍生物（如 N- 乙基咔唑、N- 丙基咔唑）、2,5- 二甲基吡嗪、酚嗪、硼氮杂环化合物，其中甲苯已经部分实际应用，苄基甲苯、二苄基甲苯、N- 乙基咔唑有部分示范性应用，其余都还处于研究的初级阶段。

4.4.3 应用领域

液态载体储氢技术具有较高的储氢密度、较低的放氢焓变、好的热管理性能、与现有设备兼容性高、安全性高等优点，被认为是最有实用前景的储氢方式之一。

液态载体储氢技术在日本和欧洲发展迅速，我国尚处于示范阶段。欧洲已经开始了使用液态载体储氢的氢能示范工程，包括使用液态氢作为氢源的加氢站、装载液态氢的氢能船舶和铁路机车等。

太阳能、风能等可再生能源是未来人类利用的主要能源形式，然而可再生能源在时空分布上不均匀，基于液态有机氢载体的氢气储运系统能够很好地解决可再生能源的综合利用问题。利用可再生能源发电产生的电能电解水生产出氢气，并将其储存在液态有机氢载体中进行运输，需要时将氢气释放出来用于氢燃料电池、氢内燃机和化工原料等。

尽管液态储氢有诸多优点，但现阶段实际应用的储氢方式主要还是高压储氢罐储氢，这是因为液态储氢的吸放氢动力学很差，而且使用温度相对于高压储氢罐（室温）偏高。为了改善其吸放氢动力学，小分子醇醛胺酸型载体主要使用贵金属均相催化剂，芳香化合物型载体主要使用贵金属异相催化剂。现有催化剂不仅成本高昂，催化性能也往往达不到实际应用的需求，研发高效、低成本的催化剂是目前液态储氢的主要研究方向之一。

综上，液态储氢拥有诸多优势，有望成为未来"氢经济"的氢气主要储运方式。但由于吸放氢动力学和操作温度等方面的问题，液态储氢目前还只是小范围应用。目前参与有机液态储氢的公司仅为少数，主要有中国武汉氢阳能源控股有限公司、日本千代田化工建设公司等。对于诸多种类的液态有机氢载体，目前有示范性应用的是甲酸、甲苯和二苄基甲苯，最有应用前景的是 N- 烃基咔唑和烃基吲哚，其余都还处于研究初期阶段。

4.5　氢的运输方式

氢可以在清洁、灵活的能源系统中发挥作用，很大程度上是因为它可以长期大量储存能源，并能将其输送到很远的地方。氢通常以压缩气态或液态的形式储存和输送。根据不同情况，制备的氢需要经过几十乃至上万千米的运输过程，通过能够快速高压充氢的加氢站，最后到达终端用户。目前氢气大多是现场生产和消费（约 85%），也可以通过卡车或管道运输（约 15%）。

随着氢能产业的发展，氢的用量增大，输运量也会不断增大。运输成本与制氢地点和用氢地点之间的距离紧密相关，降低运输和储存成本对提升氢能的竞争力有重要作用。氢的制造、储存、运输、利用四个环节紧密相关，必须整体考虑。

根据氢的不同状态，氢的运输方式可分为气态氢输送、液态氢输送、有机载体氢输送和固态氢输送。选择何种运输方式，需基于以下四点综合考虑：运输过程的能量效率、氢的运输量、运输过程氢的损耗和运输里程。在用量小和用户分散的情况下，通常使用储氢容器装在车、船等运输工具上进行输送；在用量大时，一般采用管道输送。液氢和有机载体氢多用车、船等运输工具。

4.5.1　气态氢拖车运输

从近期和中期发展趋势来看，氢的短距离异地运输主要通过集装管束运输车进行。为降低运输成本、提高安全性和体积储氢效率，Hexagon Lincoln 公司提高了储氢罐压力，其设计的 25 兆帕高压氢气管束车装氢量达到 890 千克，35 兆帕和 54 兆帕高压管束车的装氢量分别高达 1176 千克和 1190 千克，且还存在上升空间。

高压氢气还可以采用 K 瓶运输。K 瓶盛装的氢气压力约 20 兆帕，单个 K 瓶可以盛装 0.05 立方米氢气，质量约 0.7 千克。盛装氢气的 K 瓶可以用卡车运输，通常 6 个一组，可以输送约 4.2 千克氢气。K 瓶可以直接与燃料电池汽车或氢内燃机汽车相连，但因气体储存量较小且瓶内氢气不可能放空，仅适用于气体需求量小的加气站。

4.5.2　液态氢车辆运输

当液态氢的生产地与用户相距较远时，可以把液氢装在专用的低温绝热槽罐内，用卡车、船舶或飞机运输。液氢运输是一种既能满足较大输氢量，又比较快速、经济的运氢方法。液态氢的体积是气态氢的 1/800，单位体积的燃烧热值是汽油的 1/4，可大幅提高氢的储运效率。液态氢的运输、储存容器使用特殊合金和碳纤维增强树脂等材料，而且必须使用应对自然蒸发的液态氢用浸液泵和高隔热容器等特殊设备和技术。目前，液态氢的运输、储存设施已部分开展实际应用，但规模较小，为了操作处理大量液态氢，还需建设、配备液态氢的大型运输、储存设施。

4.5.3　液态氢船舶运输

与运输液化天然气类似，大量的液态氢进行长距离运输可采用船舶运输，比铁路和高速公路等陆上运氢更加经济和安全。美国宇航局专门建造了输送液氢的大型驳船，船上的低温绝热罐储液氢的容积可达 1000 立方米，能从海上将路易斯安那州的液氢运到佛罗里达州的肯尼迪航天中心。

4.5.4　氢气管道运输

管道运输是具有发展潜力的低成本运氢方式。低压管道运氢需在低压状态（工作压力 1~8 兆帕）下运输，相比高压运氢能耗更低，适合大规模、长距离运氢。但管道建设的初始投资较大。

氢气运输网络的基础设施建设需要巨大的资本投入和较长的建设周期，还涉及占地拆建问题，这些都阻碍了氢气运输管道的建设。天然气管道是世界上规模最大的管道，全球有近 300 万千米的天然气输送管道和近 4000 亿立方米的地下储存容量，还有液化天然气运输的基础设施。在氢能发展初期，如果这些天然气运输基础设施中的一部分能够被用来运输和使用氢能，可以有效降低氢能使用成本，为氢的发展提供巨大动力。

研究表明，含 20%（体积比）氢气的天然气 – 氢气混合燃料可以直接使用目前的天然气运输管道，无须任何改造。在天然气管网中掺混不超过 20% 的氢气，运输结束后对混合气体进行氢气提纯，这样既可以充分利用现有的天然气运输管道设施，也能有效降低氢气的运输成本。

4.6　天然气掺氢技术

天然气掺氢技术利用已有的天然气基础设施，将氢气注入天然气管道中混合形成掺氢天然气，并输送至终端用户，从而实现氢气的低成本输送和终端利用。天然气掺氢技术不仅可以直接利用波动的绿氢，提高可再生能源利用率，有利于解决我国"弃风""弃光""弃水"的问题，而且氢气可以作为天然气资源的一种补充，有利于降低我国天然气的对外依存度。除此以外，天然气掺氢能够降低终端燃烧产生的污染物和碳排放，助力终端难减排领域的深度脱碳。天然气掺氢技术是未来天然气行业发展的重要方向之一，已成为美国、德国、法国、澳大利亚等国家重点发展的氢能技术。

4.6.1　技术原理

天然气掺氢技术包含四个方面。①制氢：利用可再生能源（风能、太阳能、生物质能等）制取氢气，升压到运输压力（管道、槽车）或制成液氢，运输到混气点；②混气：将氢气减压或气化加压至混气撬工作压力，通过混气撬将天然气与氢气进行混合；③输氢：通过天然气管道将掺氢天然气输送至终端用户，其中涉及掺氢天然气的计量、调压以及分输；④用氢：终端用户直接利用掺氢天然气，终端用户包括居民用户（燃气灶、壁挂炉）、商业用户（小型锅炉）、工业用户（大型锅炉、燃气电厂）、交通运输（掺氢天然气内燃机）以及燃料电池（固体氧化物燃料电池）等。

根据掺氢位置的不同，天然气掺氢技术可以分成天然气长输管网掺氢技术与城市天然气管网掺氢技术两类。其中，天然气长输管网压力等级在 8~12 兆帕，城市天然气管网压力等级在 0.1~4 兆帕。按技术流程，天然气掺氢技术可以分为混气技术、输送技术以及利用技术。城市天然气管网掺氢技术由于其管道类型复杂、终端用户繁多，是当前研究的重点（图 4.1）。

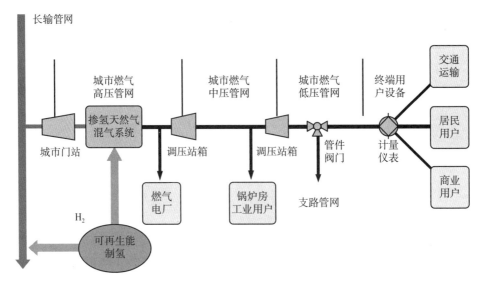

图 4.1　城市天然气掺氢技术原理示意图

天然气掺氢技术中的主要设备有三种：①掺氢天然气混气系统，主要包括混气装置、氢气储存罐等；②掺氢天然气管道，主要包括管材、仪表、阀门等；③掺氢天然气适用的终端设备，主要包括民用燃具、工业锅炉、燃气内燃机、燃气轮机和燃料电池等。

4.6.1.1　混气技术

混气技术在城市燃气行业有着大量应用，常见的混气技术包括随动流量式、文丘里引射式、比例式、平行管式、配比式等。随动流量式混合器通常以一种大流量气源为主动气源，另一种（或几种）小流量气源为随动气源，按预先设定的体积比例跟随主动气源的变化而变化。文丘里引射式混合器通常设计为常压空气引射的形式，常用于液化石油气混空气，其利用液化石油气自身的压力，通过超声速喷嘴高速喷出，在吸气室内形成负压引入外界空气，形成均匀的混合气输出。比例式混合器将两种气源调节成相同的压力或压差进行混合，常用的设备可分为活塞浮动可变孔口式（简称活塞式）和差压比例平衡式（简称平行管式）。配比式混合器是把多种气源按照预先设定的比例进行同时掺混的装置。目前，国内市场上提供的天然气掺氢混气设备主要为随动流量式。

4.6.1.2　输送技术

掺氢天然气管道输送方面的研究比较多，包括掺氢天然气对终端用户的影响、管材性能劣化规律、完整性管理与风险评价、泄漏监测、终端氢气提纯等。

目前，已经开展的相关示范项目主要集中在城市燃气管道方面。欧洲地区已开展的多处掺氢示范项目掺氢比例在 2%~20% 不等。我国国家电投集团在辽宁省朝阳市建设了一处天然气掺氢示范项目，掺氢比例为 10%，独立为一个商业用户供气。国内要求车用压缩掺氢天然气中的氢含量不超过 25%（GB/T 34537—2017），对管输天然气中的掺氢比例尚无明确要求，但根据煤制天然气标准（NB/T 12003—2016）可知，氢气含量可以达到 3%，针对更高的掺氢比例仍有待进一步的试验研究。表 4.1 统计了目前国内外天然气掺氢管道示范项目的具体信息。

表 4.1　国内外天然气掺氢管道示范项目

国家	年份	示范内容
澳大利亚	2020 年	格拉德思将建造澳大利亚首座注气设施，为该市的天然气网络注入 10% 的氢气
中国	2019 年	国家电投集团在辽宁省朝阳市开展了一处天然气管道掺氢示范，掺氢比最高为 10%
英国	2019 年	向斯塔福德郡基尔大学现有的天然气管网注入 20%（按体积计）的氢气，为 100 户家庭和 30 座教学楼供气
意大利	2019 年至今	意大利国家天然气管网公司在当地将 5% 氢气和天然气混合，纳入意大利天然气管网并成功完成输送，2020 年初掺氢比例提高到 10%
德国	2019 年	意昂公司子公司在斯科普斯多夫市安装 400 套供暖系统和其他用户设备，计划将其天然气管道网的氢混合率提高到 20%
	2015 年	汉堡地区兴建 1.5 兆瓦的可再生能源发电项目，将风电制的氢气在 3 兆帕压力下直接注入当地中压天然气管网，氢气掺混量最高为 285 牛·立方米 / 时
	2012 年	意昂公司在德国法肯哈根建设了一座 2 兆瓦的风电制氢示范工厂，将制得的氢气以 2% 的体积比直接注入当地高压天然气运输管道
法国	2014 年	开展为期五年的掺氢天然气应用示范，除将风电制氢气以低于 20% 的比例注入天然气管网，还将掺氢比为 6%~20% 的掺氢天然气通过压缩天然气加注站供 50 辆天然气大巴车使用
荷兰	2008—2011 年	在阿默兰岛开展将风电制氢掺入当地天然气管网的示范项目，其中 2010 年年均氢气混入体积分数高达 12%

4.6.2　应用场景

天然气长输管网掺氢将电网无法消纳的可再生能源制成氢气，掺入天然气管道,实现氢气的低成本、远距离输送,解决大规模可再生能源消纳问题。城市天然气管网掺氢可替代部分天然气,解决天然气短缺问题,降低天然气燃烧产生的污染物。城市天然气管网掺氢示范是目前研究的重点,天然气长输管网掺氢在研究规划之中,我国现阶段应集中力量开展研究和测试工作,同时提高多样化利用水平、丰富应用场景,在具备条件的地区率先开展城市天然气管网掺氢领域的示范应用,有利于促进氢能规模消纳,推动氢能产业健康发展。

利用管网将掺氢天然气输送到下游用户之后,终端利用的主要方式有两种:一是直接利用掺氢天然气,用于居民和商业用户(燃气灶、壁挂炉等)、工业用户(内燃机、燃气轮机、工业锅炉等)等,是掺氢天然气利用和实现"氢进万家"的主要途径;二是间接利用掺氢天然气,可结合实际需求和掺氢比例等因素,在适合的条件下(掺氢比例 > 15%)可将掺氢天然气中的氢气进行提纯,应用于交通、分布式发电等领域,与纯氢利用路线相融合,实现掺氢/纯氢利用协同发展。

4.6.3 技术展望

天然气掺氢技术是解决可再生能源"弃风""弃光""弃水"问题的有效途径,通过电解水制氢得到的氢气掺入现有的天然气运输管网中,输送到终端用户即可实现应用氢燃料的完整产业链,在未来可能逐渐从以天然气燃料为主过渡到以氢燃料为主的时代。

天然气掺氢技术包含制氢、混气、输氢、用氢四个环节。在混气方面,目前混气技术发展已趋成熟,尚未成为天然气掺氢利用的发展瓶颈;在输送方面,主要集中于管道输送特别是在城市燃气管道输送领域,国内外已开展了诸多示范项目,为推广天然气管道掺氢利用起到了推动作用;在利用方面,目前掺氢天然气主要用于城市燃气的民用领域以及工业锅炉、燃气轮机等工业领域,但并未实现大规模推广应用。

整体而言,我国对天然气掺氢的研究工作尚在起步阶段,天然气掺氢领域仍有许多问题亟待解决。现有的研究成果不能完全考虑实际情况,且各国的天然气成分、天然气输送管网材料、工况存在差异,我国发展天然气掺氢技术不能盲目借鉴国外参数,需结合我国的实际情况对输送管道的性能进行分析,研究掺氢比的最佳范围,并制定一系列关于天然气掺氢的标准,推动天然气掺氢技术的产业化应用。

4.7　本章小结

氢气的储存和运输是实现氢能产业应用的重要环节。目前已经开发了多种氢气的储运技术，但能够规模化应用的技术不多，且都存在各种问题。

高压储氢是目前多数燃料电池汽车企业优选的储氢方式。液态储氢是太空运载、国防等特殊领域沿用已久的储氢技术，但是能耗大、成本高，不适合民用。已开发的固态储氢材料种类繁多，但真正能够实用化的较少。氢的运输方式需要根据使用条件优选，管道输送无论在成本上还是在能量消耗上都将是非常有利的选择。

总之，我国需要根据运输距离与运输规模，以低成本为导向，灵活选择储运技术路线。近期氢源外供量需求少，应以高压气态长管拖车储运为主，着力攻关50兆帕长管拖车用储氢容器，实现运输成本的降低，并开展天然气掺氢示范，做好技术储备。中远期开展纯氢管道、液氢储运、氢载体储运以及固态储运技术研究与示范。

参考文献

［1］李星国. 氢与氢能［M］. 北京：科学出版社，2022.

［2］蔡颖，许剑轶，胡锋，等. 储氢技术与材料［M］. 北京：化学工业出版社，2018.

［3］吴朝玲，李永涛，李媛. 氢储存与运输［M］. 北京：化学工业出版社，2021.

［4］蒲亮，余海帅，代明昊，等. 氢的高压与液化储运研究及应用进展［J］. 科学通报，2022，67（19）：2172–2191.

［5］李智. 氢气加油站的特殊储存运输方法及未来发展趋势［J］. 中国储运，2022（9）：206–207.

［6］苗盛，张茜，陶光远. 氢能运输：不同形态的优劣势对比［J］. 能源，2022（4）：66–70.

［7］郭思敏. 我国加氢站现状与商用化进程展望［J］. 节能，2021，40（11）：75–78.

［8］李锦山，任春晓，罗琛，等. 固体储氢材料研发技术进展［J］. 油气与新能源，2022，34（5）：14–20.

［9］胡灿英. 中国储氢技术专利分析［J］. 科技创新与生产力，2022（9）：57–63.

［10］曾升，李进，王鑫，等. 中国氢能利用技术进展及前景展望［J］. 电源技术，2022，46（7）：716–722.

［11］张晓飞，蒋利军，叶建华，等. 固态储氢技术的研究进展［J］. 太阳能学报，2022，43（6）：345–354.

［12］梁前超，赵建锋，梁一帆，等. 储氢技术发展现状［J］. 海军工程大学学报，2022，34

（3）：92–101.

［13］丁镠，唐涛，王耀萱，等．氢储运技术研究进展与发展趋势［J］．天然气化工—C1 化学与化工，2022，47（2）：35–40.

［14］孙延寿，李旭航，王云飞，等．氢气储运技术发展综述［J］．山东化工，2021，50（19）：96–98.

［15］LIU J W，TANG Q，LI M，et al. Review and Prospect on Key Technologies of Hydroelectric–Hydrogen Energy Storage–Fuel Cell Multi–Main Energy System［J］．Journal of Engineering，2022（2）：123–131.

［16］SINGLA S，SHETTI N P，BASU S，et al. Hydrogen Production Technologies – Membrane Based Separation，Storage And Challenges［J］．Journal of Environmental Management，2022（302）：113963.

［17］OTTO M，CHAGOYA K L，BLAIR R G，et al. Optimal Hydrogen Carrier：Holistic Evaluation of Hydrogen Storage and Transportation Concepts for Power Generation，Aviation，and Transportation［J］．Journal of Energy Storage，2022（55）：105714.

［18］杨晓阳，李士军．液氢贮存、运输的现状［J］．化学推进剂与高分子材料，2022，20（4）：40–47.

［19］MA Y，WANG X R，LI T，et al. Hydrogen and Ethanol：Production，Storage and Aransportation［J］．International Journal of Hydrogen Energy，2021，46（54）：27330–27348.

［20］闫喻婷．氢气储运方式的经济性对比研究［D］．武汉：华中科技大学，2021.

［21］王洪建，熊思江，张晓瑞，等．天然气掺氢技术应用现状与分析［J］．煤气与热力，2021，41（10）：12–15.

［22］赵永志，张鑫，郑津洋，等．掺氢天然气管道输送安全技术［J］．化工机械，2016，43（1）：1–7.

［23］LIU B，LIU S，GUO S，et al. Economic Study of a Large–Scale Renewable Hydrogen Application Utilizing Surplus Renewable Energy and Natural Gas Pipeline Transportation in China［J］．International Journal of Hydrogen Energy，2020，45（3）：1385–1398.

［24］黄颂丽，郭全文，陈绍新，等．燃气掺混装置及其应用［J］．煤气与热力，2011，31（9）：33–35.

［25］SUN Z，WANG Y，LIU H，et al. Design and Uniformity Analysis of Fully Premixed Natural Gas Burner Venturi Mixer［J］．IOP Conference Series：Materials Science and Engineering，2020，721（1）：12009.

［26］陈德兴，尹祥，赵先勤，等．高精度低压差混气装置的原理及其应用［J］．煤气与热力，2004（2）：74–77.

［27］MELAINA M W，ANTONIA O，PENEV M. Blending Hydrogen into Natural Gas Pipeline Networks：A Review of Key Issues Technical Report［R］．Colorado：National Renewable

Energy Laboratory，2013.

［28］SUZUKI T，KAWABATA S，TOMITA T. Present Status of Hydrogen Transport Systems：Utilizing Existing Natural Gas Supply Infrastructures in Europe and the USA ［R］. Japan：Institute of Energy Economics，2005.

［29］吴嫦. 天然气掺混氢气使用的可行性研究 ［D］. 重庆：重庆大学，2018.

［30］GONDAL I A. Hydrogen Integration In Power-To-Gas Networks ［J］. International Journal of Hydrogen Energy，2019，44（3）：1803-1815.

第 5 章　氢的应用

氢能具有多重属性，应用灵活、广泛，将在能源多元化和清洁化方面发挥重要作用。本章主要介绍氢能在交通、电力、建筑、工业和储能领域的应用。在交通领域，氢燃料电池交通工具在续航里程、燃料补给速度等方面优势明显。在电力领域，氢燃料电池技术不仅可以提高传统化石能源的发电效率，还可以提高可再生能源的消纳利用水平。在工业领域，氢能在钢铁、冶金、石化、水泥的生产过程被用作原料或提供高位热能，助力深度脱碳。在建筑领域，氢能可部分替代天然气供暖，同时利用燃料电池热电联供技术提高能源利用效率，实现建筑领域能源消费低碳转型。在储能领域，氢能可满足长期储能要求，跨越季节性和周期性的影响，有效解决可再生能源消纳问题。

5.1　交通领域

交通运输领域是全球第二大碳排放源，约占总量的 25%。以氢为燃料的电池运载工具具有加氢时间短、续航里程长、零碳排放的特点，在大载重、长续驶、高强度的交通运输体系中具有明显优势。

理论上来说，氢燃料电池可以广泛应用于各种交通工具。目前，氢燃料电池在火车、无人机和电动自行车等交通工具的应用仍处于早期开发阶段，部署有限。发展氢燃料电池车不仅可以使我国逐渐摆脱对石油的进口依赖，提升国家能源安全系数，还可以绕开传统汽油发动机的技术壁垒。可以说，交通运输是氢能及燃料电池技术最重要的应用领域之一。

5.1.1　氢燃料电池车
5.1.1.1　系统构成
燃料电池车是利用燃料电池发出的电力驱动电动机，带动汽车行驶，也可以认为是一种电动汽车。燃料电池车工作时，由车载氢燃料和外部空气供能给燃料电池，燃料电池发电带动电动机驱动汽车。氢燃料电池车的续驶里程取决于其所携带的氢燃料的量，行驶特性取决于燃料电池动力系统的功率。氢燃料电池车应尽量采用小功率燃料电池以便降低成本，同时添加辅助功率源，改进加速性能、爬坡性能和经济性等。

与大部分现代汽车一样，氢燃料电池车由动力系统、底盘、汽车电子系统和车身四个基本模块组成。除了动力系统，车辆的其他部件基本上是相同的。氢燃料电池车的动力系统通过燃料电池系统和电动机为汽车提供动力，能量来源于储存在车辆压力罐中的氢。燃料电池堆将氢的化学能转化为电能，并由电池作为辅助共同驱动电动机。这与纯电动车的原理基本相同，但是燃料电池车的电池容量要小得多，因为纯电动车的电池用于储存驱动汽车所需的全部能量，而燃料电池车只需使用电池来辅助稳定燃料电池的输出功率，即在功率需求较低时吸收额外电力，在功率需求大时释放电力。

从理论上讲，纯电动车具有更高的能源效率，但是过大的电池重量降低了这种优势，特别是对于长途运输用的重型车辆。纯电动车必须为行驶更多的距离增加更多的电池容量，从而给车辆增加额外重量。例如，特斯拉电动重卡模型的电池重量预计达到 4.5 吨。而氢燃料电池车就没有这样的问题，因为氢具有更高的比能量（约为 120 兆焦 / 千克），而电池的比能量是 5 兆焦 / 千克。因此，氢燃料电池车所携带的氢气质量远小于同等能量所需的电池质量。

在燃料电池车中，燃料电池系统由燃料电池堆和辅助系统组成。燃料电池堆是核心部件，将化学能转化为电能，为汽车提供动力。燃料电池系统除燃料电池堆外，还有供氢系统、供气系统、水热管理系统和热管理系统四个辅助系统。供氢系统将氢从氢气罐输送到燃料电池堆；由空气过滤器、空气压缩机和加湿器组成的供气系统为燃料电池堆提供氧气；水热管理系统采用独立的水和冷却剂回路来消除废热和反应产物（水）；热管理系统可以从燃料电池中获取热量来加热车辆的驾驶室等，提高车辆效率。燃料电池系统产生的电力通过动力控制单元传到电动机，在电池的辅助下，在需要时提供额外的电力。

5.1.1.2　系统特点

燃料电池车与其他车辆的主要区别在于动力系统。燃料电池车和纯电动车通过电动机将电能转化为动能，而汽油车和柴油车在内燃机中将燃料燃烧产生的热能转化为动能。燃料电池车和纯电动车的主要区别在于电的来源，纯电动车的全部能量来自电池组，电池组在充电站进行外部充电。

5.1.1.3 应用现状

氢燃料电池车结构简单，目前已经被广泛应用于各种车型。对于乘用车而言，氢燃料电池车已经可以进行商业化应用，但由于加氢基础设施有限且车辆购置成本高，当前普及率较低。在商用车领域，叉车、公交车、轻型和中型卡车一直处于燃料电池商用车应用的前沿（表 5.1）。

表 5.1　燃料电池车、纯电动车和燃油车应用现状

类型		主要特征	燃料电池车	纯电动车	燃油车
乘用车		为载客设计，通常少于7 座	公开销售，商业化应用	终端客户普遍接受	已在大多数场景应用
商用车	公交车	用于城市公共交通，通常 30~50 座	公开销售，商业化应用	终端客户普遍接受	已在大多数场景应用
	厢式 / 轻型货车	用于同城物流，车辆总重量 < 4.5 吨	小范围测试或试点	终端客户普遍接受	已在大多数场景应用
	中型卡车	用于同城或城际物流，总重量 4.5~12 吨	小范围测试或试点	小范围测试或试点	已在大多数场景应用
	重型卡车	用于总重量 > 12 吨的长途运输	小范围测试或试点	小范围测试或试点	已在大多数场景应用
特殊用车	叉车	用于短距离搬运材料的工业货车	公开销售，商业化应用	已在大多数场景应用（室内仓库）	已在大多数场景应用（室外仓库）
	采矿车	为采矿作业设计的越野自动倾卸卡车	研发阶段，尚无产品推出	研发阶段，尚无产品推出	已在大多数场景应用

（1）氢燃料电池乘用车

第一款商业量产的氢燃料电池乘用车是丰田公司 2014 年生产的 Mirai，只需要几分钟就可以充满氢燃料，行驶里程与燃油车相当。

早期使用氢燃料电池车的主要是租赁公司、车队运营商、政府机构和企业客户。由于加氢基础设施不足，此类车型的个人客户较少。随着相关基础设施的完善，预计未来个人消费将会大大增加（表 5.2）。

表 5.2　氢燃料电池乘用车应用现状

	中国	日本	欧洲	美国
代表产品	·上汽集团 2016 年推出的荣威950 插电式混合动力版 ·2020 年 10 月—2021 年 3 月，上汽大通 EUNIQ7、广汽 Aion LX Fuel Cell、东风风神、长安汽车 CS75、一汽红旗 H5	·丰田 Mirai 一代和二代 ·本田 Clarity	·丰田 Mirai 一代和二代 ·本田 Clarity ·现代途胜 ·现代 NEXO	·丰田 Mirai 一代和二代 ·本田 Clarity ·现代途胜 ·现代 NEXO

（2）氢燃料电池公交车

目前，氢燃料电池公交车是应用最广泛的燃料电池车型之一。公交车的典型特征是有规律、可预测的行驶路线，因此只需要数量很少的加氢站，这使得公交车成为燃料电池技术早期应用的绝佳选择。

然而，氢燃料电池公交车的广泛应用仍面临挑战。首先，与化石燃料相比，氢的价格较贵。其次，虽然氢燃料电池系统总体上是可靠的，但与内燃机相比，技术相对较新，可能出现技术问题，需要维修和零部件更换。不过这些问题预计会随着技术应用的成熟而得到缓解（表 5.3）。

表 5.3　氢燃料电池公交车应用现状

	中国	日本	欧洲	美国
应用现状及案例	·2003 年，3 辆奔驰氢燃料电池公交车在北京进行首次测试 ·2017 年，首条商业化运营的氢燃料电池公交路线由飞驰巴士在佛山云浮运营 ·截至 2018 年，在上海、佛山、张家口、成都等城市运营的氢燃料电池公交车已超过 200 辆 ·2022 年，冬奥会运营福田氢燃料电池公交车 515 辆、宇通客车 185 辆、吉利星际客车 80 辆	·2018 年丰田推出第一款氢燃料电池公交车 Sore	·2010—2016 年在 8 个国家部署了 60 辆氢燃料电池公交车 ·2017 年起，欧洲氢动力汽车联合开发计划（第一阶段）将在 5 个国家部署 139 辆氢燃料电池公交车，并得到巴拉德和其他合作伙伴的技术支持 ·欧洲氢动力汽车联合开发计划（第二阶段）将部署近 300 辆燃料电池公交车	·截至 2019 年 4 月，在国家燃料电池客车项目、美国交通部项目和其他政府项目的资助下，35 辆燃料电池公交车正在进行积极试点，以确定燃料电池公交车的可靠性和耐久性的优化改进
主要制造商	·福田欧辉客车 ·宇通客车 ·中通客车	·丰田	·范胡尔公司 ·索拉瑞斯巴士客车 ·怀特客车	·加拿大 New Flyer ·ENC 集团

（3）轻型和中型氢燃料电池卡车

氢燃料电池卡车在同城和城际物流方面具有较强的竞争力。首先，氢燃料电池卡车的续航里程通常超过 150 千米，能够完成大部分同城和城际的货物运输。其次，氢燃料电池卡车可以满足城市地区更严格的环境要求和噪声法规，这鼓励了政府和车队运营商加速采用燃料电池车。最后，与纯电动车相比，氢燃料电池车加氢时间非常短，可大大提高物流作业效率。

货运占城区交通流量的很大一部分，这使得氢燃料电池技术有望成为城市减排的一种重要方式。未来，轻型和中型氢燃料电池卡车在同城和城际物流中的应用将会继续增长，尤其在中国，其商业基础设施的发展速度非常快（表 5.4）。

表5.4 轻型和中型氢燃料电池卡车应用现状

	中国	日本	欧洲	美国
应用现状及案例	·中国最大的氢燃料电池车运营商氢车熟路公司目前运营约500辆燃料电池车，服务于京东和上海申通快递等物流和电子商务公司 ·2018年，500辆有效载荷3.5吨、续航里程330千米的燃料电池卡车在上海部署，客车由东风公司生产，采用巴拉德燃料电池堆技术；另有600辆燃料电池客车于2019年4月部署	·2017年，丰田和711便利店达成协议，从2019年开始测试和部署燃料电池中型送货卡车	·德国快递预计2020年部署100辆氢能源板车，该款货车是一种4.25吨的商用燃料电池货车，最大行驶里程可达500千米，由卡车制造商StreetScooter生产 ·欧洲氢能交通H2ME项目是支持氢燃料电池车载欧盟应用的主要力量，2021年雷诺燃料电池车部署约900辆用于车队和商业运营	·氢燃料电池混合动力货车项目是由美国能源部领导的一个试点项目，旨在提高电动中型卡车的商业可行性 ·联邦快递于2014年开始在加州和田纳西州测试20辆燃料电池增程货车，并于2018年启动了另一个与工马集团和普拉格能源合作的燃料电池货车测试项目
主要制造商	·上汽大通 ·飞驰客车 ·东风客车 ·中通客车 ·福田汽车 ·奥新新能源	·丰田	·雷诺 ·StreetScooter	·工马集团 ·美国联合包裹运送服务公司 ·联邦快递

（4）重载氢燃料电池卡车

考虑到高污染和温室气体排放，重载卡车被认为是开发零排放汽车的一个非常有前景的细分市场。重载氢燃料电池卡车的发展相对滞后，大多数车型处于研发阶段，这是由车辆成本高、燃料成本高（长途运输重负荷）和有限的加氢基础设施造成的。

目前，燃料电池技术越来越成熟，并针对重型车辆的应用进行了优化。与纯电动卡车相比，氢燃料电池卡车加氢时间短、续航里程大，提高了运营效率。重载氢燃料电池卡车可以提供接近传统车辆的续航里程和充能时间，同时还具有零排放的优势，未来将逐步取代柴油和纯电动重型卡车（表5.5）。

（5）氢燃料电池叉车

叉车是燃料电池技术的前沿应用领域。第一，叉车所需的最大输出功率仅为乘用车的1/10，在技术要求方面比其他车型有优势；第二，叉车主要在仓库等小范围区域作业，对加氢站的数量需求不高；第三，氢燃料电池叉车不会因使用时间长而导致电池容量下降，可以实现稳定的工作效率；第四，氢燃料电池叉车没有污染排放，非常适用于空间封闭的仓库，尤其是食品饮料等有较高卫生要求的仓库。

表 5.5　重载氢燃料电池卡车应用现状

	中国	日本	欧洲	美国
应用现状及案例	·2017 年，中国重汽发布中国第一辆燃料电池重型卡车——燃料电池港口重卡 ·福田汽车集团正在开发燃料电池重型卡车的车型	·2017 年，丰田推出一款港口重型卡车	·2017 年，ESORO 推出全球首款 34 吨级燃料电池卡车 ·2017—2020 年，H₂-Share 项目建造和测试由荷兰 VDL 在欧洲开发的 27 吨卡车 ·2018 年，现代公司宣布 2019—2023 年向瑞士氢能公司提供 1000 辆燃料电池重型卡车	·燃料电池卡车快速通道项目和洛杉矶港"从海岸到仓库"运输项目是美国推动燃料电池重型卡车应用的两个代表性项目，分别部署了 10 辆和 5 辆燃料电池卡车 ·美国初创卡车公司尼古拉汽车计划推出一款氢燃料半挂卡车 Nikola Trevor，预计在 2023 年投入量产
主要制造商	·中国重汽 ·福田汽车	·丰田	·E-Truck ·ESORO ·荷兰 VDL ·现代	·肯沃斯 ·尼古拉 ·丰田

当前，氢燃料电池叉车正处于商业化发展阶段。美国氢燃料电池叉车保有量已超过 2.5 万辆，中国的普及率还比较有限，但已经有很多公司开始进行相关开发，也得到了有关政策的支持（表 5.6）。

表 5.6　氢燃料电池叉车应用现状

	中国	日本	欧洲	美国
应用现状及案例	·广东省佛山市政府计划在 2025 年前引进 5000 台氢燃料电池叉车 ·潍柴动力已与巴拉德建立合资企业，开发用于叉车的燃料电池	·2018 年，丰田在日本元町工厂部署了 20 辆燃料电池叉车，并在该工厂建设了一个加氢站	·2013 年，供暖系统制造商菲斯曼宣布采用氢燃料电池叉车承担日常仓库操作 ·法国维埃尔河畔的家乐福从 STILL 购买 137 部氢燃料电池叉车用于物流基地运营	·2014—2018 年沃尔玛仓库燃料电池叉车数量从 1700 台增加到 8000 台 ·2017 年 4 月，亚马逊宣布与普拉格能源公司合作并计划将其 11 个仓库中的纯电动叉车替换为氢燃料电池叉车
主要制造商		·丰田	·STILL ·林德	·STILL ·林德

（6）氢燃料电池采矿车

与传统柴油和纯电动矿车相比，氢燃料电池采矿车具有以下优点：可以达到与柴油车相同的机动性、动力、安全性能、清洁性、长续航里程；不会在地下环境中排放有害气体，减少对矿工健康的影响。目前，氢燃料电池采矿车的发展仍处于初级阶段。潍柴集团于 2018 年合作开发了 200 吨氢燃料电池采矿车；英美资源集团也在研究新的采矿技术，包括氢燃料电池采矿车。目前来看，氢燃料电池采矿车的应用还需要进一步的技术研究和政府支持。

5.1.1.4 国外发展趋势

国际车用质子交换膜燃料电池经过多年发展，已开始进入产业化初期阶段，丰田2015年推出的氢燃料电池量产车型Mirai全球销量已达9000辆，本田、现代、奔驰等厂商也已推出量产车型，目前国外主要工作是成本控制、量产工艺优化与产品迭代，发展趋势体现在以下四个方面。

专注车用燃料电池技术水平的提高：从欧、美、日、韩燃料电池汽车发展可以看到，技术水平的提高是十分重要的。在性能方面，电堆的功率密度普遍在3.0千瓦/升以上，单堆功率达到100千瓦以上。在耐久性方面，乘用车接近5000小时，商用车达到10000小时以上。在成本方面，通过比功率提升及量产工艺使成本得到逐步降低。

重视车用燃料电池基础研究：除了应用开发，美、日、欧等非常重视车用燃料电池基础研究，国家财政与企业都拿出大量资金布局基础研究，如关键材料、关键部件等，为燃料电池汽车不断提供创新源泉，使车用燃料电池发展具有可持续性。

重视燃料电池汽车全产业链建设：燃料电池汽车产业链较长，包括氢的制、储、运、加，电堆的核心材料，系统的关键部件，电池、电机与电控，整车制造等。发达国家非常重视全产业链建设，致力于打造燃料电池汽车发展的新生态。

重视氢能基础设施建设：基础设施是保证燃料电池汽车商业化的重要环节。各国从国家层面纷纷制定加氢站建设规划，使燃料电池汽车相关产业与技术同步发展。

5.1.1.5 国内发展前景

在我国，质子交换膜燃料电池的应用主要以燃料电池汽车为先行示范，目前正处于商业化推广前期。

"十一五"期间，燃料电池电动汽车技术得到显著提升，燃料电池轿车成为2008北京奥运"绿色车队"中的重要成员，经受了酷热多雨天气和频繁启停城市工况等的考验，20辆燃料电池轿车运行总里程超7.6万千米，车辆执行任务970车次，单车出勤率超过90%。2010年我国研制的燃料电池轿车参加了上海世博会，其间196辆（包括100辆观光车、90辆轿车、6辆大巴车）燃料电池汽车完成了历时6个月的示范运行。其中，100辆观光车装有国内研制的5千瓦燃料电池系统，90辆轿车装载国内研发的燃料电池系统。此外，还参加了一些国际示范或赛事，如国际清洁能源Bibendum大赛、美国加州示范等，在国际上展示了中国燃料电池技术的进步。

"十二五"期间，上汽与新源动力联合开发的荣威 750 型燃料电池轿车进行了"创新征程——2014 年新能源汽车万里行"活动，历时 3 个月，行程超 1 万千米。在展示新能源汽车的同时，车辆也经受了在多种气候、路况、海拔等条件下的适应性和可靠性检验。

"十三五"期间，国家出台了《中国制造 2025》《能源技术革命创新行动计划（2016—2030 年）》等相关政策，制定了燃料电池汽车补贴条例，明确了燃料电池汽车发展路线图，鼓励包括燃料电池汽车在内的新能源汽车发展。燃料电池乘用车、商用车、轨道交通车等都有不同程度的研究进展，其中燃料电池客车的发展表现突出。车用燃料电池技术有所提升，形成了国内研发技术与国外引进技术两大阵营。在完善技术链的同时，产业链也逐步建立，从燃料电池零部件、系统、整车都有企业在投入；资本市场异常活跃，对燃料电池技术的发展起到了积极作用。

5.1.2　氢燃料电池船

当前，航运产业迅猛发展，柴油机动力船舶伴生的能耗与环境问题日益显现。水路交通载运工具绿色化是水运行业的技术前沿和未来趋势，也是航运业实现"双碳"目标的重要举措。发展绿色船舶对促进我国船舶工业转型升级、实施交通强国战略具有重要意义。氢燃料电池可以高效发电，并且不排放二氧化碳，有望在水路交通运输行业的碳减排过程中发挥积极作用。根据国际能源署发布的《中国能源体系碳中和路线图》，航运业的碳减排主要取决于氢、氨等新型低碳技术和燃料的开发及商业化。在承诺的目标情景中，2060 年基于燃料电池的氢能应用模式将满足水路交通运输领域约 10% 的能源需求，兼顾能源高效利用、零排放、船舶舒适度提升，适应绿色船舶市场需求且应用前景广阔。

氢动力船舶通常用于湖泊、内河、近海等场景，以客船、渡船、内河货船、拖轮等类型为主，海上工程船、海上滚装船、超级游艇等大型氢动力船舶研制是当前的国际趋势，采用氢燃料电池动力系统的潜艇研究同样具有良好前景。

5.1.2.1　系统构成

氢燃料电池船舶和电动船舶相似，主要区别在于前者用氢燃料电池发动机代替动力电池，附加供氢系统、动力系统、氢安全系统（表 5.7）。

表 5.7　船用、车用氢燃料电池系统的区别

比较项目	船用氢燃料电池系统	车用氢燃料电池系统
功率	几百千瓦级甚至兆瓦级	几十千瓦级或百千瓦级
储能	几兆瓦时级甚至百兆瓦时级	几十千瓦时级或百千瓦时级

续表

比较项目	船用氢燃料电池系统	车用氢燃料电池系统
补给	几百千克到几吨，加注速度要求更高	几千克到几十千克，方便快捷
工作环境	潮湿、盐雾、倾斜、摇摆等船用特殊环境	快速动态响应、低温启动等，适应车用环境
安全性	安全可靠性要求更苛刻，系统设计安全性优先，所有设备都需要取证上船	安全可靠性要求高，安全性和紧凑型兼顾
使用寿命	示范期 3 万小时，商业期 10 万小时	乘用车 8 千小时，商用车 1.5 万小时

（1）船用氢燃料电池发动机

目前，船用氢燃料电池发动机主要有两种形式：①质子交换膜燃料电池，适合零排放、固定航线、频繁启停运行的船舶；②固体氧化物燃料电池，适合碳氢燃料、清洁排放、远航程、热电联供的船舶。船用质子交换膜燃料电池发动机主要由燃料电池堆、空气供应系统、氢气供应系统、冷却系统、配电管理系统和控制器等组成，占主要市场份额。

（2）船用氢燃料电池动力系统

船用氢燃料电池动力系统包括燃料电池发电模块、锂电池组、辅助装置、储氢罐、监控装置、直流配电柜和船桨推进器等。供电模式主要有纯燃料电池驱动系统、燃料电池与动力电池组成的混合驱动系统两种。在混合动力系统中，燃料电池可以只满足持续的功率需求，在加减载等变工况情况时借助动力电池改进系统性能。

5.1.2.2 系统特点

（1）燃料电池系统

目前，船用燃料电池单系统功率为百千瓦级，装船使用时通常采用多组燃料电池系统并联，如德国 Alsterwasser 游船配备了 2×48 千瓦 PEMFC、214 型潜艇配备了 2 组 120 千瓦 PEMFC。兆瓦级燃料电池系统是未来重点发展方向，是实现燃料电池在船舶上广泛应用的基础；巴拉德动力系统公司研制了 200 千瓦船用燃料电池模块，在船舶上也采用多系统并联模式，其燃料电池系统功率可扩展至 1 兆瓦以上。

船用燃料电池系统通常配备一定容量的蓄电池来对燃料电池输出功率进行"削峰填谷"，如 Alsterwasser 游船配置了 201.6 千瓦·时蓄电池、美国 Water-Go-Round 渡船搭载了 100 千瓦·时蓄电池。可根据船舶功率及运行工况需求，结合燃料电池和蓄电池供能特征，构建匹配的系统模型以优化蓄电池配置。

（2）储氢系统

现有的氢燃料电池船舶较多采用高压气态储氢方式，如 Alsterwasser 游船、

Water-Go-Round 渡船、"蠡湖"号游艇等；也有少量军用船舶采用金属氢化物储氢方式，如 214 型潜艇等。鉴于高压气态储氢方式的储氢密度较低、液氢相关技术逐渐成熟，发达国家的大型氢动力船舶设计方案多采用低温液态储氢方式，如 Topeka 滚装船、AQUA 概念游艇等。氢动力船舶的续航里程与船载储氢量密切相关，一般认为受制于船载储氢技术，氢动力船舶仅适用于 500 千米以内的短距离航行。

（3）加注方式及加注系统

氢燃料电池车加注设备已十分成熟，加注方式主要采用快速加氢枪，加注时间一般不超过 10 分钟。与车用加注方式不同，船舶氢燃料加注具有加注量大、持续时间长等特点，陆用加氢枪不适用于船舶加注方式，应采用更加可靠的加注连接方式，以保证船岸之间紧急切断的联动功能。

大型船舶加注：岸基式加注码头用于工业港口和供应基地，允许船舶直接在码头进行加注，也可以转移到加注驳船。岸基码头可作为氢燃料储存终端，为船舶或加注驳船提供服务（图 5.1、图 5.2）。目前，岸基式船用液化天然气加注码头已成功运行，未来岸基式船用氢燃料加注码头可参考其经验。我国长江上游首个岸基式船用液化天然气加注码头已在重庆正式投用，为双燃料动力船舶加注清洁能源。该码头位于重庆市巴南区，设置 3000~5000 吨级趸船泊位 1 个，年加气能力 3.2 万吨。

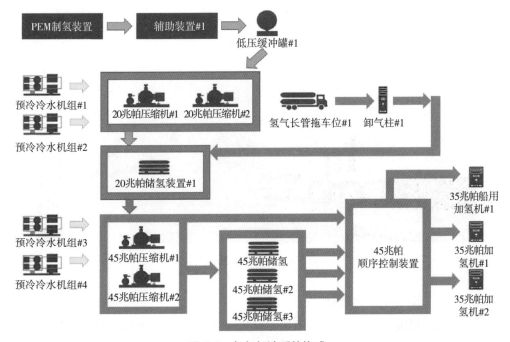

图 5.1　氢气加注系统构成

图 5.2　氢气加注系统效果图

　　小型船舶加注：小型船舶具备随时停岸、靠岸的能力，对港口设施条件要求较低，可采用移动式加注方案。加氢专用卡车作为可移动的加氢平台，同时具备储氢运氢能力。日本洋马动力技术公司在一艘示范船上完成了首次高压氢燃料加注，这是氢燃料电池在船舶应用发展的重要一步。此次燃料加注使用高压加注设备及全新设计的氢加注长软管，加氢专用卡车相当于一个移动加氢站，将氢气加压后通过软管加注到船上 70 兆帕的储氢罐中（图 5.3）。燃料加注完成后，船舶进行了航行试验，与传统的燃料加注方式相比，航行时间提高了 3 倍以上。

图 5.3　移动式加氢卡车

5.1.2.3　国内外研究现状

　　船用氢燃料电池的研究和应用最早从欧洲开始，日、美发展迅速，目前已经进入商业化运营阶段；国内仍处于示范阶段，尚没有运营船舶。

发达国家在船用氢燃料电池的研发和设计上起步较早，处于领先地位，已有较多船用氢燃料电池动力推进装置的应用和示范工程。最初，德国将氢燃料电池应用于潜艇领域，由霍瓦兹造船公司研制建造了世界上第一艘柴电及燃料电池混合动力 212A 型不依赖空气推进潜艇，氢燃料电池动力系统用于水下长时间巡航，柴电动力系统用于潜艇作战时高速航行。

随着技术的不断成熟，氢燃料电池在商船和客船上的应用日益受到重视，2008 年德国推出的 2×48 千瓦质子交换膜燃料电池客船 Alsterwasser 正式营运，成为世界上第一艘投入运营的燃料电池电力推进客船。近几年，船用燃料电池系统主要供应商为巴拉德（加拿大）、康明斯（美国）、丰田（日本）等知名燃料电池企业，其取得船级社认证的产品分别为 200 千瓦、120 千瓦和 125 千瓦的船用燃料电池系统。2021 年和 2022 年，巴拉德、康明斯、丰田在实船运营中已分别实现 2×200 千瓦、3×120 千瓦、2×125 千瓦船用燃料电池系统应用。

中国船级社已经提出船用燃料电池相关基本规范。在氢燃料电池方面，截至 2022 年 8 月，已经取得船级社认证的燃料电池系统有 3 家，包括武汉众宇动力系统科技有限公司的 50 千瓦、60 千瓦、70 千瓦、80 千瓦系列燃料电池系统，中船七一二研究所 70 千瓦级船用燃料电池系统，国电投氢能科技发展有限公司的 120 千瓦系统。我国已实现百千瓦级燃料电池在内河船舶的应用，正在开发更大功率的燃料电池系统。2021 年，大连海事大学研发的"蠡湖"号燃料电池游艇采用 70 千瓦燃料电池和 86 千瓦·时锂电池组成混合动力。2022 年，基于中船七一二所开发的国内首艘氢燃料电池动力船"三峡氢舟"1 号开工建造，燃料电池功率达 500 千瓦，于 2023 年 3 月在广东省中山市下水。"三峡氢舟"1 号是以氢燃料为主、辅以磷酸铁锂电池动力的双体交通船，采用我国自主开发的氢燃料电池和锂电池动力系统，具有高环保性、高舒适性、低能耗、低噪声等特点，将主要用于三峡库区以及三峡、葛洲坝两坝间交通、巡查、应急等工作。

5.1.3 其他交通应用

航空业的温室气体占全球排放总量的 2% 左右，被认为极难脱碳，而液态氢有可能取代煤油作为飞机燃料，助力航空脱碳。氢燃料电池飞机主要由四个部分组成：安全储存液氢的储存系统、将氢转化为电能的燃料电池、控制电池功率的装置、转动螺旋桨的电机。

2002 年 8 月，美国宇航局展出了采用燃料电池驱动的电动飞机样机。2005 年 5 月，美国航空环境公司的"全球探测者"氢燃料电池无人机首飞成功。2009 年 7 月，全球首架采用燃料电池驱动的有人驾驶飞机在德国汉堡成功试飞，可连续飞行 5 小时，续航里程 750 千米。2009 年 10 月，美国海军研究实验室研制的氢燃料电池飞机 Ion Tiger 完成了 23 小时的飞行，创造了非官方燃料电池动力飞行的记录。空客公司开展了质子交换膜燃料电池为飞机提供辅助推进动力技术的研究，并于 2008 年在 A320 验证飞机上完成了 25 千瓦燃料电池辅助动力的飞行试验，可降低约 15% 的燃油消耗。

2012 年 12 月，同济大学与上海奥科赛飞机公司共同研制的中国第一架纯燃料电池无人机"飞跃"1 号在上海首次试飞成功。该无人机可升至 2 千米高空，速度为 30 千米 / 时，连续飞行 2 小时。2017 年 1 月，中国科学院大连化物所研制的国内燃料电池试验机首次试飞成功，标志着我国航空用燃料电池技术取得突破性进展，成为继美、德之后第三个拥有该技术的国家。

5.2 电力领域

氢发电主要有两种模式：一是氢气直接进入内燃机或燃气轮机（广义内燃机的一种），通过燃烧将氢的化学能转化为机械能发电；二是氢的化学能通过燃料电池转化为电能发电。后者效率更高，目前更受关注。氢燃料电池在固定发电方面的应用包括大型集中式发电、分布式发电、小型热电联供系统和备用电源等。

5.2.1 直接燃烧发电

广义上的内燃机不仅包括往复活塞式内燃机，也包括旋转叶轮式燃气轮机。内燃机的优点是发电效率比较高、设备集成度高、安装快捷，适合作为小型机械设备的动力源；缺点是燃烧低热值燃料时，机组出力明显下降，内燃机需要频繁更换机油和火花塞，消耗材料比较大，对气体中的杂质（如水分子和硫化氢）比较敏感。燃气轮机比较适用于高含氢、低热值、气体杂质较多的燃料，其本身发电效率不算很高，但可以通过余热锅炉再次回收热能转换蒸汽，驱动蒸汽轮机再次发电，形成燃气轮机 – 蒸汽轮机联合循环发电，发电效率可以达到 45%~50%。

相对于氢燃料电池，氢内燃机只需对传统内燃机做少许改动就可以实现直接燃烧氢气发电，可大幅降低制造成本，同时可利用已有的内燃机技术、相关设备、工厂和技术人员。目前，使用内燃机来燃烧氢气是实现氢能源规模化应用的重要方式之一。氢燃气轮机则具有多种燃料适应性，可以用氢气与现有的天然气、柴油或者汽油进行掺混燃烧，对氢能发展具有重要推动作用。下面主要介绍氢燃气轮机。

5.2.1.1　基本构造

燃气轮机是以连续流动的气体为工质带动叶轮高速旋转，将燃料的能量转变为有用功的内燃式动力机械，是一种旋转叶轮式热力发动机。

燃气轮机由燃烧器、压缩机、涡轮（或透平）、轴承、进气和排气系统组成。燃烧器有扩散性燃烧和干式低排放燃烧两种形式，前者将燃气直接喷入空气中，燃烧稳定，可以使用多种燃料，但 NO_x 排放量大，往往通过氮气或水蒸气的混入降低 NO_x；后者将燃料、空气混合后再喷射和燃烧，为无水燃烧，可通过燃料稀释或者尾气循环燃烧来降低 NO_x 排放，但只能在一定条件下稳定燃烧，且可能引起回火、断火、爆震等问题。目前高效大型燃机均采用干式低氮燃烧器。

燃气轮机使用含氢燃料时，燃机需要升级改造以适应燃料的变化，鉴于目前高效重型燃机均采用干式低氮燃烧器，为减少改造范围，干式低排放预混燃烧器或更先进的燃烧器将是未来技术发展的方向。

5.2.1.2　国内外研究现状

20 世纪 80—90 年代，多个国家和国际机构制定了氢燃气轮机和氢能相关研究计划，探索氢能转换的新途径。

2005 年，美国能源部同时启动为期 6 年的"先进整体煤气化联合循环发电 / 氢燃气轮机"项目和"先进燃氢透平"项目，主要研究内容包括富氢燃料 / 氢燃料的燃烧、透平及其冷却、高温材料、系统优化等。2020 年，美国爱依斯全球电力公司启动纯氢燃气轮机发电项目；美国马格南开发公司也和犹他州政府合作开发 840 兆瓦氢燃气轮机发电项目，计划 2025 年实现 30% 氢气混合气体发电，2045 年实现纯氢发电。

2008 年，欧盟第七框架计划把"发展高效富氢燃料燃气轮机"作为一项重大项目，旨在加强针对富氢燃料燃气轮机的研究。荷兰于 2018 年开始将煤气火力发电站改造成 440 兆瓦的氢发电设备，计划 2023 年试运行；法国 2020 年启动了 12 兆瓦氢燃气轮机发电项目，计划 2022 年实现混氢发电、2023 年实现纯氢发电。日本三菱电机株式会社、川崎重工业和大林组等公司在积极开发混氢以及纯氢燃气轮机发电技术。三菱燃气轮机发电效率高达 64%，计划在 14 吉瓦的燃气轮机发电中混入 30% 的氢气燃烧发电，对应的氢消耗量达 30 万吨，最终实现纯氢燃气轮机发电，将来对应目标氢消耗量 1000 万吨，这样既可实现大规模氢 – 电转换，又能大幅度扩大氢能的应用规模。2018 年，三菱日立在 700 兆瓦输出功率的 J 系列重型燃气轮机上使用含氢 30% 的混合燃料测试成功，证实该公司最新研发的新型预混燃烧器可实现 30% 氢气和天然气混合气体的稳定燃烧，二氧化碳排放可降低 10%，NO_x 排放在可接受范围内。2020 年 5 月起，韩国斗山重工公司加快在氢气和燃气轮机领域的技术开发，参与了为 300 兆瓦高效氢气涡轮机开发 50% 氢气环保型燃烧器的国家项目。目前，该公司还着手开发以氨为燃料的氨气涡轮机。2020 年 9 月，三菱电力公司推出了据称是世界上第一个绿氢一体化的"标准包"，支持传统燃气电厂向氢能转变。世界其他主机厂商也陆续推出了各自的"标准包"，开发一种适用于所有燃气电厂氢能改造的标准化解决方案。

我国对氢燃气轮机的研究起步较晚，随着氢能浪潮，国内多地区明确加大氢燃气轮机的相关应用研究工作。例如，《四川省"十四五"能源发展规划》提出能源科技关键技术攻关重点领域包括风电机组、燃气轮机、多能互补运行控制和调度、油气勘探、核电技术、氢能及新型储能等。其中，燃气轮机领域要求研发掺氢/氢燃气轮机关键技术，推动自主重型燃气轮机示范应用。《青岛市"十四五"节能环保产业发展规划》提出瞄准世界燃气轮机技术和氢能技术的发展方向，深入开展燃气轮机在氢能中的应用研究。

2021 年 6 月 30 日，北京重型燃气轮机技术研究有限公司瞄准国际燃机产业发展制高点，正式启动 30% 掺氢燃机试验示范项目。2022 年 9 月 29 日，荆门绿动能源有限公司成功实现 30% 掺氢燃烧改造和运行，这是继 2021 年 12 月成功实现 15% 掺氢运行后的又一重大技术突破。

氢燃气轮机已成为全球未来战略新兴产业科技创新领域的焦点。但其目前仍存在一些问题，最主要的是高温燃烧引起的 NO_x 排放、氢气易燃烧、氢气与空气预混合引起的回火和爆震。因此，需要在加深氢燃烧特性理解的基础上，提高抑制 NO_x 排放和氢气燃烧控制的技术水平。未来氢燃气轮机的发展需要重点关注以下几个方面：在富氢、纯氢燃气轮机的开发上，重点解决自主化和可靠性的问题；通过绿氢制、储、输技术的发展，建立支撑燃气轮机发电需求的低成本、规模化氢燃料供应体系；探索切实可行、技术经济的氮氧化物低排放技术方案；建立上下游专利体系和技术标准体系。

5.2.2 燃料电池发电

分布式发电通常是指发电功率在几千瓦至数百兆瓦的小型模块化、分散式、布置在用户附近的高效、可靠的发电单元，一般可根据需要向电网输出电能或向附近的负荷提供电能。根据所使用的一次能源，分布式发电主要包括以液体或气体为燃料的内燃机、微型燃气轮机、太阳能发电（光伏电池、光热发电）、风力发电、生物质能发电、燃料电池发电等。

燃料电池具有效率高、排放低、噪声小、环境友好、占地面积小等特点，非常适用于分布式发电领域，可应用于商业楼宇、社区、学校、医院、数据中心、特殊事业部门及军用领域等场景，用来作为供电电源以提高电力供给的稳定性，同时在一定场景下还可以实现热电联产，提高综合能效。分布式燃料电池发电是当前氢能利用的重要场景之一，也是除了交通以外，氢能通过燃料电池形式利用的主要方式。此外，将高温燃料电池与煤制合成气相结合的整体煤气化燃料电池发电系统（Integrated Gasification Fuel Cell，IGFC），可以实现燃煤发电的近零碳排放，彻底解决煤电的排放问题，非常适合我国以煤炭为主的资源禀性。

目前，质子交换膜燃料电池（PEMFC）和固体氧化物燃料电池（SOFC）技术均已经成功应用于中小型分布式电站领域，其中 SOFC 由于燃料来源广泛，在分布式发电中更有优势。

5.2.2.1　质子交换膜燃料电池发电

从燃料电池的特点出发，人们通常认为工作温度低、启动时间短的 PEMFC 更适合作为车的动力。此外，在分布式发电领域，PEMFC 的应用一直受限于燃料的来源，虽然可以采用天然气、甲醇重整产生的氢气，但 PEMFC 对氢气纯度要求高，对变压吸附、钯膜分离等氢气分离提纯技术提出了较高的要求，大大增加了燃料生产成本。风能、太阳能电解制氢储能发电技术不仅能够解决氢气的来源问题，而且能够解决风能和太阳能电力输出波动性的问题，从而使 PEMFC 成为世界范围内的研究与开发热点。

加拿大巴拉德发电系统公司被认为在 PEMFC 方向处于世界领先地位，其最初产品是 250 千瓦燃料电池电站，于 1997 年 8 月成功发电。比利时苏威集团在 2010 年启动了 1 兆瓦的 PEMFC 项目，于 2011 开始运行，设备由荷兰 Nedstack 提供，苏威集团负责氢气供给和电力销售。

在化工企业尤其是氯碱工厂，电力成本占据企业总成本较高（50% 以上）；同时，氯碱企业的副产气中含有大量氢气。利用氢气发电，再供给化工企业使用，不仅利用了副产氢气，也能够解决企业电力成本。基于此，2015 年 1 月，我国辽宁营创三征（营口）精细化工有限公司和荷兰的三家公司合作建设全球最大的 PEMFC 固定式发电站，2016 年 10 月经过调试投入运行。整个电站由电池集装箱、工艺集装箱及逆变器集装箱组成。但 PEMFC 作为固定式电站，要想达到有竞争力的成本水平，还是主要依赖于规模效应。

2022 年 7 月 6 日，中国能建安徽院设计的国内首座兆瓦级氢能综合利用示范站投运，标志着我国首次实现兆瓦级制氢 – 储氢 – 氢能发电的全链条技术贯通。项目研制的兆瓦级质子交换膜纯水电解制氢系统及氢燃料电池系统设备均为具有自主知识产权的国内首套设备。兆瓦级 PEMFC 发电系统工程采用单堆 50 千瓦、24 个电堆集成技术，最高发电功率达 1.2 兆瓦，具有转化效率高、无污染、室温下快速启动、寿命长、比功率密度和比能量高等特点，可为电力系统提供可控负荷、灵活电源，支撑电网调峰调频和可再生能源消纳。该示范工程是能源转型中新一代电力系统的重要理论和实践探索，对于构建以新能源为主体的新型电力系统、助力"双碳"目标实现具有重要意义。

PEMFC 备用电源或者说应急电源，是在特殊时刻，当常规电源无法使用时，为了保护人员、仪器和数据而设立的不间断电源，通常用于通信基站、数据中心、消防 / 应急站点、医院、重要楼宇和公共场合等。通信基站辅助电源电压一般为 48 伏或 72 伏，备用电源能够支撑 24~72 小时。目前，通信基站辅助电源一般采用柴油机或铅酸电池。柴油机的主要缺点是噪声和废气污染、难以操作；铅酸电池的主要缺点是在低温下放电特性差、寿命短、易故障，同时存在铅污染问题。相比之下，PEMFC 燃料电池非常适用于通信基站辅助电源，其自动化程度高，可无人值守；电力充足，更换燃料方便；环境适应性强（-40~50 摄氏度），可满足极低温度的需求。2008 年，我国首台通信用 PEMFC 备用电源通过鉴定，该系统由武汉银泰科技燃料电池有限公司开发。目前国内开发 PEMFC 备用电源的公司有上海攀业公司、江苏双登公司、昆山弗尔赛能源公司等。

5.2.2.2　固体氧化物燃料电池发电

在固定电站领域，SOFC 明显比 PEMFC 有优势。SOFC 很少需要燃料处理，内部重整、内部热集成使系统设计更为简单，而且 SOFC 与燃气轮机及其他设备很容易进行高效热电联产。与日本主要专注于微型 SOFC 系统不同，美国、韩国着力于开发功率在百千瓦至兆瓦级的大型 SOFC 分布式发电站系统。

Bloom Energy 是美国一家致力于开发清洁能源的公司，是目前商业化最成功的 SOFC 公司，实现了数百千瓦到数兆瓦分布式发电系统的商业化应用，公司主要生产 SOFC 分布式电源，其产品已为苹果、沃尔玛、美国银行等数十家全球财富百强公司的大型数据中心提供安全可靠的供电。2008 年，Bloom Energy 正式推出 SOFC 模块化产品 Bloom Box 及系统产品 Bloom 能源服务器。与传统燃煤发电模式相比，Bloom 能源服务器发电效率是其两倍，而二氧化碳排放量可减少 60%。目前，Bloom 能源服务器已更新至第五代，单机输出功率从 100 千瓦提升至 250 千瓦，发电效率可高达 65%。

欧洲具有一批成功实现 SOFC 产品化的公司，其中芬兰的 Convion 公司成立于 2012 年，主要基于 SOFC 技术开发用于分布式发电和工业自发电的燃料电池系统，其开发的 C60 产品可使用天然气或沼气为原料，输出功率为 60 千瓦，发电效率达到 60%。

国外 SOFC 研发主要聚焦降低成本和提高稳定性，目前已进入市场导入阶段。

我国燃料电池产业起步较晚，尚处于技术验证阶段。"十二五"期间，中国矿业大学（北京）承担了国家"973"计划项目"碳基燃料固体氧化物燃料电池体系基础研究"，开展 SOFC 相关基础理论和关键技术研究。中国科学院大连化物所、宁波材料技术与工程研究所、华中科技大学和中国科学院上海硅酸盐研究所分别承担了"863"计划项目 5 千瓦系统和 25 千瓦电池堆项目，在 SOFC 关键材料及单电池开发方面取得很大进步。"十三五"期间，国家能源集团、国家电网、华能集团、潍柴动力、晋煤集团等大型能源集团开始介入，为 SOFC 的发展提供了很好契机。但由于核心电堆的一致性、可靠性以及低成本技术未完全突破，加之国产高温系统辅助部件缺失，我国目前尚无公开报道的长期运行的 SOFC 商业化系统。

此外，国内燃料电池技术缺乏产业链整体协同发展机制，同领域的研究机构往往只注重燃料电池某一个或几个较窄的方面，如研究机构致力于燃料电池电堆测试、高等院校的科研力量主要集中于材料研发、企业部门则侧重于电池系统集成，而燃料电池技术是一个系统工程，部件的单独研发与电堆设计缺乏整体配套不利于研发效率的提升。

基于此，为推动 SOFC 自主关键技术发展及早日商业化，国家需要加强顶层设计，统筹规划，持续支持开展 SOFC 基础科学问题与关键技术研究，同时立足国情，坚持多元应用与示范先行，因地制宜开展 SOFC 技术的商业应用示范。

5.2.3　整体煤气化燃料电池发电

煤电是我国碳排放大户，在未来相当长的时期内，煤电在我国能源结构中的基础地位不会改变，现有煤电技术面临着效率提高难、近零排放难、碳减排难的三大瓶颈。将高温燃料电池与煤气化技术相结合，构成 IGFC 发电，可大幅提高煤气化发电效率、降低碳捕集成本，实现碳及污染物近零排放，是煤炭发电的根本性变革技术。发展近零排放的 IGFC 技术符合我国以煤炭为主的资源秉性，将助力传统煤电技术变革，具有重大战略意义。

5.2.3.1　原理和系统

IGFC 技术是一种清洁高效的绿色煤电技术，可以与碳捕集技术相结合实现高效率的碳捕集，并为后续碳利用与封存提供基础。IGFC 系统主要包括煤气化及净化、燃料电池发电、尾气燃烧余热回收三个模块，燃烧得到的二氧化碳和水蒸气的混合气体可耦合碳捕集及封存技术、固体氧化物电解池技术等。

在 IGFC 系统中，煤（或天然气、生物质等）经气化生成合成气，热量回收后，合成气进入净化单元脱除硫与粉尘等有害物质，净化后的气体送入高温燃料电池阳极侧，同时阴极侧通入空气，燃料气与氧化气体在电池内发生电化学反应产生电,过程中大部分可燃成分转化为电和热,未转化的可燃成分随电池阳极尾气排出,进入燃烧室进行催化燃烧,全部转化为二氧化碳和水蒸气。该混合气体热量回收并冷凝出水后,得到纯度在 90% 以上的二氧化碳气体,可直接捕集封存。燃烧所得混合气体也可利用可再生能源电力,通过固体氧化物电解池电解制氢或合成气,作为能源供给及化工生产原料(图 5.4)。

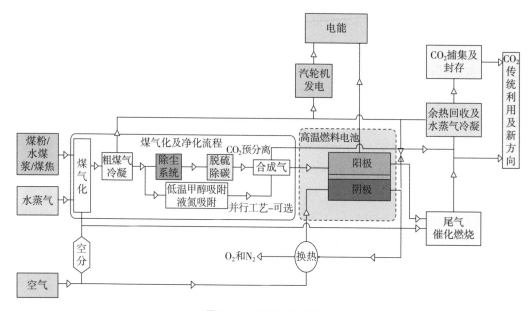

图 5.4　IGFC 系统流程

5.2.3.2　国外发展现状

1992 年,日本基于美国西屋公司的 SOFC 技术,在日本开展了 IGFC 系统的可行性评价研究。该系统设计有高温气体净化系统等辅助单元,研究结果表明 300 兆瓦级系统的发电效率接近 47%。1995 年,依托洁净煤技术的技术储备,日本开展煤炭能源 EAGLE 项目,开始 IGFC 的系统设计研究。1998 年 8 月建设了中试线,系统的设计发电效率为 53.3%。2019 年,日本公布了世界上第一座煤气化燃料电池联合循环发电厂及二氧化碳捕集示范集成项目的建设情况,项目已完成第一、二期建设,即整体煤气化联合循环发电系统与二氧化碳捕集回收系统,第三期将建成 IGFC 系统。第三期验证试验已于 2022 年 4 月 18 日开始测试,将 2×600 千瓦 SOFC 集成至 IGFC 设施,示范从煤气化装置中分离回收二氧化碳,产生的高浓度氢气输送至 SOFC 用于发电,将示范世界上第一个联合煤气化燃料电池和二氧化碳捕集的联合循环电厂。项目建成后的目标是应用于 500 兆瓦级商业发电设施时,在二氧化碳回收率为 90% 的条件下,实现 47% 左右的送电端效率。

1999 年，美国能源部成立固态能源转化联盟，旨在开发百兆瓦级 IGFC 系统。2003 年，美国肯塔基先进能源与燃料电池能源公司合作，在沃巴什河整体煤气化联合循环发电站示范熔融碳酸盐燃料电池的 2 兆瓦 IGFC 发电系统。2005 年，美国能源部出资委托美国通用公司开发以煤炭为燃料的集成 SOFC/ 燃气轮机的联合发电系统，经研究对比，采用加压 SOFC 与阳极尾气循环联合利用的系统整体发电效率最高，但后续的碳捕集及封存将消耗一定能量。2016 年，美国国家能源技术实验室发布基于 SOFC 技术的研究进展及规划，将于 2025 年和 2030 年建成 10 兆瓦和 50 兆瓦 IGFC（含碳捕集）示范系统。

5.2.3.3　国内发展现状

随着中国洁净煤技术"九五"计划实施，我国开始布局燃煤发电新技术的研究。2000 年起，SOFC 技术在国内掀起研究热潮，新工艺、新材料、新器件得到极大发展。"十三五"期间，《煤炭工业发展"十三五"规划》《能源技术革命创新行动计划（2016—2030）》等政策出台，提出了详细的煤炭清洁利用发展方向及时间规划。IGFC 技术作为煤电新技术之一，在"十四五"期间将得到进一步的技术提升。

2012—2016 年，中国矿业大学（北京）针对 SOFC 中关键材料设计及荷电传导机制、界面演变、电极反应动力学以及一体化电池设计中多尺度、多场耦合性能演化等开展了基础理论研究，为 SOFC 的产业化推进提供了理论基础和应用基础支撑。2017 年，国家能源集团牵头，联合中国矿业大学（北京）、北京低碳清洁能源研究院等承担了国家重点研发计划"CO₂ 近零排放的煤气化发电技术"，其核心是开发 SOFC 及固体氧化物电解池关键技术及系统。项目在宁夏煤业煤制油分公司厂区内建成了国内首个兆瓦级 IGFC 试验基地，采取逐级放大、分步实施的技术研发策略，先后在宁夏煤业实验基地完成了多套 1 千瓦、5 千瓦和 20 千瓦测试平台建设及电堆 / 模块的长周期稳定性实验，并实现了 20 千瓦级 IGFC 验证系统长周期稳定运转。在此基础上，项目自主设计和建成了国内首套百千瓦级 CO₂ 近零排放的 IGFC 试验示范系统，由煤气化净化工业装置供气，包括 5 套 20 千瓦级 SOFC 发电模块，实现了连续稳定运转，燃料电池系统最大发电功率达 101.7 千瓦，碳捕集率达 98.6%，验证了 IGFC 模块化发电技术路线。

5.3　工业领域

5.3.1　冶金

5.3.1.1　传统冶金流程

钢材从最初的铁矿石到最终得到成品，其主要流程有烧结、炼铁、炼钢、轧制等。我国钢铁工业目前主要以高炉－转炉长流程为主，长流程中能源消耗和二氧化碳排放量最大的工序是炼铁系统（包括焦化、烧结／球团、高炉炼铁），其煤炭消耗几乎占整个长流程煤炭消耗的 100%。

我国钢铁工业能源消耗占全国能源消耗总量的 16%，其中 70% 为煤炭能源消耗，是碳排放的主要来源。在"双碳"目标下，我国钢铁工业必须走低碳绿色发展之路。当前，钢铁的低碳化生产有两大方向：一是改变生产方式，推广以氢冶金为代表的低碳技术生产工艺；二是改变钢铁生产的原料结构，提高废钢比，发挥短流程工艺的低碳绿色优势。对比传统高炉－转炉长流程，以氢为主要还原剂的氢冶金短流程是钢铁冶金低碳排放技术的未来发展方向，也是钢铁行业实现高质量发展的重要出路之一。

国外一些国家在氢冶金方面发展较早，如日本、德国、瑞典、奥地利等国家已率先进行了大量氢冶金技术的开发和示范应用。日本是最早尝试氢气炼铁工艺的国家，早在 2008 年就启动了环境和谐型炼铁项目 COURSE50，最终目标是实现炼铁工艺的二氧化碳排放量减少 30%。随着国内钢铁冶金行业低碳转型发展，相关企业也开始着手布局氢冶金技术，宝武集团、河钢集团、酒钢集团、天津荣程集团、中晋太行和建龙集团等相继开展了相关氢冶金的研究及项目建设。

5.3.1.2 氢冶金发展现状

氢冶金是未来钢铁行业低碳转型的重要路径，主要在炼铁过程中代替传统碳还原剂，分为富氢冶金和纯氢冶金两种技术路线，主要工艺包括高炉富氢冶炼工艺、富氢气基竖炉工艺和纯氢气基竖炉工艺。高炉富氢冶炼工艺是向高炉喷吹富氢气体辅助冶炼的一种技术，目前较为成熟，具有降低焦比、煤比，减少碳排放等优点。富氢气基竖炉工艺是利用氢气、一氧化碳等还原气体作为还原剂直接还原铁矿石，还原温度低，大部分杂质元素进入炉渣中，可获得杂质含量超低的钢水。纯氢气基竖炉工艺由于没有碳元素参与反应，可以彻底消除二氧化碳排放，目前正在研发阶段。

与氢基竖炉相比，传统高炉喷吹富氢气体工艺的氢气利用率低，且炉顶煤气含 40%~50% 的氮气，难以实现二氧化碳分离，喷吹气体还原剂的综合收益较差。氢基竖炉不使用焦炭，炉顶煤气中氮气含量较少，容易实现二氧化碳的分离和其他成分（如一氧化碳和氢气）的循环利用，因此碳排放很低。相较于富氢还原高炉，氢基直接还原竖炉工艺能够从源头控制碳排放，吨钢二氧化碳排放量可减少 50%~80%，吨钢氢气消耗量约 40.5 千克，是迅速扩大直接还原铁生产的有效途径。目前，氢基竖炉正面临吸热效应强、入炉氢气量增大、生产成本升高、还原速率下降、产品活性高和难以钝化运输等诸多问题，亟待开展科技研发和示范工程。

5.3.1.3　我国氢冶金技术发展路径

钢铁工业生产规模大，规模化实施氢冶金需要大规模、低成本和低排放的氢源。现阶段氢冶金技术的氢气主要来源于煤，整体减碳能力有限。如果实现全绿氢冶金，百万吨级氢冶金工程绿氢的需求量约为 6.3 万标方 / 时，需要大规模的稳定绿氢制备技术保障。因此，氢冶金工艺的未来发展很大程度上取决于氢气的大规模、经济、绿色制取与经济储运。同时，氢冶金技术仍处于起步阶段，在实质性的研发与工业应用方面仍面临巨大挑战，包括引进工艺的消化吸收，关键技术、装备和控制系统的研发等。

从我国的资源禀赋及现有工业基础来看，可以先考虑富氢冶金，再考虑纯氢冶金。针对现有钢铁长流程，先考虑在现有高炉的基础上开展高炉喷吹富氢（纯氢）的技术开发和推广，尤其是以焦炉煤气、化工副产富氢气体作为气源，尽快实现工程示范；同时开展富氢气基竖炉的示范，尤其开展具有自主知识产权的富氢竖炉的技术攻关和产业示范。同时，开展纯氢气基冶金的基础研究，为未来氢能低成本化后的纯氢冶金开展技术储备。建议从国家层面重视和发展氢能在冶金领域的规模化应用，并将氢冶金与碳排放综合考虑，提高企业发展氢冶金的积极性。氢代替碳的氢冶金技术是钢铁未来绿色化发展的必然方向。

5.3.2　化工

目前，氢在化工领域的最主要应用是作为一种重要的化工原料，用于生产合成氨、甲醇以及石油炼制过程的加氢反应。在我国，氢主要作为化工合成的中间产品和原料。

5.3.2.1　氢在合成氨中的应用

氨具有很多优势，如廉价、易得、易储存、低污染、高燃烧值等，是化学工业产量最高的化学品之一，具有极其重要的战略资源价值。在作为燃料的普及应用上，氨相比氢的最大优越性在于其能量密度大、易液化、易储运。氨可由氢和氮合成，目前普遍采用的工业化合成氨生产中所需的氮可从空气中直接获得，而氢的来源则为天然气、煤炭、石油、生物质及水。我国工业制氢的 50%~60% 用于合成氨工业，理论上生产 1 吨合成氨需要 1976 标方氢气。随着未来天然气的供不应求，氢的来源将逐渐以煤、生物质和水为主，并最终依赖生物质与水。制氨所需的能源也将从目前的化石能源（石油、天然气、煤炭等）及物理能（包括光、水力、风力、温差、核能等）最终走向可再生能源。

基于全球能源政策导向，特别是可再生能源与智能电网循环经济发展的需求，全球正酝酿一场规模宏大的氨能源"风暴"。目前，工业生产中几乎完全采用传统的哈伯法合成氨工艺，该方法是在高温、高压条件下使高纯度的氮气和氢气在铁催化剂上反应，维持这种高温和高压会消耗大量能源，使哈伯法具有很强的能源依赖性。为了改进哈伯法合成氨工艺存在的问题，研究人员正在致力于提高氮气转换率，提升合成氨工艺的经济性，寻找更清洁、可持续的合成氨途径。目前具有代表性的合成氨新途径包括光催化合成氨、固氮酶催化合成氨和电化学合成氨等。

从长期、宏观的角度看，发展氨经济、普及氨燃料将使化工、机械、汽车、运输等各行业都得到前所未有的发展机会，使农业得益于燃、肥、电、氨"四位一体"带来的经济和便利，使生态环境得到保护和修复。

5.3.2.2 氢在合成甲醇中的应用

除了氨和氢等零碳燃料外，甲醇也是一种新型燃料。在一定温度、压力和催化剂的作用下，一氧化碳、二氧化碳与氢气反应生成甲醇和水。甲醇不含氮氧化物或硫，无色、易燃、易储存，由可持续生物质（通常称为生物甲醇）或可再生能源制成的可再生甲醇是一种超低碳化学品。与常规燃料相比，甲醇最多可减少25% 的碳排放（可再生甲醇减少的更多）和80% 的氮氧化物排放，并完全消除硫氧化物和颗粒物的排放。甲醇的消耗量正在逐年增长，2017 年全球甲醇消费量超过 1 亿吨，其中我国超过 5000 万吨。

近年来，甲醇产业的发展十分迅速，国内外均有许多研究进展。丹麦托普索公司与德国鲁奇公司分别开发了二氧化碳加氢制甲醇催化剂 MK101 和 C79–5L 并进行了中试。2009 年，日本三井化学公司建成 100 吨 / 年的二氧化碳制甲醇中试装置。2012 年，碳循环国际公司在冰岛建成了当时世界上最大的二氧化碳基燃料厂，利用地热电厂电解水制取的氢和二氧化碳反应合成甲醇，每年可消耗 5600 吨二氧化碳并制取约 4000 吨甲醇，目前该公司已经形成 5 万 ~10 万吨 / 年的二氧化碳制甲醇标准化设计能力。

国内有关二氧化碳加氢制甲醇的研发也不断取得突破。2016 年，中国科学院山西煤炭化学研究所完成了二氧化碳加氢制甲醇工业单管试验，试验运行情况稳定。2016 年，中国科学院上海高等研究院与上海华谊集团合作，完成了 10 万 ~30 万吨 / 年的一氧化碳加氢制甲醇工艺包编制。2018 年 7 月，中国科学院大连化物所与兰州新区石化等合作签署了千吨级"液态阳光"二氧化碳加氢合成甲醇技术开发项目合作协议，建立利用太阳能等可再生能源电解水制氢以及二氧化碳加氢制甲醇的千吨级工业化示范，2020 年 1 月千吨级二氧化碳加氢制甲醇装置成功运行。2019 年 5 月，河南顺成集团和碳循环国际公司合作，建设 10 万吨级二氧化碳加氢制甲醇项目，预计每年可利用 15 万吨二氧化碳。

大力发展二氧化碳加氢制甲醇技术对降低二氧化碳排放和发展绿色甲醇化工具有重要作用。受热力学限制，二氧化碳单程转化率不高，开发高效率的催化剂以提高甲醇选择性，可降低过程综合能耗。目前 Cu 基催化剂、贵金属催化剂和 In_2O_3 催化剂的研究已取得较好进展，但同时满足单程高二氧化碳转化率（＞20%）、高甲醇选择性（＞90%）的催化剂仍有待开发。此外由于氢气价格较高，导致二氧化碳加氢制甲醇技术还不适合推广。随着当前氢能产业蓬勃发展带来的氢价下降以及碳交易市场的发展，二氧化碳加氢制甲醇技术前景可期。

5.4　建筑领域

固定式应用是目前氢能与燃料电池技术发展的重要方向，固定式应用包括所有在固定位置运行的作为主电源、备用电源或者热电联供的燃料电池。美国以 Bloom Energy 为代表，主要发展 SOFC 大型商用分布式发电；日本以松下和东芝为代表，主要发展小型家用热电联供。

燃料电池热电联供系统以天然气或液化石油气为燃料，或经过脱硫、重整等环节产生氢气（未来氢能网络建成后可直接采用氢气），供燃料电池单元发电，向家庭负荷供电，同时回收发电余热用于家庭供热。该装置由燃料处理器、空气处理器、燃料电池堆、逆变器、余热回收装置、热水箱、备用加热器七个单元构成。

目前，燃料电池热电联供系统分为质子交换膜燃料电池（PEMFC）和固体氧化物燃料电池（SOFC）两种技术路线。其中，PEMFC 技术相对成熟，价格较低，应用更为广泛；SOFC 技术更为先进，但造价较高，未来发展潜力较大。

燃料电池热电联供系统能够提高家庭能源自给率，且具有高效、环保、可靠、便于安装等优点。典型燃料电池热电联供产品发电额定功率为 1 千瓦，最小输出为 0.3 千瓦，配置体积为 200 升的热水箱，能够满足一户普通居民家庭约 60% 的用电需求和 80% 的热水需求。系统发电效率约 39%，热回收效率约 56%，考虑能量梯级利用后，综合效率可达 95%，使用寿命达 10 年以上，允许启停次数超过 4000 次。通过配置蓄电池模块，可实现无外界电源情况下独立启动，提供应急供电和供热。

家用燃料电池热电联供系统是日本氢能在建筑领域应用的重要方向之一。日本的家用燃料电池研究起始于 1999 年，其千禧年项目就包括对 PEMFC 研究的支持。日本政府于 2005 年启动了一个大型家用燃料电池示范项目，2005—2009 年验证和试点期间累计销售分布式燃料电池热电联供系统近 5000 套，将系统购置成本从 2005 年的 800 万日元降低到 2009 年的 350 万日元。2010—2020 年为推广与普及期，日本政府从 2010 年开始对安装燃料电池系统的家庭提供 140 万日元或制造成本一半的补贴。2015 年，由松下、东芝等企业推出的新一代家用燃料电池系统售价已经低至约 150 万日元，其热电系统效率由最初的 70% 提升至 95%，政府补贴额度也降至 50 万~60 万日元。2022 年，SOFC 系统售价已降至 101 万日元（图 5.5）。

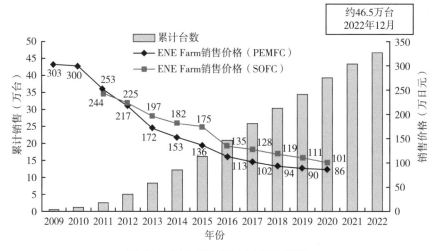

图 5.5　日本能源农场项目发展情况

目前，日本家庭用分布式氢燃料电池项目已经部署了超过 40 万套，实现了家用燃料电池的初步商业化。这些燃料电池被安装在公寓和普通住宅内，由公寓开发商选择安装与否，并且有其他附件可供选择，燃料电池系统可以不依赖电网独立运行。该项目主要的合作商东芝和松下提供 PEMFC，爱信精机主要提供 SOFC。

5.5　储能领域

能源的消纳是制约可再生能源技术发展的主要问题之一。可再生能源（如水电、风能、太阳能）具有间歇性特点，不能长时间持续、稳定地输出电能，导致大量"弃风""弃光"现象发生。储能技术可将可再生能源产生的多余电能储存起来，在需要时释放，提高电网接纳间歇式可再生能源的能力。

传统储能技术分为物理储能、电化学储能和热储能。物理储能包括机械储能（抽水储能、压缩空气储能、飞轮储能）和电磁储能；电化学储能是将电能储存在铅酸蓄电池、锂离子电池、钠硫电池、液流电池等；热储能是将热能储存在隔热容器的媒介中，实现热能的直接利用或热发电。

目前较为成熟的储能方式主要是抽水蓄能和电化学储能。抽水蓄能电站的建造环境要求较高，需要发达的水系和优良的地质条件，并且建设周期长。电化学储能近年发展迅速，但电池寿命较短（只有 5 年左右）、成本较高，并且废旧电池的处理带来新的环境问题，仅在容量需求小的调频率储能应用较多。其他储能方式，如压缩空气储能、电磁储能、热储能等，受制于技术成熟度、成本、效率等因素影响，目前尚未大规模商业化应用。

氢能是一种理想的二次能源，既能以气态、液态的形式储存在高压罐中，也能以固态的形式储存在储氢材料中，是少有的能够储存上百吉瓦时的储能形式。因此，氢被认为是最有希望取代传统化石燃料的能源载体。

与其他储能方式相比，氢储能具有四个明显优势：①在新能源消纳方面，氢储能在放电时间（小时至季度）和容量规模（百吉瓦级别）具有明显优势；②在规模储能经济性方面，随着储能时间的增加，储能系统的边际价值下降，可负担的总成本也将下降，规模化储氢比储电的成本要低一个数量级；③在储运方式灵活性方面，氢储能可采用长管拖车、管道输氢、天然气掺氢、特高压输电 – 受端制氢和液氨等方式；④在地理限制与生态保护上，相较于抽水蓄能和压缩空气储能等大规模储能技术，氢储能不需要特定的地理条件且不会破坏生态环境。

氢储能的基本原理是：当电能充足时，将水电解得到氢气和氧气，将氢气储存起来；当需要电能时，将储存的氢气通过不同方式（内燃机、燃料电池或其他方式）转换为电能。根据美国能源部的统计，截至 2018 年年底，全球共有 13 个氢储能项目，装机规模共计 20.23 兆瓦；其中 7 个位于德国，装机规模占全球的77%。2020 年 12 月，美国能源部发布了《储能大挑战路线图》，这是美国发布的首个关于储能的综合性战略，氢储能是其中的主要探讨对象。根据美国国家可再生能源实验室预测，到 2050 年持续放电时间 12 小时以上的长时储能的装机容量将会显著增长，在未来 30 年将会部署装机容量为 125~680 吉瓦的长时储能。根据国际氢能委员会研究报告，当可再生能源份额达到 60%~70% 时，对氢储能的需求会呈现指数增长势态。

"十二五"以前，我国氢能方面的支持项目多以制氢、发电、储氢等为主，"十三五"期间氢储能产业链条开始逐渐清晰。安徽省六安市成功签约 1 兆瓦分布式氢能综合利用站电网调峰示范项目，将建设国内第一个兆瓦级氢能源储能电站。2019 年 12 月，广州供电局招标"十四五"氢调峰综合能源站总体规划研究，预示着国内又一个氢储能项目进入前期研究阶段。2021 年 1 月，吉林省发改委对大安市舍力镇风光制氢储能示范项目进行了核准批复，项目总建设规模 50 兆瓦风电，配套建设 1 兆瓦制氢系统和 1 兆瓦·时系统。2021 年 8 月，国家发改委、国家能源局把"氢储能"明确纳入创新储能技术。2021 年 11 月，中电新源公司 220 千伏氢气储能发电工程初步设计通过评审。目前，大规模利用可再生能源富余电力制氢（即电转气）技术已为市场普遍看好。

从发展趋势看，氢储能技术被认为是智能电网和可再生能源发电规模化发展的潜在支撑。氢储能未来的发展趋势受电解水制氢、储氢、氢燃料电池等多种技术因素的影响，同时还受国家政策、成本竞争力、行业配套服务等多种非技术因素的影响。发展氢储能技术要重点突破电、氢两种能量载体之间的高效转化、低成本大规模存储和综合高效利用等关键技术，解决新能源波动性制氢、电网与管网络互连互通和协调控制等关键技术，实现能源网络化、大规模存储，有利于高效率、低成本的储能技术规模化应用。

5.6　本章小结

按照能源消费的四个大类（工业、交通、建筑和电力），氢能有不同的应用技术，未来潜力巨大。我国对氢能的认识也在不断进步，从最初对氢能的制备技术、成本、安全等问题存在诸多争议，到工业制备技术成熟，氢能成为能源重要的补充能源。2022 年《氢能产业发展中长期规划（2021—2035 年）》发布，将氢能作为中国能源的重要组成部分。未来 10~20 年将是我国氢能源产业发展的重要机遇期，要紧密联系我国能源发展实际，从战略、政策、技术、资金、国际合作等方面积极谋划，通过改革创新破解发展难题，助力实现氢能源产业高质量发展。

参考文献

［1］李星国. 氢燃烧特性对氢内燃机性能的影响［J］. 自然杂志，2022，24（3）：80-88.

［2］秦锋，秦亚迪，单彤文. 碳中和背景下氢燃料燃气轮机技术［J］. 广东电力，2021，34（10）：10-17.

［3］王洪建，程健，张瑞云，等. 质子交换膜燃料电池应用现状及分析［J］. 热力发电，2016，45（3）：1-7.

［4］翟俊香，何广利，刘聪敏，等. 质子交换膜燃料电池分布式发电设备应用研究综述［C］// 上海来溪会务服务有限公司. 2021 第五届能源，环境与自然资源国际会议论文集. 武汉，2021：43-49.

［5］凌文，李全生，张凯. 我国氢能产业发展战略研究［J］. 中国工程科学，2022，24（3）：80-88.

［6］胡亮，杨志宾，熊星宇，等. 我国固体氧化物燃料电池产业发展战略研究［J］. 中国工程科学，2022，24（3）：118-126.

［7］曾洪瑜，史翊翔，蔡宁生. 燃料电池分布式供能技术发展现状与展望［J］. 发电技术，

2018，39（2）：165-170.

[8] 钟财富. 国内外分布式燃料电池发电应用现状及前景分析 [J]. 中国能源，2021，43（2）：34-37.

[9] 刘少名，邓占锋，徐桂芝，等. 欧洲固体氧化物燃料电池（SOFC）产业化现状 [J]. 工程科学学报，2020，42（3）：278-288.

[10] 徐晓健，杨瑞，纪永波，等. 氢燃料电池动力船舶关键技术综述 [J]. 交通运输工程学报，2022，22（4）：47-67.

[11] 童亮，袁裕鹏，李骁，等. 我国氢动力船舶创新发展研究 [J]. 中国工程科学，2022，24（3）：127-139.

[12] 彭元亭，李红享，王振. 船用燃料电池技术应用现状与发展前景 [J]. 船电技术，2022，42（6）：41-44.

[13] 裴宝浩，周娟，于蓬. 氢燃料电池动力技术在船舶动力能效改进的应用 [J]. 舰船科学技术，2022，44（5）：97-100.

[14] 向元京，郭婵婵. 碳减排背景下氢燃料电池船舶发展现状及监管建议 [J]. 中国海事，2022（2）：13-15.

[15] 中国汽车技术研究中心. 中国新能源汽车产业发展报告（2015）[M]. 北京：社会科学文献出版社，2015.

[16] 沈浩明. 中国氢燃料电池汽车产业发展研究 [J]. 上海汽车，2018（4）：35-39.

[17] 搜狐网. 燃料电池与锂电池管理系统比较——来自 IND4 汽车人 Ray 的分享 [EB/OL].（2017-6-30）[2023-4-1]. https://www.sohu.com/a/153362561_467757.

[18] X 技术网. 一种排气管路和一种燃料电池的尾排系统的制作方法 [EB/OL].（2017-10-27）[2023-4-1]. http://www.xjishu.com/zhuanli/59/201710272688.html.

[19] 搜狐网. 分析师：特斯拉就不该推电动重型卡车，电池重量就吓死你 [EB/OL].（2017-11-23）[2023-4-1]. http://www.sohu.com/a/206222952_722157.

[20] IEA. Global Outlook and Trends for Hydrogen [M]. Paris：IEA，2017.

[21] 中叉网. 氢燃料叉车的路在何方？[EB/OL].（2018-2-5）[2023-4-1]. http://www.chinaforklift.com/news/detail/201802/60449.html.

[22] 张琦，沈佳林，许立松. 中国钢铁工业碳达峰及低碳转型路径 [J]. 钢铁，2021，56（10）：152-163.

[23] 张福君，杨树峰，李京社，等. "双碳"背景下低碳排炼钢流程选择及关键技术 [J]. 工程科学学报，2022，44（9）：1483-1495.

[24] 姚同路，吴伟，杨勇，等. "双碳"目标下中国钢铁工业的低碳发展分析 [J]. 钢铁研究学报，2022，34（6）：505-513.

[25] 车彦民，曹莉霞，刘金哲. 氢的大规模制备及在钢铁行业的应用和展望 [J]. 中国冶金，2022，32（9）：1-7.

[26] 张真，杜宪军. 碳中和目标下氢冶金减碳经济性研究 [J]. 价格理论与实践，2021（5）：65-68.

第6章　氢的应用示范工程

氢是交通运输、工业和建筑等高排放领域实现大规模降碳、脱碳的重要抓手。在我国能源向清洁化、低碳化发展趋势下，发展氢能产业成为当前能源技术变革的重要方向。本章介绍我国氢能应用的示范工程，包括发展背景、重点内容以及项目进展。

6.1　燃料电池汽车应用示范城市群

6.1.1　发展背景

经过四个五年国家科技计划的组织实施，我国氢燃料电池取得了一系列关键技术突破，培育了一批从事燃料电池及关键零部件研发生产的企业，形成了涵盖制氢、储氢、氢安全及燃料电池等技术的研发体系，以城市客运、物流等商用车型为先导开展了规模化示范运行，初步形成了产业集群，开展了一定规模的示范应用。截至 2022 年 6 月底，我国已累计推广燃料电池汽车超万辆，建成加氢站超300 座，社会资本投入积极性明显提高。然而，我国燃料电池汽车产业仍然面临核心技术和关键零部件缺失、企业创新能力不强等突出问题。为深入贯彻落实新发展格局要求，更好地推动我国燃料电池汽车产业持续健康、科学有序发展，政策调整优化势在必行。

2020 年 9 月，财政部等五部门联合发布《关于开展燃料电池汽车示范应用的通知》，拟通过对新技术示范应用以及关键核心技术产业化应用给予奖励，加快带动相关基础材料、关键零部件和整车核心技术研发创新，争取用 4 年时间逐步实现关键核心技术突破，构建完整的燃料电池汽车产业链，为燃料电池汽车规模化、产业化发展奠定坚实基础。通过建设燃料电池汽车应用示范城市群，推动产业持续健康发展，构建完整产业链。考虑各地资源能源禀赋、产业基础、技术优势、应用场景等差异，在全国范围内选择产业链优秀企业，推动企业所在城市联合申报示范，充分发挥城市和企业各自优势，实现产业互补、强强联合。以产业链上的优秀企业为纽带组建示范城市群，打破区域间产品、技术流动藩篱，支持企业利用全国统一市场做大、做强，加快提升产品经济性，逐步实现关键核心技术突破。依托国内产业链，加快关键零部件产业化应用。通过示范政策引导和支持，鼓励整车和动力系统配套企业依托国内产业链，主动使用实现突破的关键零部件。

6.1.2　重点内容

2021 年《关于启动燃料电池汽车示范应用工作的通知》《关于启动新一批燃料电池汽车示范应用工作的通知》先后发布，明确上海、北京、广东、河北、河南五个城市群入围，标志着全国"3+2"燃料电池汽车示范格局已经形成（表 6.1）。文件明确，相关省（市）有关部门要切实加强燃料电池汽车示范应用工作组织实施，建立健全示范应用统筹协调机制，推动牵头城市不断提升示范应用水平，加快形成燃料电池汽车发展可复制、可推广的先进经验；要建立健全安全管理制度，确定牵头责任部门，加强燃料电池汽车运行安全监管，制定相关应急预案；要充分依托全国范围内产业链上优秀企业实施示范，立足建立完整产业链供应链，畅通国内大循环，切实避免地方保护和低水平重复建设；要合理确定示范目标，探索合理商业模式，加强燃料电池汽车运行管理，防止出现车辆闲置等现象。

表 6.1　燃料电池汽车示范应用城市群推广目标

城市群	牵头市（区）	涵盖地区	推广目标		
			燃料电池车（辆）	加氢站（座）	氢气价格（元/千克）
京津冀城市群	北京市大兴区	北京市（大兴区、海淀区、经济开发区、房山区、延庆区、顺义区、昌平区），天津市滨海新区，河北省唐山市、保定市，山东省淄博市、滨州市	5300	49	30
上海城市群	上海市	上海市，山东省淄博市，江苏省苏州市、南通市，宁夏回族自治区宁东化工基地，内蒙古自治区鄂尔多斯市，浙江省嘉兴市	5000	73	35
广东城市群	广东省佛山市	广东省佛山市、广州市、深圳市、珠海市、东莞市、中山市、阳江市、云浮市，福建省福州市，内蒙古自治区包头市，山东省淄博市，安徽省六安市	10000	200	30

城市群	牵头市（区）	涵盖地区	推广目标		
			燃料电池车（辆）	加氢站（座）	氢气价格（元/千克）
河北城市群	河北省张家口市	河北省张家口市、雄安新区、保定市、定州市、辛集市、邯郸市、唐山市、秦皇岛市，上海市奉贤区，河南省郑州市，山东省淄博市、聊城市，内蒙古自治区乌海市，福建省厦门市	7710	86	30
河南城市群	河南省郑州市	河南省郑州市、新乡市、洛阳市、安阳市、开封市、焦作市，上海市嘉定区、奉贤区、临港新片区，山东省烟台市、淄博市、潍坊市，广东省佛山市，河北省张家口市、保定市、辛集市，宁夏回族自治区宁东化工基地	4445	82	30
合计			32455	490	—

数据来源：中国氢能联盟大数据平台。

6.1.2.1 京津冀燃料电池汽车示范应用城市群

2021 年 12 月，京津冀燃料电池汽车示范应用城市群正式启动。

京津冀城市群具有良好的产业基础和优势。在科技创新实力方面，拥有国内外一流的高校、科研院所和专家学者；在产业基础方面，拥有从制氢、储氢、运氢、加氢、用氢等全产业链条，整车、核心零部件、能源供给体系健全；在政策环境方面，北京市、天津市、山东省、河北省均出台了氢燃料电池和氢能产业发展相关政策；在应用场景方面，有大宗物资运输、渣土运输、港口作业、物流配送、通勤客运、机场快线等应用场景，市场潜力大；在氢能供应方面，现阶段产能规模达 5143 吨/年，工业副产氢提纯、天然气重整和可再生能源制氢等氢来源多样，绿电制氢、生物制氢基础较好。

结合各城市条件和资源禀赋，京津冀城市群确立了"一核、两链、四区"布局。"一核"即北京市作为核心区，发挥科技创新、关键零部件及整车研发制造引领作用；"两链"即构建北京—天津—保定—淄博产业发展链和北京—保定—滨州氢能供应链；"四区"即北京—张家口冬奥场景特色示范区、唐山矿石钢材重载场景特色示范区、天津港口场景特色示范区、雄安建筑材料运输场景特色示范区。

京津冀城市群设定"1+4+5"目标。1 个总体目标：完成建立技术自主创新、全产业链闭环持续发展、区域一体协同产业生态；4 个分项目标：实现关键技术 100% 国产化、优质产业集群构建、车辆推广应用、友好示范环境打造；5 个重点任务：八大核心零部件取得技术突破并实现产业化、车辆应用不少于

5300 辆、购车成本降幅超 40%、新建投运加氢站不低于 49 座、氢气售价不高于 30 元 / 千克。

2022 年 4 月，北京市经济和信息化局开展 2021—2022 年度燃料电池汽车示范应用项目申报工作，项目主要采取"示范应用联合体"的申报方式。示范应用联合体由燃料电池汽车整车制造企业牵头，会同燃料电池系统企业、车辆运营企业、加氢站运营企业组成。牵头企业需签署考核任务书，承诺在规定期限内完成示范应用项目，达到中央考核要求。整车及关键零部件等基础信息和车辆运行数据须无条件接入指定的第三方平台，上牌车辆在第一年度用氢行驶里程须超过 0.75 万千米，此后三年每年度用氢行驶里程须超过 1.25 万千米，且车辆在示范城市群内用氢行驶里程比例须达到 80% 以上。实施期限为 2021 年 8 月 13 日—2023 年 8 月 12 日。2021—2022 年度燃料电池汽车示范应用项目共有四家企业入选，分别是北汽福田汽车股份有限公司、一汽解放汽车有限公司、宇通客车股份有限公司、金龙联合汽车工业（苏州）有限公司。

6.1.2.2　上海燃料电池汽车示范应用城市群

2021 年 11 月，上海燃料电池汽车示范应用城市群正式启动。

上海城市群对燃料电池汽车研发和示范最早，产业布局完善。在基础材料及关键零部件方面，重塑科技、捷氢科技的燃料电池系统处于国内第一梯队，电堆、膜电极、双极板、空气压缩机等关键零部件已具备产业化能力，技术达到国际或国内领先水平。在氢能供应方面，氢气年产能达 300 万吨，其中上海、苏州、嘉兴达 40 万吨，宁东、鄂尔多斯达 260 万吨。在示范应用方面，上海城市群累计推广燃料电池汽车近 2000 辆，覆盖公交、物流、通勤等多种场景，累计安全运营里程超 1700 万千米。

上海城市群确立"1+2+4"布局：上海市负责关键零部件技术全面突破、多场景商用示范、商业模式探索；淄博市和南通市负责质子交换膜、空气压缩机两大关键部件的技术攻关与产业化应用；苏州市、嘉兴市、鄂尔多斯市、宁东能源化工基地负责示范应用场景的挖掘以及清洁低碳氢规模化应用。

上海城市群立足带头引领、放眼全国、大力落实长三角一体化战略，将形成长三角联动、产业链协同、中长途 + 中重载应用场景聚焦的燃料电池汽车城市群示范新模式。上海城市群将积极推动核心技术自主化、关键产品产业化、示范应用规模化、基础设施便捷化、政策支持体系化；聚焦突破一批核心部件、推出一批高端产品、形成一批中国标准，打造产业规模最大、体制环境最优、整体竞争力最强的燃料电池汽车产业集群。

在车辆推广应用方面，上海城市群将采用"商乘并举，双轮驱动"整车推广路径，拟推广 5000 辆燃料电池汽车，其中货车 3400 辆、乘用车 1400 辆、客车 200 辆。在加氢站建设方面，将新建 73 座加氢站，其中上海 50 座。在关键零部件研发产业化方面，各城市紧密协同、分年度开展八大关键零部件的研发攻关及产业化，其中第一年集中攻关电堆、双极板及膜电极。

2021 年度上海市燃料电池汽车示范应用项目由燃料电池系统企业牵头，会同整车制造企业、车辆运营企业、加氢站运营企业、车辆使用单位等组成"示范应用联合体"申报，实施期限为 2021 年 8 月 13 日—2022 年 7 月 31 日。项目共有六家企业入选，分别为上海捷氢科技股份有限公司、上海重塑能源科技有限公司、上海神力科技有限公司、航天氢能（上海）科技有限公司、上海青氢科技有限公司、上海清志新能源技术有限公司。本次示范应用，上汽集团将分批次投入 410 辆燃料电池汽车，包括上汽大通 MAXUS MIFA 氢燃料电池多用途汽车、上汽红岩氢燃料电池重卡、上汽轻卡燃料电池冷链物流车；重塑科技携手合作伙伴打造 350 辆燃料电池汽车即将投入运营，将服务于包括马士基、宜家、京东、顺丰、国药集团、上海赛科等客户的不同运输场景；神力科技将分批推广 70 辆燃料电池物流车；航天氢能以"航天氢能助力乡村振兴"为主题，重点开展氢燃料电池 18 吨物流车在上海区域的示范运行。

6.1.2.3　广东燃料电池汽车示范应用城市群

2021 年 12 月，广东燃料电池汽车示范应用城市群启动。

广东城市群产业基础扎实，产业链供应体系完整，在八大关键核心零部件均有企业布局。目前，已建成较大规模的燃料电池汽车产业集群，其中在膜电极、催化剂、碳纸、质子交换膜等领域涌现出鸿基创能、广东济平新能源、深圳通用氢能、广州艾蒙特等一批龙头企业，拥有当前全国产能最大、技术水平最高的膜电极、催化剂、质子交换膜生产线。同时，广东城市群在全国率先破解加氢站建设难题，在加氢站行政审批流程、加氢站管理办法、燃料电池汽车示范推广机制等方面探索出"佛山模式"，在全国率先开展加油加氢一体化站、制氢加氢一体站等新的加氢站建设经营模式试点。

广东城市群以佛山、广州、深圳、淄博、六安和包头六大燃料电池技术创新和产业高地为引擎，联动东莞、中山、云浮等关键材料、技术及装备研发制造基地，依托珠海、阳江、福州、包头等氢源供应基地，推动示范应用，全面实现示范城市群跨越式发展。

广东城市群将充分发挥广东省燃料电池汽车产业先发优势，把握纳入国家首批燃料电池汽车示范应用城市群的重大机遇，打破地域限制，探索构建统一的政策和市场体系，整合优势产业资源，加强全国范围内产业链协同联动，培育壮大龙头企业，聚焦关键核心技术自主创新和产业化，补齐产业短板，为我国燃料电池汽车产业高质量发展提供有力支撑。在技术创新和产业化方面，推动电堆、膜电极等关键部件，质子交换膜、催化剂和碳纸等基础材料，以及燃料电池系统集成与控制、整车的重大研发项目攻关，保持燃料电池汽车关键核心技术水平全国领先，加快自主技术创新与产业化。在推广应用方面，以市场化机制推动燃料电池汽车规模化示范应用，通过技术创新促进氢燃料电池汽车制造成本不断下降，用氢成本不高于 35 元 / 千克，实现示范期内推广 1 万辆以上氢燃料电池汽车的目标。在使用环境方面，以机制体制创新促进氢能供应体系建设完善，加快建设加氢基础设施，建立安全稳定的氢气供应保障体系，实现示范期内建设超 200 座加氢站目标。

根据广东省发改委等八部门联合印发的《加快建设燃料电池汽车示范城市群行动计划（2022—2025 年）》，到示范期末实现八大关键零部件技术水平进入全国前五，形成一批技术领先并具备较强国际竞争力的龙头企业，实现推广 1 万辆以上燃料电池汽车，年供氢能力超 10 万吨，建成加氢站超 200 座，车用氢气终端售价降到 30 元 / 千克以下，示范城市群产业链更加完善，产业技术水平领先优势进一步巩固，推广应用规模大幅提高，全产业链核心竞争力稳步提升。

6.1.2.4 河北燃料电池汽车示范应用城市群

作为国务院批复同意设立的可再生能源示范区，张家口市高度重视氢能和燃料电池汽车产业发展，于 2015 年开始谋划布局氢能产业，借力 2022 年北京冬奥会契机，先后培育和引进亿华通、海珀尔等氢能产业链企业 18 家，初步形成政策支撑、规划引领、项目带动、科技创新、应用示范的氢能产业生态，成为全国氢能发展和燃料电池汽车示范应用领先城市。

河北城市群将推广各类型燃料电池汽车 7710 辆。其中，张家口市作为牵头城市将推广各类型车辆 1130 辆，重点开展氢源供应、整车和关键零部件生产、技术研发和标准创新、车辆推广应用等。河北省城市群将充分发挥各城市的产业优势，加强区域协同，以市场需求为导向，加快自主核心技术创新，通过车辆推广加快技术产业化应用，同时积极探索新型商业模式，完善政策体系建设，构建安全高效、成本可控的燃料电池汽车产业发展模式。

2022 年 7 月，张家口市政府发布《支持建设燃料电池汽车示范城市的若干措施》，提出市级财政原则上按照中央财政奖励资金 1:1 比例进行配套，对燃料电池汽车推广应用、氢能供应、关键零部件三个重点领域予以奖励，同时对车辆运营以及加氢站建设给予资金支持。文件的出台将极大提升张家口市氢能产业发展的营商环境，增强国内外氢能优质企业参与积极性，有力推进全市氢能产业链上下游联动，实现创新发展的良性循环，对全面建设燃料电池汽车示范应用城市具有重要意义。

6.1.2.5　河南燃料电池汽车示范应用城市群

河南是国内较早关注并超前布局氢燃料电池等前沿技术的省份之一，实现多项里程碑式的突破。目前，河南省已初步形成较为完善的燃料电池汽车产业体系。燃料电池客车技术实力领先，宇通客车在燃料电池电 – 电混合动力系统、燃料电池系统、车载供氢系统和电堆等领域进行探索，整车性能处于国内领先水平。氢能装备及燃料电池关键部件产业基础初步成形，豫氢动力、郑州正星科技致力于加氢装备的研发和推广，新乡电池研究院已布局燃料电池研究开发项目，新乡市氢能产业园聚集部分氢能与燃料电池关键装备和部件企业。

河南城市群由"1+N+5"组成：以郑州市为牵头城市，负责统筹城市群产业链协调发展，并承担主要的示范应用任务；省内 5 座城市，其中新乡市开展电堆、系统研发与产业化，洛阳市、开封市自主研发高压氢系统等关键零部件，安阳市、焦作市保障氢能供给，共同推动燃料电池汽车多场景示范应用；其他省市的 11 个产业链优势城市涵盖电堆、空压机等八大核心部件，聚焦核心技术创新与产业化。

6.1.3　项目进展

2022 年 8 月，五部委对 5 个燃料电池汽车示范城市群进行考核评价，考核结果将作为中央财政对示范城市群安排奖励资金的依据。资料显示，京津冀城市群完成情况最好，其次为上海城市群；广东城市群完成情况欠佳，主要由于燃料电池汽车补贴政策不明朗；河北城市群完成率最低，需要尽快提升；河南城市群完成率居于中等（表 6.2）。

表 6.2　燃料电池汽车示范应用城市群项目完成情况

名称	京津冀燃料电池汽车示范应用城市群	上海燃料电池汽车示范应用城市群	广东燃料电池汽车示范应用城市群	河北燃料电池汽车示范应用城市群	河南燃料电池汽车示范应用城市群
第一年燃料电池汽车推广目标（辆）	1162	1000	1270	1400	650
截至 2022 年 8 月完成情况（辆）	1240	674	255	245	176
年度指标完成率（%）	106.7	67.4	20.1	17.5	27.1

6.2 "氢进万家"科技示范工程

6.2.1 发展背景

为抢抓氢能产业发展重大机遇期，应对国际氢能技术竞争，2021 年 4 月 16 日，科技部与山东省人民政府签署框架协议，共同组织实施"氢进万家"科技示范工程。该工程选择山东省的主要原因有：①山东省拥有丰富的氢气资源。山东省年平均氢气产量达 260 万吨左右，居全国首位；光伏发电装机规模全国第一、风电装机规模全国第五，富余的电力可以有效应用于电解水制氢，具备大规模制氢的良好条件。②山东省发展氢能产业具备较强技术优势。山东省氢能产业发展初具规模，已集聚一批氢能产业重点企业和科研院所，拥有氢能全产业链资源，重点企业（研究机构）近百家。③山东省拥有较为完善的产业政策与标准体系。山东省委省政府高度重视氢能产业发展，先后出台多项氢能领域相关省级政策、地市级政策及地方标准。

"氢进万家"工程的目标是推动氢能创新链与产业链融合发展，加快氢能在交通运输、工业和家庭等终端领域应用，引导氢能进入居民能源消费终端，为打造"氢能社会"奠定基础，为我国实现"双碳"目标提供有效途径，实现我国能源结构转型，构建现代能源体系。工程按照"围绕创新链布局产业链"的总体思路和"边实施、边攻关、边验证、边示范"的工作思路，在济南市、青岛市、淄博市、潍坊市开展氢能生产和利用的多场景示范应用，打造"一条氢能高速、二个氢能港口、三个科普基地、四个氢能园区、五个氢能社区"。项目实施周期为 5 年（2021—2025 年）。

6.2.2 重点内容

2021 年 9 月 13 日，科技部发布国家重点研发计划《"氢能技术"重点专项2021 年度定向项目申报指南》。根据指南，科技部与山东省将通过"氢进万家"示范工程，掌握并验证一批自主关键核心技术与系统产品，形成一批氢气的制储运、工业应用、居民利用的引领性标准规范，培育一批氢能利用新模式、新业态，带动山东地区经济高质量发展；为全国提供氢能进家入户的示范样本，为更大范围氢能利用探索有效途径；推动能源高效清洁转型，降低传统化石能源消耗，为保障能源安全和实现碳达峰碳中和目标贡献力量。

2022 年年初，山东省启动新一轮"氢进万家"示范的首个定向项目，项目设置 5 个子课题，分别为氢能动力及装备关键技术开发与应用、氢能高速及零碳服务区关键技术集成与示范、氢能港口关键技术集成及示范、氢能园区关键技术集成及示范、氢能车辆推广与规模化运营模式研究。

氢能高速及零碳服务区关键技术集成与示范子课题：建成 1 条氢能高速公路，里程不低于 300 千米；高速沿程新建加氢站不少于 6 座，日 12 小时单站加氢能力不低于 500 千克，具备 70 兆帕加氢能力，具备连接附近供氢管道、接驳氢能补给车辆的能力；建成 2 处零碳服务区，氢能来自可再生能源，氢能发电效率不低于 50%；配置燃料电池车辆沿程应急及维保所需装备和设施。

氢能港口关键技术集成及示范子课题：完成 3 座港口加氢站、1 座氢能综合供能系统、10 台氢能轨道吊以及 600 辆氢能车辆的推广示范，行驶里程突破 1600 万千米，碳减排量超过 16000 吨，打造贯通运氢、储氢、加氢和用氢的应用端全链条，覆盖港口固定式装卸机械设备、流动式装卸运载设备、水平运输车辆全场景示范应用的氢能港口中国样板。

氢能园区关键技术集成与示范子课题：建成氢能园区 1 处，园区内工业副产氢纯化能力不低于 5 吨氢 / 天，用于供热 / 燃料电池热电联供及燃料电池汽车的总量不低于 10 吨氢 / 天；燃料电池热电联供入户企业办公区、覆盖建筑面积超过5000 平方米；配套铺设纯氢供应管道不少于 3 千米，具备连接附近供氢管道、接驳氢能补给车辆的能力。替代天然气供热、燃料电池热电联供的氢气使用量不低于 1 万吨、低碳氢能应用过程中二氧化碳减排不少于 10 万吨。

6.2.3 项目进展

山东省编制了项目实施方案和年度工作计划，明确示范工程时间表、路线图、任务分工，完善氢能标准法规，确保示范工程见成效、出样板；充分发挥政府投资平台、产业基金的引导作用，吸引社会资本参与，为示范工程提供资金储备。同时，淄博市、潍坊市先后成立了工作推进领导小组。

在氢源供应方面，山东省积极开展副产氢纯化、可再生能源制氢等项目建设，加速加氢站建设步伐，建成加氢站 22 座，氢能力达 2 万千克 / 日，其中管道供氢加氢母站 1 座、综合能源站 5 座、高速加氢站 1 座，并逐步向加氢母站、制氢加氢一体站、综合能源站、管道供氢加氢站等探索，为行业发展提供示范借鉴。

在车辆推广方面，山东省已推广燃料电池车辆 848 辆，涵盖公交、渣土车、冷链物流和港口集卡等多种车型，开通燃料电池公交专线 30 余条，示范运行总里程超过 1500 万千米。其中，潍坊市投运燃料电池车辆 150 辆，建成加氢站 4 座；青岛市推广燃料电池车辆 360 余辆，建成加氢站 4 座，形成了合理的车站协同布局。

在应用场景示范方面，山东省开展济青高速零碳氢能服务区、加氢站选址及建设工作，建成投运全国首座高速加氢站，保障燃料电池车辆高速场景的运营示范，打造车站联动山东模式。

在氢能港口方面，青岛港已布局 6 座港口氢能轨道吊、3 辆港口集卡，启动建设 1 座港区加氢站，并逐步布局实现管道供氢，开展氢能港口设备、港城绿色供能等示范，打造全国第一座"氢 +5G"智慧绿色港口。

在氢能园区社区建设方面，山东省已完成 4 个绿色零碳氢能产业园区的选址和方案设计，将通过管道供氢、现场制氢等供氢方式，利用热电联供系统和厂区试验为园区办公、生产等供能供热；选址氢能社区，通过纯氢管道、天然气管道掺氢等方式，利用社区楼宇用热电联供系统和专用灶具为家庭生活供能供热，打造氢能利用进家入户的示范应用场景。

6.3 "绿色冬奥"应用示范

6.3.1 发展背景

2015 年 7 月 31 日，北京正式获得 2022 年冬奥会主办权。早在申办时，北京冬奥组委就承诺北京冬奥会所产生的碳排放将全部实现中和。筹办期间，冬奥组委通过低碳场馆、低碳能源、低碳交通、低碳办公等措施最大限度减少碳排放，同时采取林业碳汇、企业捐赠等方式实现碳补偿。

6.3.2 重点内容

《北京 2022 年冬奥会和冬残奥会低碳管理工作方案》指出，将采取碳减排和碳中和措施实现北京冬奥会低碳目标。在低碳能源方面，建设低碳能源示范项目，建立适用于北京冬奥会的跨区域绿电交易机制，综合实现 100% 可再生能源满足场馆常规电力消费需求。在低碳场馆方面，建设总建筑面积不少于 3000 平方米的超低能耗等低碳示范工程，新建永久场馆全部满足绿色建筑等级要求。在低碳交通方面，赛事举办期间的赛区内交通服务基本实现清洁能源车辆（不含专用车辆）保障。在低碳标准方面，推动林业固碳工程，建立北京冬奥会低碳管理核算标准，创造冬奥遗产。

2022 年 1 月，《北京冬奥会低碳管理报告（赛前）》发布。在落实清洁能源车辆服务方案中提到，北京冬奥会赛时以"北京赛区内，主要使用纯电动、天然气车辆；延庆和张家口赛区内，主要使用氢燃料车辆"为配置原则，综合考虑三赛区、长距离、低气温、山区路、雪天地面湿滑等车辆使用环境，以安全为前提，最大限度应用节能与清洁能源车辆，减少碳排放量。赛时将使用赛事交通服务用车 4090 辆，其中氢燃料车 816 辆、纯电动车 370 辆、天然气车 478 辆、混合动力车 1807 辆、传统能源车 619 辆。节能与清洁能源车辆在小客车中占比 100%，在全部车辆中占比 84.9%。

6.3.3 项目进展

6.3.3.1 制氢

据中国氢能联盟研究院统计，北京冬奥期间共有 11 座制氢厂投入氢能保供（表 6.3）。其中，"中国石化燕山石化北京冬奥会氢气新能源保供项目"获得国内首个符合《低碳氢、清洁氢与可再生氢的标准与评价》标准的"清洁氢"认证。

表 6.3 北京冬奥会制氢厂服务保障

省（市）	市（区）	项目名称	类别	规模（标方/时）
北京市	房山区	中国石化燕山石化北京冬奥会氢气新能源保供项目	副产氢	2000
河北省	任丘市	中国石油华北石化燃料电池氢撬装项目	副产氢	500
天津市	滨海新区	中国石化天津石化炼油部加氢母站	副产氢	933（折算）
河北省	张家口市	国华（赤城）风氢储多能互补制氢项目	可再生氢	2000
北京市	延庆区	中国电力氢能产业园冬奥会配套制氢项目	可再生氢	200
河北省	张家口市	海珀尔制氢项目	可再生氢	1500
河北省	张家口市	河北建投沽源制氢项目	可再生氢	800
河北省	张家口市	河北建投崇礼大规模风光储互补制氢项目	可再生氢	400
河北省	张家口市	绿色氢能一体化示范基地项目（一期）	可再生氢	4000
北京市	房山区	北京环宇京辉京城气体科技有限公司冬奥会气体保供项目	化石能源制氢	800
北京市	房山区	北京环宇京辉京城气体科技有限公司冬奥会气体保供项目	电解水制氢	500

6.3.3.2 储运

石家庄安瑞科气体机械有限公司生产并交付 36 台氢气管束式集装箱，为北京冬奥赛场主火炬、接力火炬和场馆用氢能源公交车提供保障，同时为本次冬奥会加氢站提供 13 台 50 兆帕储氢瓶组。环宇京辉启用 300 台长管拖车，为氢能燃料电池大巴车示范运行提供氢气保障服务。

6.3.3.3 应用

火炬：冬奥会接力火炬"飞扬"由中国航天科技集团第六研究院北京 11 所、101 所单位参与设计、测试，其外壳用碳纤维研发由中国石化上海石化组织开展，氢气由中国石油提供。中国石油与中国石化供应的氢气点燃了北京冬奥赛场的主火炬。

燃料电池汽车：搭载潍柴控股 162 千瓦氢燃料电池的中国首台具有完整知识产权的雪蜡车——山东重工集团有限公司"黄河 X7"向国家体育总局交付；5 辆搭载一汽自主研发的 50 千瓦燃料电池系统的"红旗 H5"冬奥服务用车完成整备工作并交车；727 辆搭载亿华通燃料电池系统的燃料电池客车在冬奥会投入运营；北京天海氢能装备有限公司成功交付 140 套冬奥会车用 70 兆帕储氢系统；日本丰田交付 2200 辆新能源汽车，包括 140 辆氢燃料电池乘用车 MIRAI、107 辆氢燃料电池福祉车 COASTER；100 辆搭载国电投氢能公司"氢腾"燃料电池品牌的宇通氢燃料电池客车陆续交付；3 架搭载"氢腾"空冷燃料电池系统的中国商飞无人机提供冬奥期间电力系统巡检和运力保障。

加氢站：作为配套基础设施，北京与张家口市冬奥期间合计建成投运加氢站 19 座（表 6.4）。其中，由国家能源集团国华投资（氢能公司）建设的万全油氢电综合能源站采用了自主研发的 35 兆帕智能快速加氢机，在站内部署投用自主研发的国内首个满足国标要求并取得整体防爆认证的 70 兆帕一体式移动加氢站，整站建设融合模块化和装配式理念，大幅提高建设效率，实现整站建设时效提升 50%。

表 6.4　北京冬奥会加氢站服务保障

省（市）	市（区）	加氢站名称	建成时间	供氢能力（千克/日）	压力（兆帕）
北京市	海淀区	永丰加氢站	2006 年	1000	35
河北省	张家口市	海珀尔创坝加氢站	2018 年	1500	35
北京市	房山区	环宇京辉加氢站	2019 年	500	35
北京市	延庆区	延庆园加氢站	2020 年	1000	35/70
北京市	房山区	窦店加氢站	2020 年	500	35
北京市	大兴区	大兴氢能示范区加氢示范站	2020 年	3600	35
河北省	张家口市	东望山加氢站	2020 年	2000	35
河北省	张家口市	纬三路加氢站	2020 年	1000	35
北京市	昌平区	中国石油福田加氢站	2021 年	500	35/70
北京市	延庆区	中国石油金龙油氢合建站	2021 年	1500	35/70
北京市	延庆区	中国石化燕化兴隆加油加氢站	2021 年	1000	35
北京市	延庆区	中国石化庆园街加氢站	2021 年	1500	35/70

续表

省（市）	市（区）	加氢站名称	建成时间	供氢能力（千克/日）	压力（兆帕）
北京市	延庆区	中国石化王泉营加氢站	2021年	1500	70
北京市	房山区	中国石化燕山石化氢能叉车加氢站	2021年	500	35
河北省	张家口市	中国石油崇礼北加油加氢站	2021年	1000	35
河北省	张家口市	中国石化崇礼西湾子加氢站	2021年	1500	35/70
河北省	张家口市	中国石油崇礼太子城服务区加氢站	2021年	1200	35/70
河北省	张家口市	创坝华通加氢站	2021年	1000	35
河北省	张家口市	国家能源集团万全油氢电综合服务站	2022年	1200	35/70

6.4 本章小结

目前，全球氢能产业仍处于产业化早期，尚无成熟的商业模式。我国氢能也处于规模化导入期，急需社会各界联手打造有规模、有效益的产业。尽管全国各地陆续发布300份氢能相关规划和政策，但尚未形成统一有序的管理机制，关键技术和标准体系支撑较为薄弱，民众对氢能的认知尚不全面，这些都不利于我国氢能产业的高质量发展。通过应用示范工程，不仅可以提升民众对氢能的认可度，还可以通过其在交通、工业、储能等重点应用领域的大规模市场渗透，助力我国能源绿色转型，从而实现"双碳"目标。

参考文献

［1］国家能源局. 关于开展燃料电池汽车示范应用的通知［EB/OL］.（2020-9-21）［2023-4-1］. http://www.nea.gov.cn/2020-09/21/c_139384465.htm.

［2］氢界. 氢能产业大数据［EB/OL］.（2023-4-1）［2023-4-1］. https://www.chinah2data.com/.

［3］中国电池工业协会. 中国电池工业协会氢能与燃料电池分会成立大会［EB/OL］.（2023-4-1）［2023-4-1］. http://www.cbea.com/2021rldc/.

［4］北京市经济和信息化局. 北京市经济和信息化局关于开展2021—2022年度北京市燃料电池汽车示范应用项目申报的通知［EB/OL］.（2022-4-8）［2023-4-1］. http://jxj.beijing.gov.cn/jxdt/tzgg/202204/t20220408_2669896.html.

［5］北京市经济和信息化局. 2021—2022 年度北京市燃料电池汽车示范应用项目拟承担"示范应用联合体"牵头企业公示［EB/OL］. （2022-4-8）［2023-4-1］. http://jxj.beijing.gov. cn/jxdt/tzgg/202205/t20220506_2702208.html.

［6］上海市经济和信息化委员会. 关于开展 2021 年度上海市燃料电池汽车示范应用项目申报工作的通知［EB/OL］. （2021-12-8）［2023-4-1］. http://www.sheitc.sh.gov.cn/cyfz/20211208/ b78c3f9e2e6c4187b0294215b91823b7.html.

［7］上海市经济和信息化委员会. 2021 年度上海市燃料电池汽车示范应用拟支持单位公示［EB/ OL］. （2022-1-13）［2023-4-1］. http://www.sheitc.sh.gov.cn/gg/20220113/2b19cb8ae7f24f669 376bf4a9e1c31f1.html.

［8］广东省发展和改革委员会. 关于印发《广东省加快建设燃料电池汽车示范城市群行动计划 （2022-2025 年）》的通知［EB/OL］. （2022-8-12）［2023-4-1］. http://drc.gd.gov.cn/ywtz/ content/mpost_3993253.html.

［9］张家口市人民政府. 张家口市人民政府办公室关于印发张家口市支持建设燃料电池汽车示范城市的若干措施的通知［EB/OL］. （2022-7-12）［2023-4-1］. https://www.zjk.gov.cn/ content/zzbh/174187.html.

［10］商用汽车总站网站. 氢能观察 | 氢能汽车示范城市群大比拼，谁是完成率"王者"？［EB/OL］. （2022-9-25）［2023-4-1］. https://baijiahao.baidu.com/s？id=1744927186247791296.

［11］国际科技创新中心. 科技部关于发布国家重点研发计划"氢能技术"重点专项 2021 年度定向项目申报指南的通知［EB/OL］. （2021-9-13）［2023-4-1］. https://www.ncsti.gov.cn/ kjdt/tzgg/202109/t20210913_41394.html.

［12］北京冬奥组委. 北京 2022 年冬奥会和冬残奥会低碳管理工作方案［R］. 北京：北京冬奥组委，2019.

［13］北京冬奥组委. 北京冬奥会低碳管理报告（赛前）［R］. 北京：北京冬奥组委，2022.

第7章 我国氢能产业发展展望

氢能产业是我国战略性新兴产业和未来重点发展方向,技术密集、潜力巨大、前景广阔。全球新一轮科技革命和产业变革发展趋势下,我国要加强氢能产业创新体系建设、加快突破氢能核心技术、加速产业升级壮大,实现产业链良性循环和创新发展。本章主要介绍我国未来氢能产业在制氢、运氢、用氢方面的重点发展任务。

7.1 制氢产业发展的重点任务

我国化石能源制氢技术相对成熟,主要以煤制氢为主。成本是氢能市场化过程中一个重要的考量指标。我国煤炭资源丰富、价格低廉,使以煤炭为代表的化石能源制氢将在一段时间内成为我国氢气的主要来源方式。在向低碳清洁能源转型的趋势下,化石能源制氢耦合碳捕集、利用与封存技术(CCUS)具有重要意义,然而目前成本仍然较高,需要技术上进一步突破和验证。

随着可再生能源发电成本的显著下降,可再生能源直接电解水制氢的经济性日益凸显。国内电解水制氢技术相比国外仍有一定差距,尤其在更高效的固体氧化物电解制氢技术方面,需要从电解性能和设备成本等方面改进提高,甚至是实现技术的率先突破。

7.1.1 煤制氢耦合 CCUS 技术研发

不考虑 CCUS 技术时,现阶段煤制氢技术具有一定的成本优势,主要原因在于我国的煤炭价格较低且煤制氢技术已十分成熟。但未来煤制氢能否继续保持其成本优势,取决于届时的煤炭价格以及各类制氢技术的发展水平。尽管从长期来看,煤制氢的占比不断缩减,但从绝对数量看,其规模仍相当可观,产生的碳排放不容忽视。因此,我国在构建以可再生能源制氢为主导的氢能供应体系的过程中，需依赖 CCUS 技术降低煤制氢所带来的碳排放，实现由"灰氢为主"到"绿氢为主"的过渡，尤其是考虑到"双碳"目标，煤制氢耦合 CCUS 制备蓝氢技术是未来发展的重点之一。

CCUS 技术实现其大规模产业化取决于技术成熟度、经济性、自然条件承载力及其与产业发展结合的可行性，一旦这些问题得到根本性改善，不仅可以实现化石能源大规模低碳利用，而且可以与可再生能源结合实现负排放，成为我国建设绿色低碳多元能源体系的关键技术。国内外 CCUS 技术都处于研发示范阶段，需要持续降低捕集能耗和成本，拓展转化利用途径并提升利用效率，突破陆上输送管道安全运行保障技术，开发经济安全的封存方式及其监测方法等。

我国拥有丰富的煤炭资源，煤制氢技术可在保障能源安全的前提下满足我国的氢能需求，将在我国氢能发展的初期和中期阶段发挥重要作用，但需降低其碳足迹。我国煤制氢与 CCUS 技术集成应用具备产业化基础，对我国能源低碳转型及低碳化制氢具有重要意义。

7.1.2　降低碱性电解制氢成本

目前电解制氢的成本仍然高于化石能源制氢，降低可再生能源电解制氢的成本除了依赖可再生能源度电成本的下降，还取决于电解水制氢技术的进步。碱性电解技术是短期内最有潜力实现低成本制取绿氢的技术。我国电解设备性能与国外存在一定差距，但不明显。提高碱性电解水技术的电流密度是降低绿氢成本的重要途径，当电流密度从 0.4 安 / 平方厘米提高到 0.8 安 / 平方厘米时，在相当的电解槽成本下产氢量提高一倍，可显著降低氢气成本。国际可再生能源机构在 2020 年度报告中提出，未来碱性电解水的电流密度目标为 ≥ 2 安 / 平方厘米，不仅可显著降低氢气成本，而且电解设备将实现紧凑小型化。从氢能全产业链考虑，绿氢的需求端通常要求较高的压力，因此发展中压碱性电解水技术、节省压缩能耗以及压缩机成本也是重要方向。报告还提出，未来碱性电解水技术的压力目标为 ≥ 7 兆帕，因此中压碱性电解水技术不论是用于加氢站现场制氢、管网注氢还是用于化工带压氢气，都具备显著的节能优势。

7.1.3　重点攻关质子交换膜和固体氧化物电解水技术

质子交换膜电解水技术采用质子交换膜，使用贵金属铂和铱分别作为析氢和析氧催化剂，具有电流密度高、氢气纯度高、耐高压和体积小、重量轻的优点。在场地有限制、压力有要求的应用场景具有明显优势，如加氢站现场制氢、管网注氢和分布式加氢桩等。

质子交换膜电解制氢技术应用的主要障碍在于成本过高。当质子交换膜成本降低至 3000~4000 元 / 度时，用于电解制氢才具有竞争力。降低成本主要包括降低关键材料、关键部件、系统控制等方面成本。材料方面主要包括阴极催化剂、阳极催化剂、质子交换膜、集电器、双极板等。从降低阴、阳极催化剂成本来看，现阶段主要是降低贵金属用量或者开发非贵金属材料。短期内，开发低铱含量的阳极催化剂和超低铂含量的阴极催化剂具有可行性。长期来看，开发非贵金属催化剂，解决其活性稳定性问题是研究重点。除此之外，提高电流密度、提高膜电极的稳定性均可以降低成本。通过提升电流密度、提升电解槽的产氢能力，在催化剂用量不变的情况下，当电流密度提升 1 倍时，单位产氢成本可以降低 50%。同时，可以通过发展大面积膜电极提升单槽氢气产量，进行兆瓦级质子交换膜电解槽技术的开发，以及通过改进上、下游配套衔接技术，提升制氢系统的整体经济性。

固体氧化物电解水技术不同于碱性电解和质子交换膜技术，是一种高温电解水技术，其运行温度在 600~850 摄氏度，具有比碱性电解和质子交换膜更高的电效率，有很好的发展前景，特别适用于高温热源场景。但与碱性电解和质子交换膜电解相比，固体氧化物目前的技术成熟度较低，成本仍然过高且寿命不足，处于研究示范阶段。提高高温条件下各部件材料的耐久性、系统集成优化设计和优化热管理是短期内需要集中突破的方向，中长期任务是提升电解的能量效率。在材料层面，需要系统研究固体氧化物电极表面化学和缺陷化学行为，开发新型结构和组成的电极材料，优化和增强电极 / 电解质界面，实现大电流密度下固体氧化物的长期稳定运行。

开发适合低温应用的质子导体电解池也是当前的研究热点。在电堆层面，需要进一步开发新构型和自动化组堆工艺，提升电堆一致性、可靠性和耐久性，提高快速响应性能及动态工况下的鲁棒性；在系统层面，需要开发适用于固体氧化物系统的耐高温、兼容性好的低成本工程材料，优化系统热管理，提升系统物料和能量控制效率，开发固体氧化物系统与上游不同能量（电、热、气等）的新型耦合方式以及与下游高附加值化学品制备工艺的衔接，实现能量和资源的最优利用，并同步提升环境生态效益，共同促进氢能产业的发展；在场景方面，重点关注固体氧化物与核能应用以及热能充足的场景，与传统化工结合，联产高附加值产品，降低碳排放，实现能源的清洁高效利用。总之，目前固体氧化物电解制氢技术的发展处于迈向实用化的关键阶段，进一步的快速商业化需要多学科、多领域的协同创新和突破。

7.2 运氢产业发展的重点任务

7.2.1 加快高压气氢储运技术和装备研发

高压气氢储运技术通过连接减压阀即可方便、快捷释放所需氢气，是目前发展最成熟、使用最普遍的氢能储运方式，具有运营成本低、技术成熟、承压容器结构简单、能耗小、氢气充放响应速度快等优点。

提高存储压力等级，增加氢气存储密度，适当提升每次运氢的质量是当前有效降低储运成本的方式之一。在高压氢气路运方面，逐步开发 50 兆帕、70 兆帕大容量管束瓶，由现有的 I 型瓶和 II 型瓶逐步过渡至 III 型瓶和 IV 型瓶，提高储氢密度。在车载高压储氢方面，突破 70 兆帕以上 IV 型瓶设计制造和瓶口组合阀关键技术，开展高性能碳纤维材料、碳纤维缠绕技术及成套设备攻关，优化 35 兆帕瓶口组合阀工艺。在固定式储氢装备方面，持续优化 50 兆帕以上超大容积固定式储氢容器材料工艺，破解存储空间和成本障碍。在安全性测试方面，提高 70 兆帕储氢容器及配套装备验证和性能综合评价的核心能力。此外，结合天然气掺氢输运是氢能规模化应用的必要手段之一。

7.2.2 加速大规模氢气液化与液氢储运关键技术研发

相对于高压气氢储运，低温液氢储运具有储氢能量密度高、运输效率高、适用于远距离大规模输送、存储体积小、可作为优质高能液态燃料直接应用等优势，是非常理想的氢能储运技术和未来发展方向。在尚未具备大规模管道输氢阶段，将氢气液化以提高储运密度是解决大规模氢储运的最直接有效的方法。

在液氢制备方面，重点开展大规模、低能耗氢液化冷箱研制，高效率、大流量氢透平膨胀机研制，高活性、高强度正仲氢催化剂研制。在液氢运输方面，重点开展低漏热、高储重比移动式液氢容器研制。在液氢储运方面，优化大型固定式球形液氢储罐和运输用深冷储罐工艺，开展车载深冷 + 常压储氢技术研究，落实深冷 + 高压超临界储氢技术布局，开展适用于固定式储罐和车载储氢瓶的常压 – 大流量和高压 – 低流量液氢加注泵方案设计和技术工艺。依托大规模氢 – 液化与液氢储运关键技术与示范项目，提高氢液化技术和装备水平。

7.2.3 布局天然气掺氢及综合利用关键技术

纯氢管道输送、天然气管道掺氢输送能够实现氢能的远距离、大规模、低能耗运输。目前，我国纯氢管道规划与建设刚刚起步，需要较长的周期才能形成大规模输氢管网。相比之下，我国天然气管网已基本建成，为发展天然气掺氢输送提供了坚实的基础条件。以掺氢天然气的形式开展氢能储运与利用，将是快速突破氢能产业规模化发展瓶颈的主要方式。

针对长距离、大规模氢气输运与多元化氢气终端脱碳应用需求，需要开展天然气管道掺氢输送关键技术研究及氢能综合应用示范项目，推动交通、建筑、工业与发电全域型应用领域的脱碳以及传统能源基础设施的再利用。重点开展天然气管道及装备材料掺氢输送适用性评价技术及安全边界研究、混合气的氢气分离技术开发研究、管道内检测技术研究、管道输送示范项目方案设计及建设研究、输送终端设备（燃气灶、热水器、锅炉等）适应性测试研究、氢气分离与纯化工艺与设备开发研究、纯氢管道输送试验管线示范等。

7.2.4　建立大容量、低能耗加氢站技术与装备体系

加氢站是氢能供应和氢能应用的连接节点，加氢基础设施的建设是氢能在交通领域广泛应用的重要支撑。未来 10 年，我国应着力对 70 兆帕高压气氢加氢站与液氢加氢站技术进行攻关，同时突破液氢加氢站在材料、结构、绝热、密封等多方面的技术难题，实现液氢加氢站的产业化和大规模应用。力争 2030 年整站加注能力提升至 5000 千克 / 天，70 兆帕加氢站整站能耗降至 3.5 度 / 千克，液氢加氢站能耗降至 1 度 / 千克，加氢机、压缩机与液氢泵等关键技术装备实现 100% 国产化。在基础体系方面，形成 35/70 兆帕加氢机、压缩机性能评价与检测认证体系，包括可靠性、计量、能耗、加注速率、寿命等重要性能指标。建立加氢站安全监控与评价体系。针对国内储运环节成本较高问题，开展制氢、加氢一体站关键技术研究及示范项目，突破一体站内高集约化制氢纯化一体化技术，开发高性能国产加氢机、压缩机、工艺控制系统，为加氢站运营企业降低设备成本。

7.3　用氢产业发展的重点任务

7.3.1　交通领域

燃料电池车是目前我国氢能的主要应用领域之一，其中商用车是最符合我国国情的氢燃料电池商业发展模式。商用车应用场景比较集中、行驶路径单一，具备低温运行、大功率动力做功的特性，符合氢能应用的要求。除了常见的公交车、物流车外，商用车领域还有重卡、叉车等工程用车。通过公交车和重卡的规模化应用，带动整个产业链发展，促进燃料电池车成本下降。

国内物流园区及港口发达，对重卡、叉车需求较大，随着碳排放要求越来越严格，建立港口、物流园区的柴改氢示范区、布局加氢站势在必行。各地区可依托周

边的风光资源和物流园区 / 港口等的布局进行项目开发，如在华北地区可依托张家口市丰富的可再生能源项目制氢；在环渤海物流园区 / 港口、天津港保税区建设氢燃料重卡、氢燃料叉车、加氢站于一体的柴改氢一体化发展模式示范区。

全球 90% 以上的货运船舶采用柴油机作为动力来源。随着全球层面通过应对气候变化的《巴黎协定》，国际航运业的温室气体排放问题面临的压力与日俱增，近年来国际航运组织在温室气体减排上不断加大立法力度，船舶绿色技术革命势在必行。氢燃料电池系统可用于游艇、公务船、渔船、货轮等多种船舶，但相关技术仍有待突破。由于锂电或质子交换膜氢燃料电池等新技术的体积功率密度难以达到船舶长航时的要求，提高发电系统体积功率密度是推广质子交换膜燃料电池船舶应用的主要方向。此外，固体氧化物燃料电池可以使用高体积能量密度燃料（如氨和甲醇等），并且发电效率更高，因此国家需要在船舶领域对固体氧化物燃料电池技术进行引导，实现固体氧化物燃料电池在船舶上应用，包括主动力源（液氢、液氨）和替代船舶柴油发电机。实现船用燃料电池推进装置自主化和工程化，加快推进船舶工业转型升级，以适应高性能绿色船舶在内河、近海、远洋船舶领域的市场需求。

7.3.2　电力领域

氢燃料电池分布式发电系统的建设需要因地制宜，寻找合适的发电场景和区域。国内发达的电网及廉价的电价使大型分布式燃料电池的发展较为困难，也缺乏相关的政策激励，同时，现阶段国内燃料电池技术水平与国外差距巨大。随着可再生能源的发展以及燃料电池成本的下降，固定发电结合氢储能可能是国内未来发展的一个方向。

在大型集中式发电方面，以固体氧化物燃料电池为基础的整体煤气化燃料电池发电系统（IGFC）是主要发展方向。固体氧化物燃料电池发电效率高，模块化设计，安装方便，不同功率下均具有高发电效率，便于提高电网运行灵活性和安全性，尤其是对燃料杂质的耐受性较好，燃料广泛，可以选择粗氢、煤气化气、天然气、氨气、甲烷等。基于固体氧化物燃料电池的 IGFC 是煤电新技术的重要发展方向，同时，发展高效灵活的 IGFC 也是未来可再生能源调峰的重要手段。经过 20 多年的基础研究积累，IGFC 技术正在走向示范应用。但该技术能否成为主导未来发电技术的主流，关键在于成本控制和固体氧化物燃料电池技术的成熟度。因此，未来需要重点实现关键材料的低成本规模化生产，突破电池及电堆批量化自动化生产技术，提高电堆一致性和可靠性，降低电池及电堆生产成本；开发自热平衡的固体氧化物燃料电池多堆模块集成技术，进一步提高模块的发电效率、适用性和长期稳定性；优化和集成固体氧化物燃料电池多堆模块、尾气催化燃烧、高温换热、逆变并网和自动控制等关键技术，掌握 IGFC 集成关键技术，占领 IGFC 技术高地，同时形成以核心 SOFC 为基础的大规模、长周期调峰储能技术，实现传统能源与新能源的协同发展，形成新的能源结构模式，推动能源技术革命。

燃料电池作为通信基站的备用电源，将是一种具有竞争力的应用方式。在通信基站备用电源领域，备用电源要求能够提供快速可靠的响应能力，与车用燃料电池的特性基本一致，所以备用电源采用的主要为质子交换膜燃料电池。氢燃料电池备用电源与铅酸电池和锂离子电池相比，初始投资高，但是运维成本低，全周期的年均费用具有一定竞争力。随着 5G 技术的发展，通信基站对备用电源的备电能力要求大幅增加，以往的铅酸电池备用电源将被替换和淘汰，燃料电池备用电源正在全球范围内被采用，在偏远地区或在恶劣天气导致电网瘫痪的情况下可保持系统运行。

7.3.3　工业领域

目前全球约 55% 的氢需求用于氨合成，25% 用于炼油厂加氢生产，10% 用于甲醇生产，10% 用于其他行业。随着我国科技、工业水平的不断发展，在各类用氢的化工领域，如炼油、合成氨、甲醇生产以及炼钢行业，绿氢将逐步取代灰氢。

开发新的活性组分体系、新的载体以及新型纳米催化剂，提高加氢催化剂的活性与选择性，降低工艺工程中的氢耗和成本，是石油化工加氢领域研究的重点。

目前，合成氨产业在尝试开发新的制备工艺，如固氮酶合成氨、光催化合成氨、电催化合成氨、循环工艺法合成氨以及超临界合成氨等。未来合成氨产业将使用可再生资源生产的氢气，显著改善现有工艺并降低温室气体排放量。

甲醇是重要的化工原料，市场需求量大。目前工业上二氧化碳加氢制甲醇技术正在从工业示范走向大规模商业化应用。采用氢气合成甲醇、甲烷或碳氢化合物，可以有效存储和输运可再生能源制备得到的氢气，破解氢能产业制、储、运过程中的安全性和成本难题，有助于更加便利地利用清洁能源，为绿色能源转型提供解决方案。

钢铁冶金是我国第二大碳排放源，在"双碳"目标背景下，发展氢能炼钢尤其是绿氢炼钢已成该领域研发重点。利用氢能进行钢铁冶金是钢铁行业实现深度脱碳目标的必行之路。目前国内部分钢铁企业发布了氢冶金规划或建设示范工程，但大多处于工业性试验阶段，基础设施不完善、相关标准空白、成本较高等问题依然存在。

7.3.4　建筑领域

世界各国正积极拓展小型家用燃料电池热电联供系统在普通居民、传统建筑领域的商业应用，我国"氢进万家"工程也在积极推动国内氢能产业在建筑领域的发展。氢能在建筑领域的应用主要分为整体式和分散式。整体式是为建筑群或商业集群配套一个制氢工厂；分散式的建筑氢气来源为管道氢或天然气掺氢管道，因此需要开展社区天然气管道改造，推动氢能在居民生活的综合供能应用，满足日常取暖、烹饪等生活需求。为确保用氢安全性，需要结合我国实际情况进行管道材料、掺氢天然气相容性的试验研究，为管道安全输送氢气提供数据支持。

氢能在建筑领域的用能形式主要是燃料电池热电联供系统，为小型建筑同时供热和供电，避免电力长距离输送的能量损失。当所需电力大于微型热电联供系统供电能力时，用户可向电力公司购买，系统发电时产生的余热可为用户提供热水及采暖。

目前，氢能与建筑相结合的相关规范尚为空白，如何保障用氢安全是业内人士关注的重点。此外，小型燃料电池热电联供系统的成本和耐久性也是亟待解决的问题。

7.3.5　储能领域

氢储能具有跨季节、跨区域和大规模存储的优势，具备一定的快速响应能力，在新型电力系统的源、网、荷各个环节均有很强的应用价值。氢储能技术作为一种新兴的储能方式，对我国智能电网构建以及规模化可再生能源发电意义重大。

与抽水蓄能、电化学储能等储能方式相比，氢储能还处于起步阶段，技术尚不成熟。电－氢－电的氢储能过程存在两次能量转换，整体效率较低。基于固体氧化物燃料电池技术的可逆式燃料电池可以将燃料电池和电解池集成于一体，从而降低投资成本。但国内可逆式燃料电池技术与国际先进水平有一定差距，主要体现在技术成熟度、示范规模、使用寿命和经济性方面，未来可以作为发展方向之一。

推动氢储能技术的发展，关键是要实现电力到氢能的高效率转化，降低规模化储氢成本，提高氢能综合利用效率，突破风能、太阳能、水能等可再生能源波动性制氢以及电管网络互通和协调控制等关键技术，建立高效率、低成本、规模化的氢储能系统。

此外，需要促进氢储能技术研发企业与储能需求方的沟通协调、利益共享、风险共担机制，针对电网企业、可再生能源发电企业、大型电力用户的不同储能需求制定差异化的灵活储能方案，政府部门可牵头成立协调小组，尽力解决氢储能产业发展过程中的体制机制问题。

7.4 本章小结

氢能发展前景广阔，国家应明确氢能发展的顶层设计，健全氢能政策、法规、标准体系和金融环境。健全完善氢能基础研发体系，从市场需求出发，采取龙头企业主导的方式，联合产业链上下游企业、科研院所，建设涵盖全产业链的协同创新平台，聚焦氢能领域关键核心技术，进行设备、材料、零部件等共性技术开发。因地制宜选择氢能产业发展路线，积极探索氢能发展的有效商业模式。

参考文献

［1］凌文，李全生，张凯. 我国氢能产业发展战略研究［J］. 中国工程科学，2022，24（3）：80-88.

［2］米万良，荣峻峰. 质子交换膜（PEM）水电解制氢技术进展及应用前景［J］. 石油炼制与化工，2021，52（10）：78-87.

［3］张文强，于波. 高温固体氧化物电解制氢技术发展现状与展望［J］. 电化学，2020，26（2）：212-229.

［4］仲冰，张学秀，张博，等. 我国天然气掺氢产业发展研究［J］. 中国工程科学，2022，24（3）：100-107.

［5］熊亚林，许壮，王雪颖，等. 我国加氢基础设施关键技术及发展趋势分析［J］. 储能科学与技术，2022，11（10）：3391-3400.

［6］王琦，杨志宾，李初福，等. 整体煤气化燃料电池联合发电（IGFC）技术研究进展［J］. 洁净煤技术，2022，28（1）：77-83.

［7］许传博，刘建国. 氢储能在我国新型电力系统中的应用价值、挑战及展望［J］. 中国工程科学，2022，24（3）：89-99.

［8］胡亮，杨志宾，熊星宇，等. 我国固体氧化物燃料电池产业发展战略研究［J］. 中国工程科学，2022，24（3）：118-126.

［9］邹才能，李建明，张茜，等. 氢能工业现状、技术进展、挑战及前景［J］. 天然气工业，2022，42（4）：1-20.

储 能 篇

第8章 储能概述

本章介绍储能的概念与技术分类，重点分析了储能技术在发电侧、输电侧、配电侧以及用户侧等电力系统典型应用场景下的作用和应用价值，回顾了储能技术的发展历程，并对储能技术的发展前景进行展望。

8.1 储能的概念

储能是通过某种介质或者设备，将一种形式的能量以相同或转换成另一种形式储存起来，需要用能时再以特定形式释放出来的循环过程。储能系统包括能量、物质的输入和输出设备、能量转换及存储设备等，其性能评价指标主要有存储容量、能量转换效率、能量密度、功率密度、自放电率、放电时间、循环寿命等。

存储容量：储能系统充满电后所具有的有效能量，受放电深度和自放电率等因素影响，实际使用能量通常比存储容量要小。

能量转换效率：储能系统释放的能量与存储能量的比值，即储能效率。

能量密度：单位质量（体积）储能系统所具有的有效储存能量，又称比能量，包括质量能量密度（质量比能量）与体积能量密度（体积比能量）。

功率密度：单位质量（体积）储能系统所能输出的最大功率，又称比功率，包括质量功率密度（质量比功率）与体积功率密度（体积比功率）。

自放电率：储能系统闲置不用时，存储的能量会耗散，常用自放电率（单位为 %/ 日或 %/ 月）来反映储能系统所存储的能量在一定条件下的保持能力。

放电时间：储能系统最大功率运行时的持续放电时间，取决于储存容量和最大功率等。

循环寿命：储能系统经历一次储能和释能，称为一次循环或一个周期。在一定放电条件下，储能系统工作至某一容量规定值之前，系统所能承受的循环次数或年限，称为循环寿命。

此外，储能系统还有充放电频率、响应时间、兼容性、环境影响、成熟度、成本、安全性和可靠性等评价指标。

8.2 储能的技术分类

储能主要包括电储能、热（冷）储能、储氢等，储氢技术在氢能篇中有详细阐述，本节不再展开介绍。

8.2.1 电储能

根据能量转换形式与技术原理的不同，电储能可分为物理储能、电化学储能和电磁储能（图 8.1），除传统的抽水蓄能，其他均为新型储能技术。如表 8.1 所示，不同储能技术具有不同的技术特征。

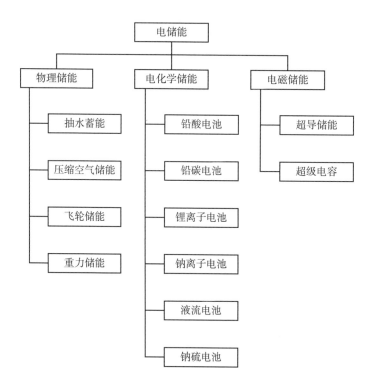

图 8.1 电储能技术分类

表 8.1　电储能技术参数

技术类别	响应时间	质量能量密度 （瓦·时/千克）	体积能量密度 （瓦·时/升）	功率密度（瓦/升）	能效（%）
抽水蓄能	分	0.2~2	0.2~2	0.1~0.2	70~80
压缩空气储能	分	—	2~6	0.2~0.6	41~75
飞轮储能	＜秒	5~30	20~80	5000	80~90
铅酸电池	＜秒	30~45	50~80	90~700	75~90
锂离子电池	＜秒	120~300	240~600	1000~3000	85~95
钠离子电池	＜秒	100~200	200~400	1000~4000	85~95
钠硫电池	＜秒	100~250	150~300	120~160	70~85
液流电池	＜秒	15~50	20~70	0.5~2	60~75
混合液流电池	＜秒	75~85	65	1~25	65~75
超级电容	＜秒	1~15	10~20	40000~120000	85~98
超导储能	＜秒	—	6	2600	75~80

8.2.1.1　物理储能

物理储能利用物理量的变化实现能量的储存与释放，如抽水储能、压缩空气储能、飞轮储能和重力储能等。

抽水蓄能根据有无天然径流，可分为纯抽水蓄能、混合式抽水蓄能和调水式抽水蓄能；根据机组型式，可分为分置式（四机式）、串联式（三机式）、可逆式（两机式）抽水蓄能；根据使用水头，可分为低水头、中水头、高水头抽水蓄能；根据调节规律，可分为日调节、周调节、季调节、年调节抽水蓄能。

压缩空气储能根据热源不同，可分为燃烧燃料压缩空气储能、储热压缩空气储能和无热源压缩空气储能；根据技术原理和工质状态，可分为绝热、蓄热、液态、等温、超临界、水下压缩空气储能；根据是否同其他热力循环系统耦合，可分为压缩空气储能、压缩空气储能 – 燃气轮机耦合、压缩空气储能 – 燃气蒸汽联合循环耦合、压缩空气储能 – 内燃机耦合、压缩空气储能 – 制冷循环耦合、压缩空气储能 – 可再生能源耦合。

飞轮储能根据功率和储能量大小，可分为功率型飞轮储能和能量型飞轮储能；根据飞轮材质，可分为金属飞轮储能和复合材料飞轮储能；根据轴承类型，可分为全磁悬浮支撑飞轮储能和混合支撑飞轮储能。

8.2.1.2　电化学储能

电化学储能利用化学反应转化电能，如铅酸电池、铅碳电池、锂离子电池、钠离子电池、液流电池、钠硫电池和锂硫电池等。锂离子电池根据外观，可分为圆柱形锂电池和方形锂电池；根据材料体系，可分为钴酸锂电池、锰酸锂电池、磷酸铁锂电池和三元锂电池；根据电解质状态，可分为固态电池和液态电池。液流电池主要包括全钒液流电池、铁铬液流电池和锌基液流电池等。铅酸电池主要包括富液型铅酸电池、阀控式密封铅酸电池和铅碳电池等。

8.2.1.3　电磁储能

电磁储能包括超导储能和超级电容器储能。储能用超导磁体可分为螺管形和环形。超级电容器根据原理不同，可分为双电层超级电容、法拉第赝电容和混合电容。

8.2.2　热（冷）储能

根据材料作用机理，热（冷）储能技术可分为物理储热（冷）和化学储热（冷）（图8.2）。

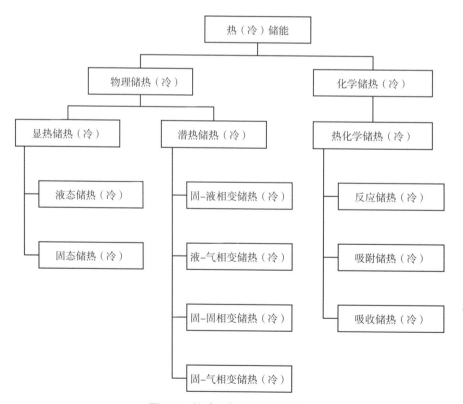

图8.2　热（冷）储能技术分类

8.2.2.1 显热储热（冷）

根据材料的相态，显热储热（冷）包括液态储热（冷）和固态储热（冷）。常见的液态储热（冷）材料包括水、导热油、熔盐和液态金属等，其中水可以应用于蓄冷和蓄热，其他材料只能用于蓄热。应用较广泛的固态储热（冷）材料有冰、岩石、混凝土、陶瓷和耐火砖等，其中冰只能应用于蓄冷，其他材料既可以用于蓄冷，也可以用于蓄热。

8.2.2.2 潜热储热（冷）

潜热储热（冷）包括固 – 液、液 – 气、固 – 固、固 – 气相变储热（冷）。潜热储热（冷）材料可分为有机材料、无机材料和共晶材料。其中，有机材料主要有石蜡类、脂肪酸类及糖醇类，无机材料主要有水合盐、无机盐和金属，共晶材料主要有无机 – 无机、无机 – 有机、有机 – 有机共晶材料。

8.2.2.3 热化学储热（冷）

热化学储热（冷）可分为反应储热（冷）、吸附储热（冷）和吸收储热（冷）。中低温热化学储热（冷）主要利用水蒸气、氨气作为吸收 / 吸附剂，可分为吸收、吸附、化学反应和复合反应四类。高温热化学储能（冷）体系可分为金属氢化物体系、有机物体系、氧化还原体系、氢氧化物体系、氨体系和碳酸盐体系。

8.3 储能的应用分类

从整个电力系统看，储能的应用场景可以分为发电侧储能、输配电侧（电网侧）储能和用户侧储能三大场景，这三大场景又都可以从电网的角度分成能量型需求和功率型需求。

8.3.1 储能在发电侧的应用

提高电源灵活性：在发电侧，大规模储能作为独立电站运行已有较长的历史，主要类型是抽水蓄能电站和压缩空气储能电站。抽水蓄能电站的容量大、响应速度快，主要作用包括削峰填谷、参与电网调频 / 调压、提供备用和作为黑启动电源，是目前电力系统中最可靠、最经济、寿命长、容量大、技术最成熟的储能类型。压缩空气储能系统是另一种能够实现大容量和长时间电能存储的储能系统。

配合可再生能源发电：随着可再生能源发电装机容量的迅猛增长，风电、太阳能发电出力的随机性和波动性给电力系统运行带来了新的挑战。同时，由于可再生能源出力的预测误差相对较大，可再生能源发电场站的经济效益在含高比例可再生能源接入的电力系统中将会受到明显影响。电池、超级电容、飞轮、新型压缩空气等储能系统具有快速调节的性能，可以安装在可再生能源发电场站侧，起到平滑出力、提高发电可控性的作用，增强可再生能源的市场竞争力。

8.3.2 储能在输电侧的应用

提升电网输送能力：负荷的增长和电源（特别是大容量可再生能源发电）的接入都需要新增输变电设备，以提高输电能力。然而，受用地、环境等制约，输电走廊日趋紧张，输变电设备的投资大、建设周期长，难以满足可再生能源发电快速发展和负荷增长的需求。储能系统可以安装在输电网中，提升电网的输送能力。

为电网运行提供辅助服务：储能系统可为输电网提供调频、调压、备用和黑启动等辅助服务。投资收益包括电价差收益、辅助收益、容量收益和延缓/减小电网投资收益，通过优化运行控制起到多重作用。

8.3.3 储能在配电侧的应用

减小配电网容量：随着负荷的增长，在配电网变压器或配电线路容量不足时，传统的方法只有变压器或线路增容。在变电站或配电网中新增储能设施，通过削峰填谷，可降低变压器或关键配电线路在负荷高峰时段的功率，从而达到替代或延缓配电网升级投资的目标。

提高配电网运行的安全性和经济性：在配电网中配置储能系统，可进行有功和无功功率的四象限控制，改变配电网中的功率流动，起到提高电压质量、降低有功网损的作用。还可以通过在低电价时段充电、高电价时段放电，实现价格套利，提高储能运行的经济性。

提高供电的可靠性：配电网故障是造成用户停电的主要原因。在配电网中配置储能系统，当配电网故障时，由储能系统单独向用户供电，可以减少停电时间甚至实现不间断供电，从而提升供电的可靠性。

提升接纳分布式电源的能力：分布式储能系统可进行模块化设计，易于安装、部署和重新组合，是提高配电网接纳分布式电源的有效手段。分布式电源和分布式储能的结合，可改变传统配电网的形态，将对能源的生产和消费革命、能源互联网的发展起到重要的助推作用。

为大电网提供辅助服务：在相关政策和市场规则允许的条件下，安装在配电网中的储能系统完全可为大电网提供频率调节和备用等辅助服务。虽然单个储能系统的容量较小，但集合多个分散的储能系统可以形成可观的调频和备用容量。

8.3.4　储能在用户侧的应用

降低成本和提高供电可靠性：工商业用户可以配置的储能设备包括化学电池、蓄冷、储热等类型，价格套利和参加需求侧响应是主要的应用类型。对于价格套利，需要有较大的电价差，通过储能实现部分电能消耗由高峰到低谷时段的转移。对于需求侧响应，储能的充放电响应电网的调峰要求，从而获取收益。配置电池储能可提升用户供电的可靠性，起到类似不间断电源的作用。

提升可再生能源发电的可控性：对于工商业用户，在其厂房、办公楼的屋顶或园区内安装可再生能源发电装置，可以减小其电网购电的成本或向电网售电。通过配置储能系统，则可平抑可再生能源发电出力的波动性、提高电能质量并实施价格套利。

8.4　储能的发展历程

储能技术的发展历程可分为技术研发、示范应用和商业化初期三个阶段，目前正逐渐向规模化应用过渡。

抽水蓄能是目前应用最广泛的储能方式，其次是电化学储能，压缩空气储能崭露头角。近年来，发达国家对电池储能技术投入较大、技术领先。日本在钠硫电池的研究与应用方面走在世界前列，氢能存储也逐渐开始商业化应用。韩国拥有目前全球最大的燃料电池发电市场。加拿大 VRB Power Systems 公司于 2001 年建成全球首个全钒液流储能电池示范系统，实现了全钒液流储能电池的商业化运营。欧洲主要以户用储能为主，这主要得益于早期的政府补贴政策。美国作为最早开始推广储能示范项目的国家，已将储能技术定位为支撑新能源发展的战略性技术，1991 年，全球第二座压缩空气储能电站在美国亚拉巴马州麦金托夫市投入运行。

我国储能产业技术发展始于 20 世纪 60 年代开展的抽水蓄能电站研究，并建立第一座混合式抽水蓄能电站——岗南水电站。21 世纪初期，陆续开展其他储能技术的研究，加快了压缩空气、全钒液流电池等储能技术的落地，推动储能技术多元化发展。当时，电化学储能成本较高，压缩空气储能技术尚不成熟，抽水蓄能是最经济的选择，占我国 99% 以上的市场份额。

2011 年起，随着新能源发电渗透率提升，我国储能产业迈入第二阶段。抽水蓄能电站受地理位置影响，难以与风电、光伏电站共同建设，而电化学储能安装灵活，成为新能源消纳的最佳技术路径。同时，开始尝试储能技术其他场景尤其是电网侧的应用。2013 年，中国科学院工程热物理研究所在河北省廊坊市建成 1.5 兆瓦压缩空气储能示范系统，揭开了长时大规模储能多元化应用的新篇章。

2021 年起，我国储能产业进入第三阶段。在"双碳"目标下，风光发电广泛应用，电化学储能将迎来在发电侧、电网侧、用电侧的全面爆发，超临界压缩空气储能、飞轮储能、钠硫电池等将逐步实现商业化应用，同时开发出性能更优的新一代储能技术。

储能行业正处在飞速发展的节点，前景十分广阔。预计 2030 年，我国将解决先进储能技术在安全性、效率、性能、规模、成本、寿命、智能监测与控制等方面的瓶颈问题。当前，我国应着力推动储能技术创新、支撑新型电力系统构筑和能源结构清洁化转型，以实现能源消费革命为目标，促进储能技术研发与产业布局，提升我国在先进储能技术方向的国际竞争力（图 8.3）。

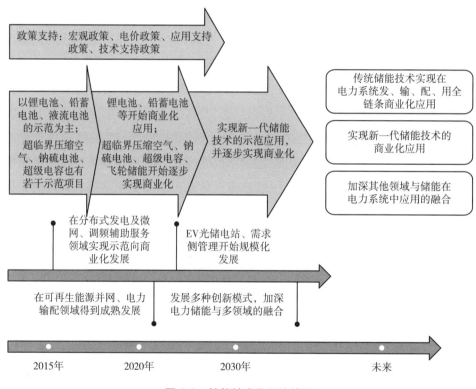

图 8.3 储能技术发展路线图

8.5 本章小结

储能技术的应用可显著提高风、光等可再生能源的消纳水平，支撑分布式电力及微电网，是推动主体能源由化石能源向可再生能源转换的关键技术。储能技术是实现常规电力系统削峰填谷，提高常规能源发电与输电效率、安全性和经济性的关键技术；也是促进能源生产消费开放共享和灵活交易，实现多能协同，构建能源互联网，推动电力体制改革的核心基础，被称为能源革命的支撑技术和战略性新兴产业。加快储能技术与产业发展，对于构建以新能源为主体的新型电力系统、服务碳达峰碳中和目标、推动能源变革具有重要的战略意义。

参考文献

［1］陈海生，凌浩恕，徐玉杰. 能源革命中的物理储能技术［J］. 中国科学院院刊，2019，34（4）：450-458.

［2］丁玉龙，来小康，陈海生. 储能技术应用［M］. 北京：化学工业出版社，2019.

［3］贺鸿杰，张宁，杜尔顺，等. 电网侧大规模电化学储能运行效率及寿命衰减建模方法综述［J］. 电力系统自动化，2020，44（12）：193-207.

［4］李建林，袁晓冬，郁正纲，等. 利用储能系统提升电网电能质量研究综述［J］. 电力系统自动化，2019，43（8）：15-25.

［5］刘畅，卓建坤，赵东明，等. 利用储能系统实现可再生能源微电网灵活安全运行的研究综述［J］. 中国电机工程学报，2020，40（1）：1-18.

［6］汤匀，岳芳，郭楷模，等. 下一代电化学储能技术国际发展态势分析［J］. 储能科学与技术，2022，11（1）：89-97.

［7］赵健，王奕凡，谢桦，等. 高渗透率可再生能源接入系统中储能应用综述［J］. 中国电力，2019，52（4）：167-177.

［8］LI B，LIU J. Progress and Directions in Low-Cost Redox-Flow Batteries for Large-Scale Energy Storage［J］. National Science Review，2017，4（1）：91-105.

［9］ZHANG C，WEI Y L，CAO P F，et al. Energy Storage System：Current Studies on Batteries and Power Condition System［J］. Renewable & Sustainable Energy Reviews，2018，82（3）：3091-3106.

第9章　储能发展的意义

随着能源清洁化转型步伐的不断加快，储能在新型能源体系构建中的作用越来越重要，其独特的"能量转移"功能是解决新能源接入间歇性和波动性问题的重要技术路径，是实现能源互联网多能互补的枢纽，是建设新型电力系统的关键技术之一，储能的发展将对能源电力转型产生深远影响。本章在展望未来电源发展趋势的基础上，阐述储能技术的战略地位和发展需求，以及储能技术在新型电力系统中的系统调节、安全稳定等方面发挥的重要作用。

9.1　储能技术的战略地位和发展需求

储能作为国家战略性新兴产业，是构建新型电力系统、实现碳达峰碳中和目标的关键支撑技术。当前，抽水蓄能在规模上占据主导地位，新型储能进入规模化发展新阶段，技术经济性不断提升，产业政策体系逐渐建立，支撑能源结构转型的作用愈发突出。

9.1.1　电力系统"双碳"路径
9.1.1.1　电力系统"双碳"路径的三个阶段

碳达峰阶段（2030 年前后）：化石能源发电仍将保持一定增长，但占比逐渐降低；以风电、光伏为主的新能源装机占比进一步提升，电力系统碳排放增速趋缓，预计 2030 年前后电力系统碳排放达峰，峰值约 44 亿吨（不计供热排放）。电力行业需要承接其他行业转移的碳排放，存量碳减排和转移碳减排的压力都很大。

深度低碳阶段（2030—2045 年）：电力碳达峰后，减排速度整体呈先慢后快的下降趋势。随着新能源、储能和新一代 CCUS 技术应用规模持续扩大，电力系统将实现深度低碳。预计 2045 年电力系统碳排放约 20 亿吨，其中 CCUS 吸收 2.9

亿吨，净排放 17.1 亿吨。

零碳阶段（2045—2060 年）：2060 年电力系统碳排放约 7.8 亿吨，考虑 CCUS 技术，电力系统将实现净零排放。非化石能源和碳捕集对电力减排贡献度持续加大，其中新能源、水电、核电装机及发电量占比进一步加大。2060 年风光装机占比 64%，发电量占比 56%。

9.1.1.2 构建多元化清洁能源供应体系

电力系统实现碳达峰碳中和的过程也是能源清洁低碳转型、构建新型电力系统的过程。如图 9.1、图 9.2 所示，2020—2060 年清洁能源装机占比持续提升，2030 年、2060 年电力系统总装机容量达 40 亿千瓦、71 亿千瓦，新能源装机（含生物质能）占比分别提升至 45% 和 68%（2020 年为 27%），新能源发电量（含生物质能）占比分别提升至 30% 和 61%（2020 年为 13%）。

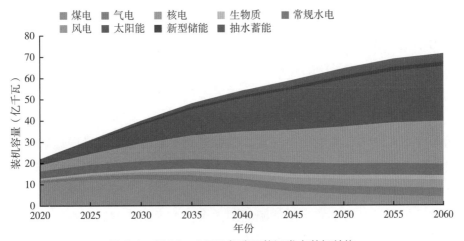

图 9.1　2020—2060 年我国能源发电装机结构

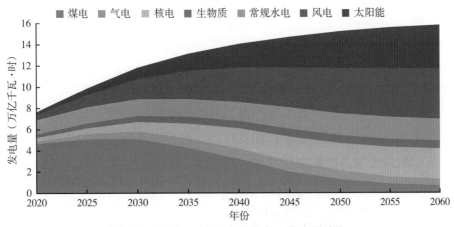

图 9.2　2020—2060 年我国能源发电量结构

电力系统实现能源清洁低碳转型，单纯提高新能源发电并不现实，需要在统筹平衡、功能互补的前提下，明确各类型电源发展定位，实现火电与水核风光储等协同发展，构建多元化清洁能源供应体系：① 2030 年前，加快推进西南地区优质水电站址资源开发；2030 年后，重点推进西藏地区水电开发。②积极有序发展核电。预计 2030 年核电总装机规模达 1.2 亿千瓦，随着沿海核电站址资源开发完毕，2030 年后适时启动内陆核电开发，2060 年核电装机规模达 3 亿千瓦。③适度扩大气电规模，有序发展天然气调峰电源。在新能源发电渗透率较高和电网灵活性较低的区域，推动气电与风力、太阳能、生物质能等新能源发电的融合发展。2035 年后可通过配备 CCUS 装置，抵消用于电力调峰的天然气发电厂的排放量。

9.1.1.3　抽水蓄能和新型储能发挥关键作用

能源清洁低碳转型将导致电力系统发生深刻变化，对系统安全稳定运行产生挑战：①新能源的随机性、波动性和间歇性不利于电力持续稳定供应，加大了电力平衡难度；②新能源季节性明显，与电力系统负荷特性匹配度不高，导致顶峰支撑能力不足；③新能源发电易受极端天气影响，出力不确定性叠加对系统的弱支撑能力，将增加电力系统的脆弱性。

抽水蓄能和新型储能在电力系统中将发挥不同时空尺度的电力平衡、电量平衡及调峰平衡作用，需因地制宜合理统筹和协调规划。近中期，在站址资源满足要求的条件下，抽水蓄能应优先开发。根据《抽水蓄能中长期发展规划（2021—2035 年）》，预计到 2025 年抽水蓄能投产总规模较"十三五"翻一番，达到 6200 万千瓦以上；到 2030 年抽水蓄能投产总规模较"十四五"再翻一番，达到 1.2 亿千瓦左右。为满足电力平衡和新能源消纳需求，中远期新型储能将迎来跨越式发展。现阶段，新型储能技术经济性竞争力亟待提升，需要加快推动大容量、长寿命、高安全、低成本、可回收的新型储能发展，未来还将结合制氢、储热等技术，满足高比例新能源的长周期消纳和利用需求。

9.1.2　储能技术的战略地位

储能作为能量灵活存储和释放的重要技术，将在电力系统产、销、运各个环节呈现"互为一体、融合发展"态势，在电力系统清洁化、低碳化、智能化发展过程中发挥重要作用。储能不仅能支撑风、光等可再生能源大规模接入电力系统，还能实现跨能源系统的能量流动，是能源互联网建设的关键环节。新型储能技术的规模化应用，将带动相关产业链创新发展。作为国家战略性新兴产业，储能更代表新一轮能源技术的革命方向。

9.1.2.1　保证电力系统安全、绿色、高质量发展

储能作为电力系统重要的灵活性资源,具有调频、调峰、备用、黑启动等保安全功能。一方面,新型储能可结合常规火电进行联合调频调峰,发挥快速响应优势,提升机组响应速度和响应能力。近年来,"火电＋储能"联合调频(简称火储联调)项目在山西、广东、内蒙古、江苏、浙江等多地已取得应用。另一方面,抽水蓄能等大容量系统级储能在电力系统备用、黑启动方面也发挥重要作用。此外,储能有利于提升大规模交直流跨区输电的安全稳定性。在特高压直流发生闭锁故障后,储能可有效降低交流输电线路潮流峰值,起到提升直流输电线路运行功率的紧急支撑作用,为受端地区提供通道闭锁故障紧急支撑。

储能可有效提升新能源富集地区的消纳水平,实现跨区大范围消纳配置。新型储能的灵活充放特性能很好地弥补新能源的昼夜特性和波动特性,提升新能源利用率,尤其对我国新能源富集地区的能源消纳促进作用更为明显。从跨区输电来看,储能可促进新能源在更大范围内消纳,送端储能可提供灵活调节容量支撑外送电力流,有效应对午后、晚间等调峰困难时刻的系统运行需求。

储能可有效提高火电和输电设施运行效率,显著提升系统运营效益。储能规模化应用后,可将原先由火电承担的调峰等功能转移到储能设施,有效降低系统需频繁调节时火电运行效率受损状况。此外,针对输送新能源的跨区输电线路,储能配合新能源能实现输电线路的持续平稳输送,提升输电通道利用小时数,提高其利用率。从负荷侧看,储能可延迟或降低系统最高负荷,延缓配电网改造,从而降低电网投资,提升配电网运营效益。

9.1.2.2　带动产业创新发展

从上游原材料加工到下游系统应用,储能产业链全环节的协调发展可释放新模式、新业态蕴藏的巨大商业潜力。目前,我国储能产业已逐渐发展形成上游原材料加工、中游电池生产组装集成、下游系统应用的全产业链(图 9.3)。在产业链上游方面,我国年生产电池规模已位居全球之首,自主研发能力持续加强;在产业链中游方面,以工程应用为导向,借助电池模组、储能变流器、电池管理系

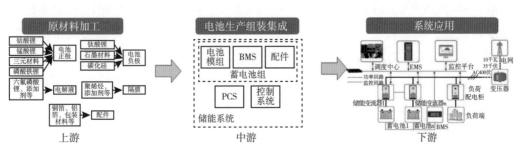

图 9.3　电化学储能产业链

统等环节的关键技术研发，打通业务全环节，降低项目成本；在产业链下游方面，主要包括储能应用、运维、电池回收利用、拆解等。在市场和政策激励下，我国储能产业发展在市场培育、增强产业国际竞争力等方面已经取得了长足进步，储能产业发展进入规模化发展、高质量发展新阶段。

9.1.2.3 引领能源电力科技创新

储能技术发展将带动关键装备和材料的原创技术研发，促进自主创新能力提升。考虑现有技术的成熟度，钛酸锂电池、固态锂电池、液态金属电池、锂浆料电池、高电压电池、超导储能等技术性能有待进一步突破。"十四五"期间，将集中突破储能材料、结构、制造等领域的关键技术，主要包括低成本、长寿命储能电池技术，面向特性参数目标的安全超大容量储能和安全超大功率储能的结构技术和制造技术。"十五五"期间，将集中突破低成本回收再生技术、分布式"新能源 + 储能"的维护和应用技术，主要包括核心材料开发、储能运维平台设计、规模化储能系统控制策略等。2030—2035 年，随着商业化运行对技术创新提出更高要求，部分新型储能技术与高比例可再生能源结合的储能应用技术将成为研究重点，如微电网集群协同控制应用、海水蓄能关键制造与应用、新型电池关键材料等。

9.1.3 储能技术的发展需求

"双碳"目标下，储能装机规模与新能源发展节奏、储能技术类型及其经济性发展趋势等因素密切相关，考虑到中远期能源电力领域颠覆性技术对电力"双碳"路径的"变道"影响，加上新型储能技术路线呈多元化发展趋势、大容量跨周期长时储能技术突破存在不确定性，中长期储能发展需求和路径存在极大不确定性。未来我国储能产业整体呈快速上升趋势，且新型储能增速快于抽水蓄能，新型储能装机占比也将逐步提高，预计 2035 年后新型储能装机占比约达30%~40%。

从发展布局看，储能在我国西部和北部等新能源富集地区的装机比重将不断提高，从 2035 年的 30% 增长到 2050 年的 48%。在抽水蓄能方面，东中部地区开发难度低，站址资源相对丰富，预计 2035 年有 71% 的抽水蓄能装机布局在东中部；2035 年后西部北部抽水蓄能开发速度加快，2060 年东中部占比降至 63%。在新型储能方面，初期增长主要在电价承受力较高的东中部，2035 年西部北部占比达 33%；2035 年后西部北部随集中式新能源消纳需求快速增长，2060 年新型储能比重同步提高到 54%。

9.2 储能技术在新型电力系统中的作用

新型电力系统的建设将导致电力结构发生重大变化，传统电力系统的运行特性、安全控制和生产模式都将发生根本性改变。储能类电源以其快速灵活的调节能力，能够在调峰、调频、电压支撑等方面为电网提供丰富的辅助服务，缓解电力供应压力，提高新能源消纳水平。

9.2.1 新型电力系统在平衡方面对储能的需求

新能源渗透率的不断增高，使新型电力系统面临多时间尺度的平衡问题：一是季节性不平衡问题，二是连续极端天气不平衡问题，三是日内调峰问题。特别是新能源出力的随机性和波动性，造成调峰的"有多有少"问题非常突出，向上调峰和向下调峰问题并存，电力保供和新能源消纳均面临巨大挑战。

光伏最大出力一般在白天大发时段，风电最大出力一般为晚上后半夜时段，随着光伏、风电装机占比逐步提高，光伏、风电叠加后，最大调峰需求多为白天光伏大发叠加风电出力时段。

目前，我国受端电网配置的储能装置主要用于平抑电网负荷波动。送端电网新能源占比更高、波动性更强，更需要规模化配置储能，有效跟踪新能源变化（图9.4）。

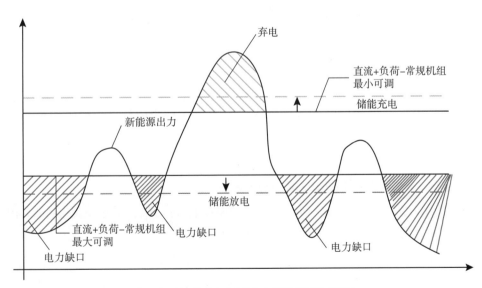

图 9.4　储能参与新型电力系统调节示意图

近年来，我国充分挖掘大电网资源配置能力，促进全国范围内清洁能源发展与消纳。但是，因新能源波动性和随机性，省间潮流变化、反转频繁，增加了电网运行控制难度，影响电网利用效率。新型电力系统合理配置一定容量的储能设施，将提升电网调节灵活性，有效缓解潮流大幅度、高频次变化，降低电网运行的安全风险。

"十四五"时期，我国新投煤电装机逐步收紧，在直流大外送、新能源小发时段将出现极大电力缺口，亟须储能类电源缓解晚高峰电力供应紧张局面，满足电网上调峰需求，保障大电网内供外送需求。

9.2.2　储能参与电力系统安全稳定辅助服务

除了调峰外，储能（特别是电化学储能）可灵活地对有功及无功功率进行双向快速调节，在电网安全稳定方面发挥很大作用。

储能参与电力系统安全稳定方面的辅助服务，其涉网性能可参照新能源的发展经验。储能在电力系统的安全稳定方面发挥作用，前提条件是其在电网发生故障的情况下自身不脱网。新能源作为电力电子设备，其涉网性能的发展历程对储能有非常大的借鉴意义，特别是低电压穿越、高电压穿越以及耐压、耐频等能力，储能需要与新能源达到一致，才有可能发挥辅助服务的作用。

储能参与电力系统安全稳定方面的辅助服务，需要考虑不同地区电网实际运行需求，抓住不同地区电网稳定主要矛盾，因地制宜开展优化，制定电力电子化设备控制策略优化整体方案。通过仿真建模、暂态性能关键参数提取及优化等技术手段，提升电力电子设备暂态支撑性能，提升局部电网的稳定性和新能源接纳能力，真正挖掘储能辅助服务的潜力。

储能参与电力系统安全稳定方面的辅助服务，需要不断完善相关标准要求。储能在电网发生故障情况下不脱网，是保证电网安全运行的基础，也是储能提供辅助服务的基础。储能设施的大规模投运，需要完善相应标准、扩大辅助服务种类、提升辅助服务效果。

9.2.3　储能支撑新型电力系统构建

新型电力系统的构建是一项长周期、系统性的工程，储能是重要的支撑技术，需要从政策和技术方面保障储能技术发展。

在政策方面，一是要规划特高压直流配套储能类电源，综合送受端特点及建设成本统筹配置规模，保障直流稳定可靠的电力组织；二是要推动灵活调节容量市场建设，完善调峰、调频等辅助服务的市场机制，拓展盈利渠道；三是要从新型电力系统建设的根本需求出发，加强对大容量、长周期储能技术的研究，完善价格激励机制。

在技术方面，一是要健全大规模储能的技术标准，优化大规模储能的控制性能，提升新型电力系统的安全稳定性；二是要丰富控制理论，研究控制新技术，保障新型电力系统安全运行；三是要开展适应储能类电源接入的新型电力系统概率化平衡理论研究，从模型构建、分区优化、算法求解等方面深度探索，实现源网荷储高效协同的大电网平衡统筹。

面向新型电力系统，需要找准电网需求，积极争取政策支持。从国外储能应用新场景可以看出，电网安全运行是目前最迫切的需求。国内已出台相关文件，对抽水蓄能电站实行两部制电价，保证现阶段抽水蓄能的健康发展。

9.3 本章小结

目前，中国的储能市场已逐渐成熟，各种储能技术得到广泛应用。特别是在电力系统中，储能技术已成为解决电力系统安全稳定运行和可再生能源消纳的重要手段。政府相关政策也为储能市场的发展提供了有力保障。

然而，储能技术的发展仍存在一些挑战。首先，储能技术的成本仍较高，需要进一步降低成本以便更广泛地应用。其次，储能技术的规模和容量仍较小，长时储能是未来亟需突破的关键技术。最后，储能技术的应用场景和商业模式也需要进一步探索和完善。

未来，为更好促进储能发展，需加快储能市场化发展进程，推动相关市场机制建设，丰富储能应用场景和商业模式。推动建立安全责任清晰的制度体系，以有效吸引社会资本进入，鼓励和引导多元化主体参与、多技术产品应用、形成利益共享的分担机制和产业格局，共同促进储能行业健康发展。

参考文献

[1] 陈润泽, 孙宏斌, 李正烁, 等. 含储热光热电站的电网调度模型与并网效益分析 [J]. 电力系统自动化, 2014, 38 (19): 1-7.

[2] 黄雨涵, 丁涛, 李雨婷, 等. 碳中和背景下能源低碳化技术综述及对新型电力系统发展启示 [J]. 中国电机工程学报, 2021, 41 (SI): 28-51.

[3] 李明节, 陈国平, 董存, 等. 新能源电力系统电力电量平衡问题研究 [J]. 电网技术, 2019, 43 (11): 3979-3986.

[4] 鲁宗相, 李海波, 乔颖. 高比例可再生能源并网的电力系统灵活性评价与平衡机理 [J]. 中国电机工程学报, 2017, 37 (1): 9-19.

［5］孟祥飞，庞秀岚，崇峰，等. 电化学储能在电网中的应用分析及展望［J］. 储能科学与技术，2019，8（SI）：38-42.

［6］张文亮，丘明，来小康. 储能技术在电力系统中的应用［J］. 电网技术，2008，32（SI）：1-9.

［7］赵洁，刘涤尘，雷庆生，等. 核电机组参与电网调峰及抽水蓄能电站联合运行研究［J］. 中国电机工程学报，2011，31（7）：1-6.

［8］ANEKE M，WANG M. Energy Storage Technologies and Real Life Application-A State of the Art Review［J］. Applied Energy，2016（179）：350-377.

［9］CODY A H，MATHEW C，DONGMEI C. Battery Energy Storage for Enabling Integration of Distributed Solar Power Generation［J］. IEEE Transactions on Smart Grid，2012，3（2）：850-857.

［10］KARANKI S B，XU D，VENKATESH B，et al. Optimal Location of Battery Energy Storage Systems in Power Distribution Network for Integrating Renewable Energy Sources［C］//IEEE Energy Conversion Congress & Exposition. IEEE，2013.

第 10 章 国内外储能市场发展现状

储能产业是支撑全球能源转型的战略性新兴产业，面对国家能源安全需求和新能源产业的迅猛发展，全球主要发达国家正加速对储能产业的布局与支持。本章主要从技术路线、市场区域、应用领域、发展特点等角度分析国内外储能市场最新发展动向及趋势。

10.1 国际储能市场发展现状

截至 2021 年年底，全球已投运电力储能项目累计装机规模 209.4 吉瓦，同比增长 9%。2021 年抽水蓄能累计装机占全球已投运电力储能项目装机的比例低于 90%，比 2020 年下降 4.1%；新型储能累计装机占全球已投运电力储能项目装机的 12.2%，同比增长 67.7%，其中锂离子电池占据绝对主导地位（图 10.1、图 10.2）。

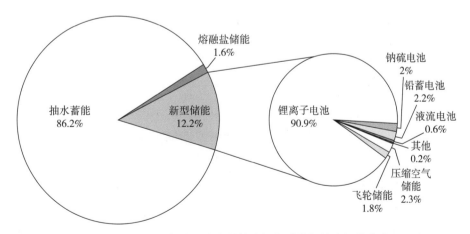

图 10.1 2021 年全球电力储能市场累计装机技术规模分布

能源转型及可再生能源发电设施的大规模安装是驱动新型储能市场快速崛起的主要因素。根据国际可再生能源署数据，中国、美国、欧洲位于全球新能源装

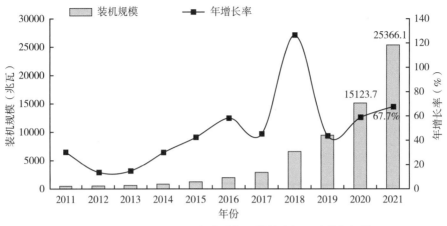

图 10.2　2011—2021 年全球新型储能市场累计装机规模

机增速前列。中国、美国的新能源配储政策以及欧洲的分布式新能源大发展带来的光储自发自用，推动着三者新型储能合计装机达到全球的 80%。图 10.3 为截至 2021 年年底全球已投运新型储能项目累计装机规模排在前十位的国家，合计占全球累计总规模的 89%。

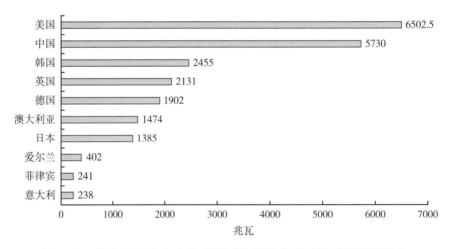

图 10.3　截至 2021 年年底全球已投运新型储能项目累计装机规模排名

10.2　国际储能市场发展特点

10.2.1　美国

10.2.1.1　重视打造本土储能产业链

2020 年 12 月，美国能源部发布《储能大挑战路线图》，提出本土创新、本土制造、全球部署三个基本原则，旨在加快下一代储能技术的开发、商业化和应用，并保持美国在储能领域的全球领导地位。在美国国内新能源税收抵免政策退坡、电池材料成本上涨、国际能源竞争加剧的局面下，突破现有技术瓶颈是美国储能产业要解决的当务之急。

10.2.1.2　长时储能替代新建传统调峰机组趋势显现

随着可再生能源渗透率的不断提高，电力系统对长时储能的需求逐渐显现，抽水蓄能、液流电池、压缩空气储能等长时储能技术受到美国相关部门的重视。2021 年 7 月，美国能源部启动"长时储能攻关"计划，提出在 10 年内将长时储能成本降低 90%。

在美国部分地区持续放电两个小时的应用场景中，电池储能系统的运营成本已经低于天然气调峰电站，安装长时储能替代新建燃气调峰机组的趋势显现。2020 年加利福尼亚州批准了一项 3.3 吉瓦的系统级资源充裕度容量补充计划，要求 2022 年 8 月和 2023 年 8 月投运容量需分别达到 75% 和 100%。为此，该州三大公用事业公司纷纷加速储能容量采购进程，利用储能确保服务区内的电网稳定和清洁能源的充分利用，而非新建燃气调峰机组。

10.2.1.3　多因素驱动"新能源 + 储能"模式

从应用模式上看，"新能源 + 储能"项目发展势头强劲。美国已经部署了 4.6 吉瓦的电网规模"新能源 + 储能"项目，规划部署项目规模 69 吉瓦，规划项目中约有 4% 的风电项目和超过 4% 的光伏项目计划配置储能装置。

"新能源 + 储能"模式中，储能与光伏项目共址建设已经成为美国储能发展的主要商业模式之一。美国光储项目的快速发展主要得益于光伏和储能成本的下降以及政策激励，光伏的平准化度电成本在过去 10 年下降了近 90%，预计到 2030 年将继续下降 58%；联邦投资税收减免政策能够为光储项目提供高达 30% 的投资税收抵免，提升了企业对光储项目的开发意愿。

10.2.1.4　电力供应安全促进用户侧储能发展

近年来，美国电力供应安全问题愈发突出。美国电网系统相对独立，不能跨区进行大规模调度，且超过 70% 的电网基础设施已经建成 25 年以上，系统老化明显，出现了供电不稳定、高峰输电阻塞、难以抵抗极端天气等问题。保障供电可靠性已经成为美国发展储能的一项重要推动力。

10.2.2　欧盟

10.2.2.1　调频辅助服务是表前储能的重要收益来源

对于参与电力市场交易的表前储能，目前的主要收入来源为参与欧洲统一的频率控制储备市场，即一次调频市场。欧盟统一的频率控制储备市场由来自 8 个国家的 11 个输电网运营商在欧盟输电系统运营商联盟的组织管理框架下运营，旨在欧盟范围内实现频率响应资源的优化共享。在任何一个输电网运营商的控制区域内，如果一次调频资源不足导致电网频率偏差，可以通过采购其他区域的频率控制储备容量来抵消频率偏差。随着储能大规模进入频率控制储备市场，其收益呈下降趋势，目前欧盟也在逐渐开放更多的市场和服务类型让储能参与。

10.2.2.2 家储市场保持高速增长

2014 年起，欧盟家用光储系统的安装量保持高速增长。2020 年欧盟新增家庭储能装机量 325 兆瓦·时，累计装机量达 1072 兆瓦·时，首次达到吉瓦时级别（图 10.4）。

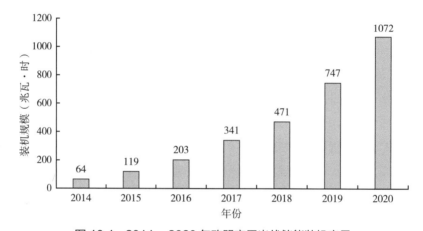

图 10.4　2014—2020 年欧盟家用光伏储能装机容量

数据来源：Solar Power Europe。

欧盟家用储能快速发展的主要动力有两个：一是高昂的电费。德国、意大利、瑞士等国家居民购电成本高昂，以德国为例，2020 年家庭平均购电成本为 0.38 美元 / 度，且呈不断上升趋势。二是"光伏 + 储能"系统的平准化度电成本不断下降。此外，光伏 FiT（Feed-in-Tariff）补贴政策的逐年降低也促使用户配置储能来提升光伏发电自用率。某些国家或地方政府也对家庭光伏进行补贴，如德国复兴发展银行通过 KFW 275 计划，为现有和新增光伏用户配套储能提供补贴，推动德国居民自发自用，降低用电成本。

10.2.3　澳大利亚

10.2.3.1 家储市场快速发展

目前，澳大利亚国家电力市场共安装了 30 万套光伏系统。2021 年 3 月，澳大利亚能源市场委员会发布规则草案，允许电网公司在网络阻塞时对用户上网电量进行收费，激发了市场对家用储能的需求。2016—2020 年澳大利亚新增家用储能呈上升趋势。

针对家用储能（包括家庭储能聚合后的虚拟电厂储能），储能系统的主要收益来源是配合屋顶光伏自发自用带来的电费节约收益。以南澳虚拟电厂储能项目为例，可以获得的收益包括光储系统销售给用户的电费收益、参与电力市场的收益、政府为每户家用电池提供的补贴收益、政府为光伏提供的小规模技术证书收益等，在这些收益的支持下，该项目的投资回收期通常在 5 年内。

10.2.3.2　大型储能项目进入市场

2017 年以来，多个大型储能项目接入澳大利亚国家电力市场，并对电力市场交易价格、电网供应安全等产生了一定的积极影响（表 10.1）。

表 10.1　接入澳大利亚国家电力市场的电网规模电池储能系统

项目	容量［兆瓦/（兆瓦·时）］	地点与配置	投运时间
霍恩斯代尔储能项目	100/129	和南澳霍恩斯代尔风电场共址建设，但储能电站拥有自己的连接点	2017 年 12 月
达尔林普尔电池储能项目	30/8	安装在南澳达尔林普尔变电站，靠近荆棘角风电场	2018 年 9 月
巴拉瑞特储能项目	30/30	位于维多利亚州巴拉瑞特区域终端站的独立系统	2018 年 11 月
甘纳瓦拉储能项目	30/25	位于维多利亚州，与甘纳瓦拉光伏电站共址	2019 年 3 月
邦尼湖储能项目	25/52	位于南澳，与邦尼湖风电场共址，并共享接入马尤拉变电站的连接点	2019 年 10 月

10.2.3.3　规模化储能以辅助服务收益模式为主

澳大利亚国家电力市场中电池储能收益的最大来源是辅助服务市场。2020 年其第四季度电池储能净营收为 970 万美元，其中辅助服务市场占 79%。相比第三季度，第四季度电池储能收益增加 40 万美元，主要受南澳大利亚电池调度和容量加权平均后能量市场套利价值的推动。2020 年南澳出现了突破历史记录的负价，这意味着电池能够通过可观的价差获得套利收益。

10.3　中国储能市场发展现状

截至 2021 年年底，中国已投运电力储能项目累计装机规模 46.1 吉瓦，占全球储能市场的 22%，同比增长 30%。

10.3.1 储能技术规模分布

目前，抽水蓄能仍然是我国电力储能中累计装机规模最大的（图 10.5），2021 年为 39.8 吉瓦，同比增长 25%，所占比重继 2020 年同期首次低于 90% 之后再次下降。这部分的市场增量主要来自新型储能，2021 年新型储能累计装机规模达到 5729.7 兆瓦，同比增长 75%（图 10.6）。

2021 年，国内新型储能市场真正迈入规模化发展时代。如图 10.7 所示，2021 年新增投运新型储能项目装机规模超 2.4 吉瓦，同比增长 57%；新增规划、在建新型储能项目规模 23.8 吉瓦 /47.8 吉瓦·时，是新增投运规模的近 10 倍，并且绝大部分项目计划在未来 1~2 年建成。

大规模储能项目的数量也在不断增多，特别是百兆瓦级储能项目达到 78 个，规模合计 16.5 吉瓦，占 2021 年新增新型储能项目（含规划、在建、投运）总规模的 63%（图 10.8）。这些大规模项目以独立储能或共享储能为主，体量上具备了为电网发挥系统级作用的条件。同时，以压缩空气储能和液流电池技术为主的

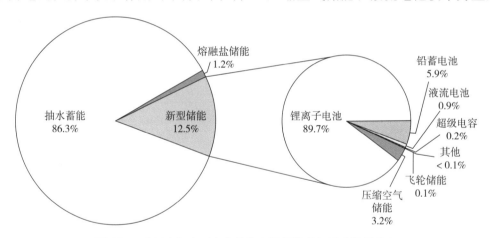

图 10.5　2021 年中国电力储能市场累计装机技术规模分布

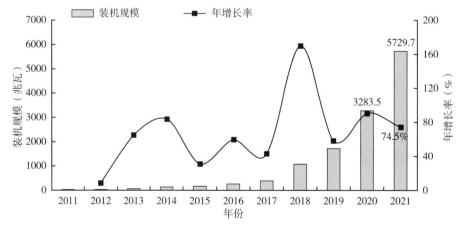

图 10.6　2011—2021 年中国新型储能市场累计装机规模

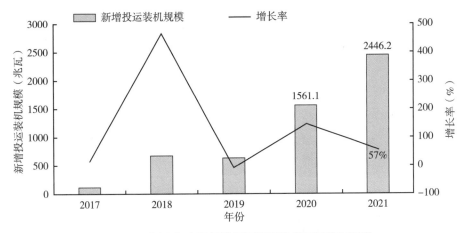

图 10.7　近五年中国新增投运新型储能项目装机规模

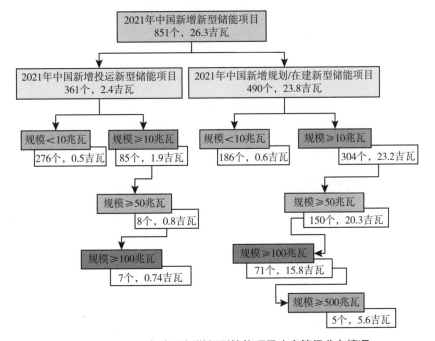

图 10.8　2021 年中国新增新型储能项目功率等级分布情况

长时储能开始进入装机规模快速增长的元年，百兆瓦长时储能项目频出，呈现出多点开花的局面。

10.3.2　储能应用规模分布

中关村储能产业技术联盟全球储能数据库按照以下三个维度对储能项目的应用进行划分、统计和数据收录。

按照项目接入位置，即新型储能项目的接入点与计量表的位置关系，分为电源侧、电网侧及用户侧。截至 2021 年，电源侧储能累计装机规模占比最大，超过 2.5 吉瓦，同比增长 65%，其中新增投运规模超过 1 吉瓦、同比增长 2%（图 10.9、图 10.10）。

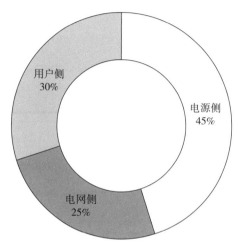

图 10.9　2021 年中国已投运新型储能项目的应用累计装机分布

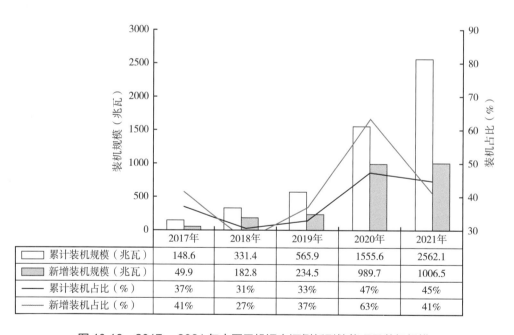

	2017年	2018年	2019年	2020年	2021年
累计装机规模（兆瓦）	148.6	331.4	565.9	1555.6	2562.1
新增装机规模（兆瓦）	49.9	182.8	234.5	989.7	1006.5
累计装机占比（%）	37%	31%	33%	47%	45%
新增装机占比（%）	41%	27%	37%	63%	41%

图 10.10　2017—2021 年中国已投运电源侧新型储能项目装机规模

　　按照项目提供服务类型，可分为支持可再生能源并网、辅助服务、大容量能源服务（容量服务、能量时移）、输电基础设施服务、配电基础设施服务、用户能源管理服务六大类。电源侧和电网侧项目主要以支持可再生能源并网和辅助服务为主，用户侧项目则以提供用户能源管理服务为主（图 10.11）。在提供支持可再生能源并网服务的新型储能项目中，88% 的新增装机来自电源侧的新能源配储和电网侧的独立储能；在提供辅助服务的新型储能项目中，87% 的新增装机来自独立储能、常规机组配储和新能源配储。未来，随着电力市场自由化程度的不断提高以及市场机制的不断健全，储能提供的服务将得到应有的价值回报，各个接入位置特别是用户侧的储能项目可提供的服务将会更加多元化，真正发挥储能的多重功效。

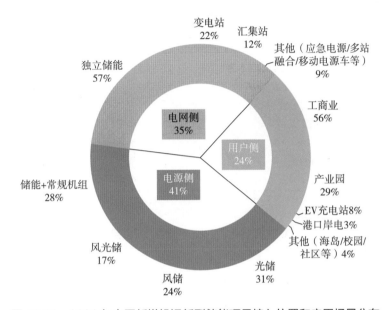

图 10.11　2021 年中国新增投运新型储能项目接入位置和应用场景分布

按照项目应用场景，可分为独立储能、风储、光储、工商业储能等 30 个场景。新能源配建的储能、独立储能和工商业储能的新增投运装机规模分别占据了三侧储能规模的最大比重（图 10.12）。

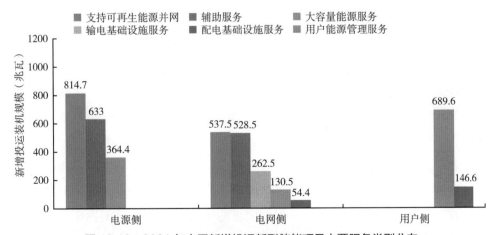

图 10.12　2021 年中国新增投运新型储能项目主要服务类型分布

10.3.3 储能市场区域分布

截至2021年年底，中国累计装机规模达到百兆瓦级以上的省份数量达到15个，排在前十位的省份累计装机规模合计4.5吉瓦，占国内市场总规模的79%（图10.13）。

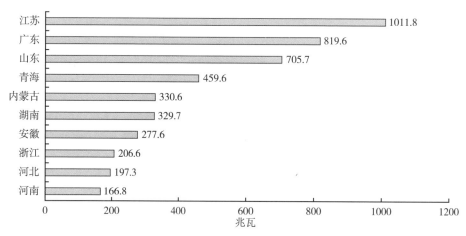

图 10.13　2021年各省份已投运新型储能项目累计装机排名

10.4　中国储能市场发展特点

进入"十四五"发展新阶段，经济社会发展对能源安全、高效、清洁利用提出新要求，储能成为促进新能源跨越式发展的重要技术支撑，也作为战略性新兴产业中的新经济增长点被重点打造，已列入国家能源发展"十四五"规划和各类能源发展政策。作为我国能源发展战略布局中的重要一环，储能的战略地位逐步提高。推动储能全面商业化发展，建立我国在国际储能市场的主导地位，将成为"十四五"时期储能发展的重点方向。

10.4.1　融合发展趋势显现

储能与新能源融合发展将是未来我国能源发展的主要趋势。在高比例可再生能源消纳压力下，各地方政府纷纷发布集中式新能源+储能配套发展的鼓励政策。

一是一体化综合能源项目规模化示范推广。2020年国家能源局提出"两个一体化"发展思路，面对我国既有能源结构形态，一体化综合发展成为兼顾各主体利益的首选，综合效益最优成为一体化项目的应用目标。在大型发电企业的推动下，蒙西、山西等多地已开展一体化示范项目部署，多家央企与地方政府签署一体化示范项目协议，储能灵活调节能力将在综合能源项目中发挥重要作用。

二是新业态储能应用价值突出。一线城市和高精尖电力用户对电力安全稳定供应要求高，储能在提升发电侧黑启动和重要电力用户应急备用能力方面已经开启探索与应用，部分储能冗余配置还可实现削峰填谷以及为电力系统提供服务，多重价值充分显现。

10.4.2　市场长效机制有待建立

各区域电力市场规则基本解决了储能参与辅助服务市场的身份问题，初步削弱了参与市场交易的阻力，明确了第三方主体和用户侧资源参与辅助服务的基本条件，提出了辅助服务成本逐步向用户传导的长效发展思路。与此同时，在现有分摊机制下，也存在辅助服务领域投资储能项目的风险。各地政策在探索中推进存在政策不稳定性，如广东、内蒙古、青海、山西、湖南等地市场规则及补偿标准不断调整。

10.4.3　创新商业模式崭露头角

随着独立储能电站市场主体地位的逐步确立，储能摆脱了依附用户主体和发电主体的形态，开始在各侧实现共享共用。青海省率先推出共享储能模式，可与多个新能源场站开展双边协商交易和集中竞价交易，冗余调节资源还可接受电网调度并为电力系统提供服务，形成"一站多用"的商业模式。目前，多个省正在推行独立储能电站模式，以挖掘多重收益来源。

此外，各地在筹备和建设现货市场的过程中，第三方主体逐步出现，原有配售电公司、负荷集成商、能源服务商成为新的辅助服务提供商，可以集成储能资源响应电力系统服务，减轻调度交易系统的负担，同时发挥下级资源整合和调度监控的作用，储能应用的新增价值点也随之出现。

10.4.4　储能技术不断突破

在电化学储能技术方面，锂离子电池继续向着大容量、长寿命方向发展。例如，宁德时代利用全寿命周期阳极补锂技术，开发完成满足 12000 次循环的储能专用磷酸铁锂电池；比亚迪"刀片"电池进一步提升单体电池的容量，并计划推出超过 300 安·时储能用单体锂离子电池。一些新型化学体系的电池技术也取得较大突破，如以中科海钠为代表的钠离子电池寿命取得较大进展，积极推进钠离子电池在电力储能领域的应用；中国科学院大连化学物理研究所、国家能源集团低碳研究院在全钒液流电池方面取得较大突破。

在物理储能技术方面，以中国科学院热物理所和中国科学院电工所为代表的科研院所在储热材料、压缩空气储能技术、飞轮储能技术等方面取得突破。其中，中国科学院热物理所完成了国际首台100兆瓦先进压缩空气储能系统膨胀机的集成测试与100兆瓦项目落地。

在储能系统集成技术方面，主要朝着三个方向发展。一是更加注重实际应用效果及安全性。在火电联合储能调频领域，化学体系由镍钴锰三元材料全面转向更为安全的磷酸铁锂材料体系，同时电池由高倍率向低倍率转向。二是锂离子电池储能系统向高电压方向发展。阳光电源将其在海外主推的1500伏储能技术向国内移植，国内高压储能系统解决方案层出不穷。三是储能用电池热管理液冷技术逐步推广。受韩国大规模储能电站着火事件的影响，国内储能厂商纷纷推出液冷储能系统解决方案，目前国内外系统集成商所采用的液冷方案主要有两种，一种是全浸没式液冷系统方案，另一种沿用车载电源液冷系统解决方案。

10.4.5 产业投资持续加码

近年来，二级市场对储能产业投资热度不减。例如，高瓴资本以百亿规模参与宁德时代定增；百川股份完成对海基新能源的投资，成为海基新能源实际控制人；多家储能厂商开启首次公开发行股票并登陆国内资本市场，为扩大相关业务规模进行募集资金。另外，一级市场储能系统关键部件供应商及系统集成商也纷纷完成资金募集。

10.4.6 与其他产业深度融合

目前，上游储能技术产业正在加速与矿产、能源及电力等其他产业进行深度融合，以进行优势互补、合作共赢。例如，宁德时代参股投资了以电力工程、设计等为主营业务的福建永福股份，还加强了与国内电力央企的合作；比亚迪与阿特斯、金风科技、华润、正泰等深度合作，布局国内外储能市场；国家电投布局氢能、液流电池；国家能源集团布局全钒液流电池储能技术以及大力支持氢能技术等。

10.5 本章小结

经过十余年的发展，全球新型储能市场高速发展，但各国的发展重点各有不同。我国储能行业正在从示范阶段迈向商业化应用阶段，呈现出技术百花齐放、产业链相对完整、装机规模不断突破、百兆瓦级项目数量大幅增加、政策频繁出台、新型商业模式持续探索等特点。

参考文献

［1］中关村储能产业技术联盟，中国能源研究会储能专业委员会. 2022 储能产业研究白皮书
　　　［R］. 2022.

第 11 章　储能技术

储能技术将电能以势能、动能、热能、电磁能、化学能等不同形式储存并进行可逆转化，是支撑未来新型电力系统和新能源发展的关键技术之一。近年来，在"双碳"背景和政策的引导下，随着能源转型不断推进，储能技术的发展迎来了多元化和爆发性的机遇，各种储能技术不断在各种场景被应用或验证，新型储能技术的开发速度也快速提升。本章对各种储能技术的原理、发展现状和未来发展趋势进行分析，并介绍了储能技术安全应用相关的消防技术。

11.1　抽水蓄能技术

11.1.1　概述

抽水蓄能技术利用电力系统低谷负荷时的电能抽水到高处蓄存，在电力负荷高峰时段放水发电。抽水蓄能技术通过电能与势能的转换存储电能，提高系统运行效率及资源利用率，有效调节电力系统生产、供应、使用之间的动态平衡。抽水蓄能发电是以水为介质的清洁能源电源，启停迅速，运行灵活可靠，对电力系统负荷的急剧变化能做出快速反应，适合承担电力系统调峰填谷、调频调相、紧急备用、黑启动等辅助服务任务。可以说，抽水蓄能电站是电力系统的储能器、发电器和辅助服务器，是当前最高效、最成熟、最环保、最经济的大规模储能电源。

抽水蓄能电站是一种特殊形式的水电站，由上水库、下水库、输水道、厂房及开关站等部分组成（图 11.1）。上、下水库由挡水和泄水建筑物组成；输水道连接上、下水库，沿着山体埋设在地下。抽水蓄能机组一般采用兼具电动水泵和水轮发电机功能的可逆式机组，其能量转换过程如图 11.2 所示。

抽水蓄能电站的主要技术指标有电站的发电小时数、装机容量、机组台数、最大 / 最小水头以及额定水头；上、下水库的总库容、调节库容、正常蓄水位、死水位。对于有天然径流入库的上、下水库，还必须确定上、下水库的洪水位和输水系统管径等。抽水蓄能电站的综合效率一般为 75%~80%，影响其技术指标的主要因素有地理位置、水头、距高比、地形地质条件、水源条件、环境和水库淹没等方面。

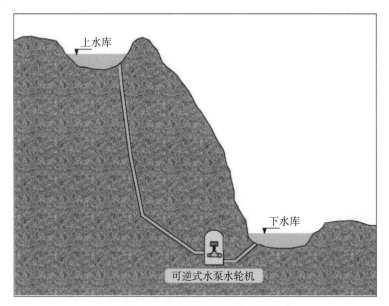

图 11.1　抽水蓄能电站示意图

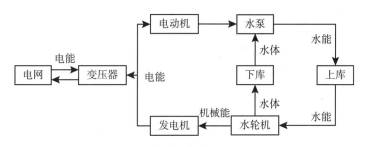

图 11.2　抽水蓄能电站能量转换过程

11.1.2　关键技术

11.1.2.1　上、下水库关键技术

（1）防渗技术

抽水蓄能电站水库的水量的损失即是电能的损失，因此水库防渗要求高。我国抽水蓄能电站的上、下水库库盆防渗形式主要有垂直防渗和表面防渗两种。

垂直防渗适合地质条件优良、仅局部渗漏的水库，施工方式以帷幕灌浆为主，与常规水电站类似，工程造价低。采用垂直防渗技术的抽水蓄能电站有琅琊山、桐柏、仙居、蒲石河、桓仁、洪屏等工程，其中琅琊山抽水蓄能电站建于岩溶地区，采用垂直灌浆帷幕防渗方案，并对溶洞和地质构造带进行专门处理。

表面防渗适合地质条件较差，库岸地下水位低于水库正常蓄水位，断层、构造带发育，全库盆存在较严重渗漏问题的水库，主要使用钢筋混凝土面板或沥青混凝土面板。

（2）防冻技术

抽水蓄能电站运行过程中水位涨落频繁，严寒地区在水面不能完全冰封的情况下，水体中产生的大量冰屑具有很强的黏附性，会产生较大的作用力，同时容易堵塞水道、电站进口拦污栅等。

经过十三陵、蒲石河、西龙池、呼和浩特等电站的研究与积累，目前解决严寒地区冰情问题的基本措施有两方面：一方面是控制水库运行方式，即保证一定数量的机组每天正常运行，阻止冰盖形成，保护防渗层不受破坏；另一方面是提高混凝土的抗冻标号、使用改性沥青，改善结构对严寒的适应性。

（3）拦沙排沙技术

蓄能电站的下水库通常利用原河道拦河成库，因此对入库泥沙含量有严格限制。水源泥沙太多，会淤积在库内，使有效库容减少，高泥沙含量的水流也会对水轮机造成严重磨损。对于多泥沙电站，可通过一些手段降低入库沙量，如汛期降低水库运行水位，减少库容，提高排沙比，减少水库淤积；输沙高峰时短时间停机避沙。目前主要的拦沙及排沙措施包括新建拦沙坝和排沙洞或拦沙潜坝及排沙孔，岸边库也是较常见的避沙措施，在张河湾、丰宁等电站上得到有效应用。

11.1.2.2 输水道关键技术

（1）高水头、大直径钢岔管技术

随着国内抽水蓄能电站装机容量越来越大、设计水头越来越高，高水头、大直径高压钢岔管的设计制造成为水道系统的一个关键技术。以往高水头、大直径钢岔管均采用进口钢材、国外整体采购，工程投资大，工期较长，随着我国大型抽水蓄能电站的建设推广，其国产化问题迫在眉睫。

呼和浩特抽水蓄能电站钢岔管采用对称 Y 形内加强月牙肋形结构，水头 900米，岔管规模高达 4140 米·米，是目前国内岔管规模最大的钢岔管，并在此基础上开展 790 兆帕高压钢岔管国产化的研究与应用。

（2）钢筋混凝土衬砌高压管道技术

随着抽水蓄能电站向高水头、大容量方向发展，引水系统高压管道承受的内水压力越来越高，采用钢筋混凝土衬砌高压管道成为水道系统设计中的一个关键性技术问题。

目前，我国在抽水蓄能电站设计方面建立了高水头隧洞衬砌设计理论体系和方法，明确了围岩为高压隧洞承载和防渗主体，提出了混凝土衬砌的作用主要是保护围岩、平顺水流，为高压灌浆技术研究提供条件。我国高水头抽水蓄能电站采用世界上压力最高的 9 兆帕高压灌浆技术，改善了围岩性态，建成了目前水头最高的大型钢筋混凝土衬砌输水管道和岔管。例如，天荒坪抽水蓄能电站最大设计水头 870 米、管道直径 7.0 米，结构上充分利用围岩承载和防渗能力，节约工程量、方便施工、缩短进度、降低造价。

（3）钢板衬砌高压管道技术

在高压管道不能满足钢筋混凝土衬砌的条件下，需要采用钢板衬砌技术。钢板衬砌压力管道具有完全不透水、可以承担部分内水压力、过流糙率小、耐久性强、可经受较大水流等特点。

国内应用钢板衬砌高压管道技术的抽水蓄能电站有十三陵、西龙池、张河湾、呼和浩特、宜兴等。其中，呼和浩特抽水蓄能电站是国内首例大规模使用国产 790 兆帕级高强钢板的电站，打破了国外高强钢板在水电工程上的垄断。

11.1.2.3　地下厂房关键技术

（1）洞室群布置

国内抽水蓄能电站通常采用地下厂房，地下洞室群空间纵横交错、规模庞大，主要包括地下主厂房、主变洞、尾水闸门洞三大洞室，以及交通、通风、排水、出线四大附属系统。

地下厂房主洞室群根据主厂房、主变压器室、尾水闸门室和尾水调压室布置，分为一室式、二室式、三室式、四室式。主变压器单独成洞，布置在下游侧，在主厂房两端或一侧。开关站布置在地面或地下。

（2）洞室群围岩稳定技术

抽水蓄能电站地下洞室交错布置，围岩稳定是关键。随着我国抽水蓄能电站建设和岩体力学研究水平的发展，积累了丰富经验和有效手段，使地下洞室支护设计更加合理、安全、经济。

11.1.2.4　蓄能机组关键技术

（1）高扬程大容量蓄能机组研发

抽水蓄能电站正在向大容量、高水头、高转速方向发展。目前，仅日本拥有 700 米级以上单级混流可逆式抽水蓄能机组的设计制造经验。我国敦化抽水蓄能电站为目前国内水头最高的抽水蓄能电站，最高扬程达 712 米，机组额定转速 500 转 / 分，单机容量为 350 兆瓦。

（2）变速蓄能机组研发

我国已开展变速抽水蓄能新技术研发。例如，丰宁电站已成功引进 2 台变速机组并在 2021 年投产发电，期待通过引进、吸收的方式尽快掌握变速机组制造技术，提升我国大型装备制造能力。

11.1.3　应用现状

我国在 20 世纪 60 年代后期开始研究抽水蓄能电站，如今已形成一套理论和方法，掌握了一系列具有国际先进水平的施工技术，培养了一大批技术骨干人才，基本形成涵盖标准制定、规划设计、工程建设、装备制造、运营维护的全产业链发展体系和专业化发展模式。

11.1.3.1　科学的规划建设理念

我国抽水蓄能电站建设坚持规划先行、优化布局。2009 年 8 月，国家能源局主导开展全国范围内的抽水蓄能电站选点规划工作，为指导我国抽水蓄能电站建设奠定坚实基础。2016 年 11 月，国家能源局发布《水电发展"十三五"规划（2016—2020 年）》，明确提出"以电力系统需求为导向，优化抽水蓄能电站区域布局"，滚动调整抽水蓄能规划。2021 年 9 月，国家能源局发布《抽水蓄能中长期发展规划（2021—2035 年）》，纳入规划的抽水蓄能站点资源总量约 8.14 亿千瓦，建立了全国抽水蓄能中长期发展项目库。这些政策措施为推动抽水蓄能科学有序、高质量发展发挥了重要作用。

11.1.3.2　领先的勘测设计水平

截至 2021 年年底，我国已建抽水蓄能电站装机容量 3639 万千瓦，在建总规模为 6153 万千瓦，居世界首位。已建和在建的抽水蓄能电站共 82 座，其中 99.1% 为纯抽水蓄能电站。同时发布了《抽水蓄能电站设计导则》《抽水蓄能电站选点规划编制规范》等行业规范，取得了 40 多项专利技术，总体技术达到国际领先水平。表 11.1 为我国部分抽水蓄能电站的核心技术优势。

表 11.1　我国部分抽水蓄能电站核心技术优势

工程名称	装机规模（兆瓦）	技术优势
十三陵抽水蓄能电站	800	国内首座钢筋混凝土面板全库盆防渗工程
张河湾抽水蓄能电站	1000	国内首次采用沥青混凝土复式面板；全库盆防渗面积国内最大
西龙池抽水蓄能电站	1200	国内最高水头抽水蓄能电站；国内首次在极端最低气温环境下建造的沥青混凝土简式面板全库防渗工程；国内首次采用竖井式进／出水口；采用围岩分担式 Y 形内加强月牙肋岔管，已上升为行业规范；水平薄层大跨度厂房顶拱稳定技术国内领先；高水头地下厂房防振设计国际领先；世界最高的沥青混凝土面板堆石坝

工程名称	装机规模（兆瓦）	技术优势
琅琊山抽水蓄能电站	600	喀斯特地区首个非全库盆防渗上水库的抽水蓄能电站；不良地质条件下分裂变压器技术的应用及厂房布置研究国内领先；陡倾角薄层灰岩及大规模蚀变岩支护技术在地下洞室群中的应用国内领先；国内抽水蓄能电站首次抽水工况并网调试研究及应用
天荒坪抽水蓄能电站	1800	高水头高转速，沥青混凝土防渗
桐柏抽水蓄能电站	1200	坝身溢洪道，帷幕防渗
泰安抽水蓄能电站	1000	土工膜防渗，球阀直径大
宜兴抽水蓄能电站	1000	钢筋混凝土面板防渗，地下水丰富、III~V 类围岩
宝泉抽水蓄能电站	1200	沥青混凝土面板不黏土覆盖联合防渗，水头高
响水涧抽水蓄能电站	1000	低水头，大尺寸，主机设备中国制造
仙游抽水蓄能电站	1200	周调节水库，主机设备中国制造
仙居抽水蓄能电站	1500	机组单机容量大，围堰高 40 米
洪屏抽水蓄能电站	1200	综合防渗及各种坝型，周调节水库
溧阳抽水蓄能电站	1500	水头高转速，钢衬及钢岔管
丰宁抽水蓄能电站	3600	世界装机规模最大，采用 2 台变速机组

11.1.3.3　一流的工程施工能力

在半个多世纪的水电发展历程中，中国建设了包括三峡、小浪底等大中型水电站以及南水北调水利工程，掌握了国际先进水利水电及建筑施工技术，在许多相关领域处于领先地位：①一流的综合工程建设施工能力，具备年完成土石方开挖 30000 万立方米、混凝土浇筑 3000 万立方米、水轮发电机组安装 1500 万千瓦、水工金属结构制作安装 100 万吨、防渗墙 54 万立方米的综合施工能力；②世界顶尖的坝工技术，拥有各种复杂地形地质条件与水文水力学条件下各类水库坝型的成熟建造技术；③国际领先的水电站机电安装施工技术，拥有各类水轮发电机组的安装技术；④世界先进的地基基础处理技术，拥有复杂地基条件下高坝深厚覆盖层基础下岩石深基础处理技术、建筑工程深基坑地连墙建造技术；⑤数量众多的其他先进施工技术，拥有世界领先的特大型地下洞室施工、岩土高边坡加固处理、砂石料制备施工等技术，拥有疏浚与吹填施工、机场跑道建造及水工机械安装等世界先进技术；⑥具有综合总承包能力，拥有大中型水利水电工程设计、咨询及监理、监造的技术实力，具备水利水电及相关领域工程总承包项目、建设 —

运营 – 移交方式项目、建设 – 移交项目的建设能力；⑦一流的科技创新能力，拥有以集团技术中心为主体的科技创新体系，具备水利水电行业系统施工建设先进技术与先进设备、材料的研发能力，拥有一大批世界领先与先进水平的科技成果、水利技术与施工方法；⑧实力雄厚的人才队伍，拥有相当数量的工程院士、专家、工程师，拥有一大批专业技术带头人。

11.1.4　发展趋势

抽水蓄能电站的未来研究方向主要有：①抽水蓄能电站在高比例新能源电力系统的作用与定位，在新型电力系统中的合理配置比例和经济性研究，在新型电网负荷曲线中的工作位置研究；②机组设备的设计、制造研究，包括定速机组在高水头、大容量方面的进一步突破以及变速机组的技术攻关；③混合式抽水蓄能电站研究，对已建（新建）常规水电站扩建（安装）抽水蓄能机组进行重点研究，考虑水库运行条件及适应性，特别是环保、运行方式、综合利用等；④中小型抽水蓄能电站研究，目前国内对于低于 100 米的中低水头段小型抽水蓄能机组研发较少，需结合中小型抽水蓄能电站的特点开展微小型抽水蓄能机组关键技术研究；⑤新的蓄能建设形式研究，如矿坑抽蓄、海水抽蓄等；⑥"蓄能 + 综合利用"开发模式的探索，如蓄能开发与矿区综合治理、生态修复、砂石骨料开采、旅游开发、城区改造等一体化策划研究；⑦设计施工关键技术研究，如地下洞室应用隧道掘进机的设计施工关键技术。

11.2　压缩空气储能技术

11.2.1　概述

压缩空气储能技术的发展基于燃气轮机。燃气轮机中的空气经压缩机压缩，在燃烧室中燃烧升温后，高温高压燃气进入透平机膨胀做功（图 11.3 左）。压缩

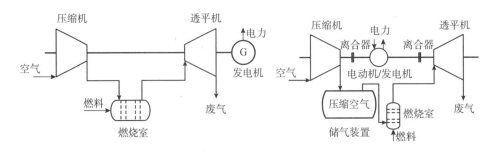

图 11.3　燃气轮机（左）和压缩空气储能系统（右）原理图

空气储能系统的压缩机和透平机不同时工作，储能时，系统用电能将空气压缩并存于储气装置中；释能时，高压空气从储气装置释放，进入燃烧室加热升温后驱动透平机发电（图 11.3 右）。压缩空气储能是一种超长时间尺度的大规模物理储能技术，具有功率和容量规模大、寿命长、成本低、环境友好等优点。

11.2.2 关键技术

11.2.2.1 系统全工况优化设计技术

压缩空气储能系统涉及多级压缩和多级膨胀、冷却和再热、蓄热（冷）与释热（冷）、储气和释气等多个过程，系统能量转换、传递和耦合复杂，输入输出负荷多变，导致系统经常处于变工况甚至非稳态工况运行，需要根据系统运行特点进行全工况优化设计。

11.2.2.2 压缩机技术

压缩机是压缩空气储能系统的核心部件，具有高压比、宽工况运行等特点。根据流量和压力等级选择不同型式的压缩机，如离心式、螺杆式、活塞式、轴流式和组合式等。离心压缩机是大规模压缩空气储能系统采用的主要型式之一，压缩空气储能系统的运行特点要求离心压缩机具有良好的变工况性能，保证其始终在高效区域运行。

11.2.2.3 蓄热（冷）换热器技术

蓄热（冷）换热器是新型压缩空气储能系统的关键部件，具有大容量、变工况运行等特点。蓄热（冷）换热器由蓄热（冷）器和换热器组成。蓄热（冷）器分为显热蓄热（冷）、潜热蓄热（冷）和热化学蓄热（冷），其中显热蓄热（冷）最成熟、应用最广泛。换热器有管壳式、板翅式、印刷电路板式等类型，其中前两者已经得到应用。

11.2.2.4 膨胀机技术

膨胀机是压缩空气储能系统的关键部件，具有大膨胀比、高负荷等特点。根据流量和压力等级不同选择不同型式的膨胀机，如涡旋式、活塞式、向心式、轴流式和组合式等。大功率膨胀机是压缩空气储能系统的发展方向之一。

11.2.2.5 储气技术

压缩空气储能系统的储气库具有高压、大容量的特点，分为盐穴储气、人造洞穴储气、巷道储气和柔性储气等。

盐穴储气是利用地下溶盐采卤后形成的腔体储存压缩空气，具备密封性好、渗透率低、自动愈合等优点。盐穴储气在我国的发展相对较晚，近年来广泛应用于储气技术中。盐穴储气的关键技术有选址评价、老腔改造与评价、高效造腔、注采运行监测等。

人造洞穴储气是在合适的岩盐地层中，利用人工挖掘出一定规模的空间用于储存压缩空气，主要以浅埋地下的人工内衬洞穴储气为主。相比盐穴储气，人造洞穴更具灵活性。人造洞穴储气对衬砌密封性及稳定性要求较高，尤其是在储能与释能阶段，随着压力与温度的交变作用，要具有足够的安全裕度。岩盐层具有高抗压强度，地层分布广泛，具备作为人造洞穴储气库的地质要求。

巷道储气是将废弃矿洞的地下巷道（包括准备巷道和开拓巷道）进行改造再利用来储存压缩空气。与人工洞穴不同，巷道没有岩盐层密封性的保护，可能导致岩体结构破坏，存在岩体质量差、抗压强度低等缺点，且巷道分布范围大，存在较多副巷，增加了密封难度。因此，巷道储气需要重点筛选矿井资源，包括密封性、稳定性、储气量、储气压力等，并形成专业的巷道筛选原则和评价体系。

柔性储气是一种新型的储气技术，使用增强热塑性复合材料，并在其内外表面均布置耐腐蚀、耐磨损的聚烯烃，在不降低耐压等级的前提下降低设备自重，并保持一定的柔性，具备耐腐蚀、抗疲劳等优点。柔性储气一般没有固定的结构形式，可随储能需求及外界环境而变化，在水下压缩空气储能系统中的应用较为理想。

11.2.2.6　测试与调控技术

为提高压缩空气储能机组的运行控制水平，充分发挥其在调峰、调频、应急备用、转动惯量、无功调节等方面的巨大作用，需解决压缩空气储能测试与调控技术。

11.2.3　应用现状

11.2.3.1　应用领域

压缩空气储能技术较为成熟，在电力生产、运输和消费等领域具有广泛的应用价值，目前主要应用于常规电力系统、可再生能源系统、分布式能源系统、移动式能源系统等领域。

常规电力系统：电网调峰和调频是大规模压缩空气储能技术最重要的应用领域。用于调峰的压缩空气储能电站主要有独立运行的压缩空气储能电站和与电站匹配的压缩空气储能电站。压缩空气储能电站也可以像其他燃气轮机电站、抽水蓄能电站和火电站一样起到调频作用，由于使用低谷电能，可作为电网第一调频电厂运行，与其他储能技术（如超级电容、飞轮储能）结合时，调频响应速度更快。

可再生能源系统：压缩空气储能可以将间断或不稳定的可再生能源存储起

来，在用电高峰时释放，促进可再生能源大规模利用。具体形式分为与风电、太阳能或生物质等结合的压缩空气储能系统。

分布式能源系统：压缩空气储能系统可作为电力系统的负荷平衡装置和备用电源，解决分布式能源系统负荷波动大、系统故障率高的问题。压缩空气储能系统易与制冷/制热/冷热电联供系统相结合，在分布式能源系统中将有很好的应用。

移动式能源系统：微小型和移动式压缩空气储能系统在汽车动力、不间断电源等移动式能源系统中有很好的应用前景。

11.2.3.2　传统压缩空气储能

目前，世界上已有两座大型压缩空气储能电站投入商业运行。第一座是 1978 年运行的德国亨托夫电站，目前仍在运行。电站运行之初，每生产 1 千瓦·时电能，压缩机组需要 0.82 千瓦·时电能，并以燃料的形式提供 5800 千焦热量。为提高系统循环效率，亨托夫电站在 2006 年改造了透平发电部分，优化了操作参数，考虑系统安全等因素，电站将进入高压透平的工质压缩空气温度从 550 摄氏度降低到 490 摄氏度，压力不变；为提高工质做功能力，电站将低压燃烧室温度提高到 945 摄氏度。改造完成后，系统最大输出功率由 290 兆瓦提高到 321 兆瓦。

第二座是 1991 年运行的美国麦金托什电站，由亚拉巴马州电力公司能源控制中心进行远距离自动控制。其储气洞穴在地下 450 米，总容积 5.6×10^5 立方米。电站主要储存谷价电能，在峰价时生产电能并提供备用功能，储气室的压力范围在 4.5~7.4 兆帕。该储能电站压缩机组功率 50 兆瓦，发电功率 110 兆瓦，可以实现连续 41 小时空气压缩和 26 小时发电。麦金托什电站对末级透平排放空气余热进行回收利用，在最后一级透平排气处安装了热回收器，利用温度达 370 摄氏度的低压透平排气余热对来自储气室的高压工质预热，以减少燃料消耗。相同功率下可以节约 23% 燃料，系统的循环效率达 54%。

此外，日本上砂川町压缩空气储能示范项目于 2001 年投入运行，输出功率 2 兆瓦，是日本开发 400 兆瓦机组的工业试验用中间机组，其利用废弃的煤矿坑作为储气洞穴，最大压力 8 兆帕。

亨托夫电站属于第一代压缩空气储能系统，麦金托什电站和上砂川町项目利用添加回热装置来减少燃料供应与尾气排放的压缩空气储能系统则属于第二代，第一代和第二代都是传统压缩空气储能技术。

11.2.3.3　新型压缩空气储能

为了摆脱传统压缩空气储能对地下储气洞穴和化石燃料的依赖，各国正在积极研发新型压缩空气储能技术，如绝热压缩空气储能、等温压缩空气储能、液态空气储能、超临界压缩空气储能等。

（1）绝热压缩空气储能系统

绝热压缩空气储能系统通过储热装置回收并储存压缩热，以取代传统压缩空气储能系统的化石燃料。储能时，压缩机将空气压缩至高温高压状态，通过储热系统将压缩热储存，空气降温并储存在储罐中；释能时，将高压空气释放，利用储存的压缩热使空气升温，推动膨胀机做功发电。该系统将压缩热回收再利用，效率得到较大提高，同时去除了燃烧室，实现零排放。

德国莱茵集团于 2010 年启动 ADELE 项目，设计储热温度 600 摄氏度、储气压力 10 兆帕，理论设计效率 70%，该项目处于论证阶段。加拿大 Hydrostor 公司于 2019 年在加拿大安大略湖建成 1.75 兆瓦 /10 兆瓦·时绝热压缩空气储能电站；在澳大利亚布罗肯希尔规划建造 200 兆瓦 /1600 兆瓦·时压缩空气储能电站，计划于 2025 年完成建设；在美国加利福尼亚州圣路易斯奥比斯波县规划建设 400 兆瓦 /3200 兆瓦·时压缩空气储能电站，计划于 2027 年完成建设。

（2）蓄热式压缩空气储能系统

蓄热式压缩空气储能又称先进绝热压缩空气储能，其原理同绝热压缩空气储能类似，前者在压缩过程级间换热及储热，后者在全部压缩过程结束后储热。

中国科学院工程热物理研究所于 2013 年在河北廊坊建成国内首套 1.5 兆瓦蓄热式压缩空气储能示范系统；2016 年在贵州毕节建成国际首套 10 兆瓦示范系统，效率达 60.2%，是全球目前效率最高的压缩空气储能系统；于 2021 年在山东肥城建成 10 兆瓦盐穴式压缩空气储能示范项目，顺利实现并网发电，效率达 60.7%；2021 年在河北张家口建成国际首套 100 兆瓦洞穴式先进压缩空气储能国家示范项目，目前已经并网发电。此外，清华大学与中盐集团、华能集团于 2022 年在江苏金坛建成 60 兆瓦非补燃压缩空气储能电站，该系统采用地下盐穴进行储气。

（3）等温压缩空气储能系统

等温压缩空气储能系统利用一定措施（如活塞、喷淋、底部注气等），通过比热容大的液体（水或油）提供近似恒定的温度环境，增大气液接触面积和接触时间，使空气在压缩和膨胀过程中无限接近等温过程，将热损失降到最低，从而提高系统效率。该系统不需要补燃，摆脱了对化石燃料的依赖，但仍储存高压空气，未摆脱对大型储气室的依赖。

美国 SustainX 公司于 2013 年在新罕布什尔州建成 1.5 兆瓦 /1.5 兆瓦·时示范系统。美国光帆公司开展等温压缩空气储能研发，在加拿大新斯科舍省建设 500 千瓦 /3 兆瓦·时示范项目。

（4）液态空气储能系统

液态压缩空气储能将电能转化为液态空气的内能，以实现能量存储。储能时，利用富余电能驱动电动机，将空气压缩、冷却、液化后注入低温储罐储存；发电时，液态空气从储罐中引出，加压后送入蓄冷装置，将冷量储存并使空气升温气化，高压气态空气通过换热器进一步升温后进入膨胀机做功发电。

英国高景储能公司于 2010 年建成 350 千瓦 /2.5 兆瓦·时液态空气储能示范系统并成功投运，未来还将在美国佛蒙特州建设 50 兆瓦 /400 兆瓦·时液态空气储能电站。英国曼彻斯特建设了 50 兆瓦 /250 兆瓦·时液态空气储能系统。

（5）超临界压缩空气储能系统

中国科学院工程热物理研究所于 2009 年在国际上原创性地提出了超临界压缩空气储能系统。其工作原理是：储能时，系统利用电力驱动压缩机将空气压缩到超临界状态，回收压缩热后，利用存储的冷能将其冷却液化，储于低温储罐中；释能时，液态空气加压回收冷量达到超临界状态，并进一步吸收压缩热后通过透平膨胀机驱动电机发电。

中国科学院工程热物理研究所于 2011 年在北京建成 15 千瓦原理样机，并于 2013 年在廊坊建成 1.5 兆瓦示范系统，系统效率达 52.1%。

（6）水下压缩空气储能系统

水下压缩空气储能是等压压缩空气储能的一种，该技术将压缩空气存储在水下（如海底和湖底），利用水的静压特性保持储气的压力恒定，使压缩机出口及膨胀机入口压力恒定，无须进行压力调整，可减少能量损耗、提高系统效率，系统安全性较高。

加拿大 Hydrostor 公司于 2015 年建成 660 千瓦水下压缩空气储能试验系统。我国中国科学院工程热物理研究所、华北电力大学等进行了相关研究。

11.2.4 发展趋势

目前，压缩空气储能技术在压缩空气过程中产生的热能、膨胀做功释放的冷能尚未得到有效回收利用，未来可对该部分冷、热能进行高效利用，提高系统的经济性。

此外，热经济学理论也逐步应用在压缩空气储能领域。热经济学理论是热力学分析与经济学分析相结合的有力工具，既可用于系统内各组元间热经济性的分析与优化，又可用于多元系统间的相互优化与协同。充分借助热经济学手段，研究减少压缩空气储能系统自身不可逆损失的经济手段，以及压缩空气储能系统与可再生能源间熵产最小化的优化运行技术是急需开展的工作。

11.3 飞轮储能技术

11.3.1 概述

11.3.1.1 技术原理

飞轮储能是一种物理储能技术。在储能阶段，电动机拖动飞轮加速到一定转速，将电能转换为旋转动能存储；在能量释放阶段，电动机发电使飞轮减速，将动能转换为电能输出。提高飞轮电机转速是提高飞轮储能系统能量和功率的有效途径，但转速的提高受飞轮、电机的结构强度约束。

11.3.1.2 系统组成

飞轮储能系统由飞轮、电机、轴承、机组壳体、电动 / 发电控制变流器和辅助设备组成（图 11.4）。

飞轮：是一个绕其对称轴旋转的圆轮、圆盘或圆柱刚体，通常采用合金钢、纤维增强复合材料，所存储的动能与飞轮的转动惯量成正比。

电机：与飞轮同轴旋转的电机转子通过电磁场与电机定子相互作用，产生飞轮电机电动加速或发电制动减速的电磁转矩，实现电能与旋转动能间的双向转换。

轴承：为飞轮电机轴系旋转提供位移约束的部件。

机组壳体：将飞轮、电机和轴承密封并保持真空的容器，目的是降低高速旋转飞轮电机轴系与气体的摩擦损耗，有一定的机械安全防护功能。

电动 / 发电控制变流器：驱动电机升速、降速发电的功率电力电子装置，通常由交流 - 直流 - 交流变换电路构成。

辅助设备：包括维持系统真空的真空泵、电机散热的风机或水冷机组、飞轮

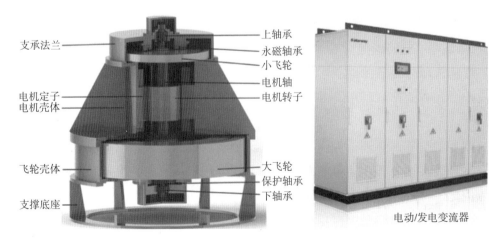

支承法兰　　　　　　　　　　上轴承
　　　　　　　　　　　　　　永磁轴承
　　　　　　　　　　　　　　小飞轮
　　　　　　　　　　　　　　电机轴
电机定子　　　　　　　　　　电机转子
电机壳体

飞轮壳体　　　　　　　　　　大飞轮
　　　　　　　　　　　　　　保护轴承
支撑底座　　　　　　　　　　下轴承

电动/发电变流器

图 11.4　飞轮储能系统结构

电机系统状态参数检测仪器仪表等。

飞轮储能的特点是单机功率大、放电时间短、循环寿命长，适用于短时、大功率、高频次充放储能应用场景。在电网规模应用时，飞轮储能系统可将上百台飞轮单机并联成阵列，功率达数十兆瓦，储能量达数兆瓦时。现代飞轮储能系统集成先进复合材料转子、磁轴承、高速电机以及功率电子等新技术，极大提高了系统性能。

11.3.2　关键技术

飞轮储能的关键技术有高速飞轮转子复合材料应用技术、高速大功率微损耗电机及其控制技术、低损耗高可靠磁悬浮轴承技术。

美国飞轮储能技术处于国际领先地位，主要原因在于国家层面的长期资助以及 20 世纪 90 年代风险投资的大量介入。欧美车辆混合动力的先进飞轮储能技术示范应用实现了 20% 以上的燃油节省。近 20 年，日本、美国、德国和韩国已建立了多个高温超导磁悬浮大容量复合材料飞轮储能试验装置。我国飞轮储能技术研究起步较晚，当前处于关键技术突破和产业应用转化阶段，与国外先进技术水平相差 5~10 年。

11.3.2.1　飞轮单体技术

飞轮高速旋转主要利用材料的比强度性能，目前已有较成熟的优化设计方法。金属材料飞轮的结构设计重点为形状优化以及安全寿命评估；复合材料飞轮因材料的可设计性、材料性能与工艺的相关性以及破坏机理的复杂性，目前技术尚不成熟，是研究的热点问题。

除了采用多环套装、混杂材料、梯度材料、纤维预紧的纤维缠绕设计提高飞轮的储能密度，二维或三维强化是复合材料飞轮设计的另一条路径。

国外复合材料试验飞轮速度高达 1460 米 / 秒，国内则为 896 米 / 秒。尽管复合材料飞轮的理论储能密度高达 200~400 瓦·时 / 千克，但考虑制造工艺、轴系结构设计、旋转试验等复杂制约因素，在实际应用中安全稳定运行的复合材料飞轮储能密度通常不高于 100 瓦·时 / 千克。研究显示，单个复合材料飞轮总设计储能能量为 0.3~130 千瓦·时。国内理论设计水平与国外相近，但试验研究差距较大，尚不能开展实际工程应用。

11.3.2.2　飞轮轴承技术

飞轮轴承包括滚动轴承、流体动压轴承、永磁轴承、电磁轴承和高温超导磁悬浮轴承，通常采用 2~3 种轴承实现混合支撑。轴承损耗在飞轮储能系统损耗中有较大贡献，轴承的研究设计目标主要为提高可靠性、降低损耗和延长使用寿命。

滚动轴承技术成熟、损耗大、成本低，高速承载力低，通常低于 10000 转 /
分，一般与永磁轴承配合使用。电磁轴承技术较成熟、损耗小、系统复杂、成本
高，转速范围 10000~60000 转 / 分。高温超导磁悬浮轴承损耗最小、系统复杂、
成本高，转速范围 1000~20000 转 / 分，是储存较大能量的首选飞轮轴系，目前处
于研发验证阶段。总体上，机械轴承、永磁轴承和电磁轴承可以基本满足功率型
飞轮储能系统的工业应用需求，而更大能量（百千瓦时级）飞轮储能系统高速支
撑技术还有待高温超导磁悬浮技术的突破。

11.3.2.3　电机及控制技术

飞轮储能电机为双向变速运行模式，需根据功率和转速要求进行选择。其电
磁学设计理论是成熟的，设计重点是优化高速转子结构以及减少损耗。

提高电机转速是提高飞轮储能系统功率密度的主要手段，电机转子强度和散
热问题是制约电机功率提升的主要瓶颈。磁化复合材料是提高转子强度的一种新
技术途径，而电机转子芯轴空心结构有利于采用轴孔内引入流体介质进行冷却，
是一种可能解决转子散热问题的新方法。

20 世纪 60 年代发展起来的功率电子技术使电压的幅度和频率可以方便调控。
基于功率电子技术，变频驱动的电机与飞轮相连，发展出了电能储存和释放的新
技术。应用于飞轮储能的双向变流器是交流 – 交流系列变频器的一种，通常应用
于中低压和中小功率领域。

11.3.2.4　飞轮储能系统技术

飞轮的转速较高，为防止飞轮结构破坏、减少空气摩擦损耗，需要将飞轮安
置在密闭的真空容器内。研究表明，10 帕的真空环境对低速飞轮（300 米 / 秒以
下）的机械损耗较小，而高速飞轮（500 米 / 秒以上）的真空条件应达到 0.1 帕。
为保证高速飞轮的安全，需要设计防护装置并安装于地坑内。此外，飞轮电机及
控制器的风冷、水冷机组的耗能对飞轮储能系统热待机效率影响较大，需要优化
设计。

飞轮储能系统装置属于旋转机械范畴，其状态监控诊断仪表对系统的正常运
行是十分必要的。监控的数据包括转速、轴承温度、电流、电压、绕组温度、主
功率回路温度。而飞轮储能阵列协调控制、并网控制和装置技术多属于电力应用
工程范畴，通过自动控制予以解决。

11.3.3　应用现状

100 千瓦 /2 兆焦级高速飞轮储能系统常用于车辆混合动力系统；200 千瓦 /10
兆焦级飞轮储能系统常作为动态过渡电源结合柴油发电机组，为电能质量敏感用

户提供高品质的不间断电源供电保障；多台飞轮并联成为阵列，可以提供 10 兆瓦 / 兆瓦·时级电网电能管理，放电时间可达 10 分钟。

11.3.3.1 高品质不间断电源

采用短时工作的大功率飞轮储能系统完全可以替代传统电池储能。飞轮储能的初期投资较高，但寿命期内的使用成本低于电池储能。飞轮储能不间断电源系统在国外已经是成熟的产品，供应商有 Active Power、Piller、VYCON 等。

11.3.3.2 能量回收储存与利用

混合动力车辆传动可采用电池、电容和飞轮三种储能方式。高速飞轮与内燃机通过无极变速器连接，简单可靠，已经发展了数十年，具备量产推广应用条件。电动车技术局限于电池高功率特性不足，采用飞轮储能与化学电池混合动力是一个可行的解决方案，引入电机和功率控制器实现电力传动，飞轮燃油混合动力车可节油 35%。

美国得克萨斯大学机电研究中心与 VYCON 公司联合测试飞轮储能应用于集装箱起重机，燃料节省 21%，氮氧化物排放减少 26%，颗粒排放减少 67%。清华大学与中原石油工程有限公司联合研制 16~60 兆焦 /500~1000 千瓦两种飞轮储能系统，应用于钻机动力调峰和下钻势能回收，实现节能 13% 以上的钻井工程示范应用效果。

11.3.3.3 电网调频

与众多储能方式相比，飞轮储能技术的经济优势主要体现在电能质量和调频应用领域。随着波动新能源的更多并网，电网的频率波动问题更加突出，需研究飞轮储能系统的优化调频控制策略，满足较长时间尺度（15 分钟以内）和实时调频需求。

11.3.3.4 风电平滑

近年来，风力发电、太阳能发电飞速发展。受自然条件影响，风力发电的频繁波动是突出问题，引入储能技术有利于风力发电功率平滑控制，改善其电压和频率特性，实现更好的新能源应用。飞轮储能技术应用参数如表 11.2 所示。

表 11.2 飞轮储能技术应用参数

项目	功率（兆瓦）	能量（千瓦·时）	系统特征	技术成熟度
电动车	0.06~0.12	0.3~1.0	高速	7~9
轨道交通	0.3~1.0	3~5	高速	7~9
过渡电源	0.2~1.0	1~5	低速高速	10

项目	功率（MW）	能量（kW·h）	系统特征	技术成熟度
电能质量	0.2~1.0	1~5	低速高速	9
风力发电	0.2~1.0	5~20	低速高速	7~9
电网调频	10~100	2500~25000	中高速	7~9

11.3.4　发展趋势

增加飞轮单机储能容量。飞轮单机储能容量提升到 100 千瓦·时将极大扩展其适用范围，技术途径有两条：一是采用重型金属材料飞轮（对应发展重型磁轴承技术）；二是提高转速，采用先进复合材料。国外先进复合材料飞轮储能密度达 80 瓦·时 / 千克，考虑先进高强纤维的高技术贸易壁垒，国内目标是 50 瓦·时 / 千克。

降低系统损耗。飞轮储能单机的空载热电机耗能通常为其额定最大放电功率的 0.2%~2%，所存储的能量用于自耗只有几个小时或数十小时，与电化学电池的极低自放电率相比，劣势明显。转速超 1000 千瓦的电机是当前国内的研发方向，目前需要显著降低电机损耗以适用于真空运行，发展包括强化辐射换热、空心转子内部流体介质冷却新技术。采用磁悬浮降低轴系支承损耗，电磁、永磁混合轴承技术已趋于成熟，研究方向是降低磁轴承主动控制损耗并提升可靠性。

开展阵列应用实证研究。飞轮储能单元采用模块化设计，由多个模块并联成阵列式储能系统，除仿真研究外，还需示范工程实证研究。国内新能源发电增量市场为飞轮储能阵列短时高频次储能电站的示范应用提供了开发空间。

11.4　锂离子电池技术

11.4.1　概述

锂离子电池以锂离子为活性离子，充放电时锂离子经过电解液在正负极之间脱嵌，将电能储存在嵌入（或插入）锂的化合物电极中。充电时，正极材料中的锂原子失去电子变成锂离子，通过电解质向负极迁移，在负极与外部电子结合并嵌插存储于负极；放电过程相反（图 11.5）。

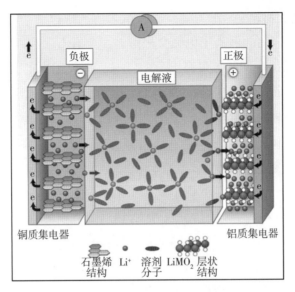

图 11.5　锂离子电池工作原理

锂离子电池主要由正极材料、负极材料、电解质、隔膜、粘结剂、导电添加剂、集流体等组成。具有能量密度高、额定电压高、倍率性能好、自放电率低等优点。锂离子电池的比能量为 200 瓦·时 / 千克，约是铅蓄电池的 5 倍，单体工作电压为 3~5 伏，循环效率超 95%。

11.4.1.1　正极材料

目前已商用化应用的锂离子电池正极材料主要有钴酸锂（$LiCoO_2$）、锰酸锂（$LiMn_2O_4$）和磷酸铁锂（$LiFePO_4$）。

钴酸锂正极材料具有开路电压高、比能量高、循环性能优异等优点，高电压下存在结构不稳定、晶格失氧、电解液分解、钴溶解等问题。经过掺杂、表面修饰、采用功能电解液等方法，目前钴酸锂充电截止电压已提升至 4.45 伏，可逆放电容量达到 185 毫安·时 / 克。

锰酸锂正极材料具有成本低、环境友好、制备简单、安全性高等优点，但存在高温下循环和存储性能差等问题，主要解决手段是掺杂、表面包覆、使用电解液添加剂和改进合成等。目前锰酸锂电池的循环性为 2500 次以上，可逆容量约105 毫安·时 / 克。

磷酸铁锂正极材料具有价格低廉、环境友好、安全性高、循环寿命长等优点，其电子和离子导电性均较差，需要通过碳包覆、离子掺杂和材料尺寸纳米化提高其倍率性能。目前，磷酸铁锂电池的循环寿命已经提升到 12000 次，但其能密度偏低，主要用于客运大巴、静态储能领域。

11.4.1.2　负极材料

目前已商用化应用的锂离子电池负极材料主要有石墨和钛酸锂（$Li_4Ti_5O_{12}$）。

石墨负极材料具有理论容量高、导电性好、氧化还原电位低、来源广泛、成本低等优点，是目前市场上主流的锂离子电池负极材料。石墨分为天然石墨和人造石墨，人造石墨材料性能较好，但制造成本较高，因此需要对天然石墨进行改性以降低负极材料成本。

钛酸锂负极材料的循环性能、倍率性能和安全性能优异，在动力型和储能型锂离子电池中应用广泛。钛酸锂中锂离子的脱嵌是两相反应过程，电压平台约1.55伏，理论容量170毫安·时／克。钛酸锂是一种零应变材料，有利于电极结构的稳定性，从而提高循环寿命。钛酸锂的室温电子导电率低、倍率性能差，需通过离子掺杂、减小颗粒尺寸、表面包覆碳材料等方法来提升其倍率性能。此外，钛酸锂存在胀气问题，导致电池容量衰减快、安全性下降，解决方法有掺杂或表面包覆降低表面活性、减少材料水含量、优化化成工艺等。

11.4.1.3　电解质

电解质起到在锂离子电池正负极之间传输锂离子的作用。电解质应当具有离子导电率高、电化学窗口宽、化学稳定性与热稳定性高、与正负极和隔膜材料浸润性好、环境友好、易制备、成本低等特点。

目前商用的锂离子电池电解质为非水液体电解质，由有机溶剂、锂盐和功能添加剂组成。有机溶剂主要有酯类和醚类，酯类中乙烯碳酸酯具有较高的离子导电率和较好的界面特性，但其熔点较高，需要加入共溶剂来降低熔点。醚类溶剂的抗氧化能力较差，在低电位下易氧化分解，常用在锂硫和锂空电池中。目前商用的锂盐为六氟磷酸锂，但其化学和热力学特性不稳定，寻找新型锂盐是当前的研究热点。

11.4.1.4　隔膜

隔膜置于锂离子电池正负极片之间，作用是阻止正负极接触以防止短路，同时允许离子的传导。隔膜不参与电池中的反应，但其结构和性质影响电池动力学性能。目前锂离子电池隔膜主要有聚烯烃微孔膜、无纺布隔膜、聚合物／无机物复合膜。

11.4.1.5　粘结剂

粘结剂的作用是将粉体活性材料、导电添加剂和集流体粘结在一起，构成电极片。按照粘结剂的分散介质，可以将其分为油系粘和水系粘两种，目前工业上普遍使用的粘结剂为油系聚偏氟乙烯。粘结剂应具备以下基本性能：①粘结剂侧链要有极性基团，为活性物质、导电剂和集流体之间提供强粘结力和高拉伸性；

②具有良好的物理和化学稳定性，与电解液的浸润性好，确保有效的锂离子传输；③拥有稳定的电化学窗口；④对电极反应过程中电子和离子的传导不会产生负面影响；⑤热稳定好；⑥能使活性物质和导电剂的浆料均匀混合；⑦价格合理、环境友好、使用安全。

11.4.1.6　导电添加剂

导电添加剂是添加在电极片中的碳材料，作用是改善活性颗粒间或活性颗粒与集流体的电子电导。通常使用炭黑、乙炔黑、超级导电炭黑等部分石墨化的碳材料，不同的碳材料比表面积与颗粒大小不同，需要根据实际应用选择合适的碳材料。除了常规碳材料，近些年碳纳米管和石墨烯也作为导电添加剂应用到锂离子电池尤其是动力电池体系中。

11.4.1.7　集流体

集流体起到在外电路与电极活性物质之间传递电子的作用，常用材料为金属箔片。目前负极常用的集流体为铜箔，正极为铝箔，近年来涂炭集流体也得到广泛应用。

11.4.2　关键技术

11.4.2.1　高比容量高电压正极材料

最早商业化的钴酸锂材料由于结构稳定性的限制，在实际应用中只能达到140毫安·时/克的比容量。锰酸锂和磷酸铁锂虽然在安全性和价格上更胜一筹，但也同样受制于较低的理论比容量。为使锂离子电池获得更高的能量密度，需要正极材料能够脱出更多的锂离子，同时具有更高的放电电压。采用过渡金属取代等方法，改变电极材料中发生电荷转移的过渡金属的种类，可以提高其放电电压。要获得更高的容量，需要满足材料中有更多的可脱嵌锂离子。

此外，层状化合物中只有一半的锂离子可以实现可逆脱嵌，如何使更多的锂离子实现可逆脱嵌是提高层状材料比容量的关键，常用方案有两种：①通过表面修饰和体相掺杂等方法，提高其深脱锂状态的结构稳定性，这种方法最高可以实现接近200毫安·时/克的可逆容量；②层状结构的过渡金属层中1/3的过渡金属可以被锂取代，获得大于250毫安·时/克的可逆容量。

11.4.2.2　硅碳负极材料

锂离子电池的能量密度主要由正负极材料的容量大小决定。目前被市场广泛采用的石墨负极材料的理论容量为372毫安·时/克，提升空间较小。硅材料具有较高的理论容量（4200毫安·时/克），且环境友好、储量丰富，被考虑作为下一代高能量密度锂离子电池的负极材料。

目前硅碳负极材料的主要技术问题是其高达 300% 的体积膨胀以及由膨胀导致的不稳定固体电解质界面。前者导致活性材料粉化，从导电网络中脱落；后者导致电池循环过程中活性锂不断被消耗，大大降低循环稳定性。上述问题的解决方法主要有纳米硅碳材料、氧化亚硅基材料、无定形硅合金三个方向，其中纳米硅碳负极材料是最有希望大规模生产的材料之一，目前研究主要集中于硅的纳米化以及复合结构设计。从全球角度看，日韩企业较早制备出循环性较好的纳米硅碳材料，国内企业也在奋起直追，代表企业有江西紫宸、上海杉杉、深圳贝特瑞。

11.4.2.3　陶瓷复合有机隔膜

传统隔膜主要基于高分子材料，在高温情况下会发生物相变化。陶瓷复合有机隔膜可解决传统隔膜存在的缺陷，其制备工艺简单，兼具有机材料的柔性和无机材料的吸液性、耐高温性，可以保证电池使用过程中隔膜的完整性，避免电池短路、爆炸事故的发生，提高锂离子电池的安全性。

我国是锂离子电池生产大国，正负极材料、电解液材料都已实现大规模国产化，但是高性能隔膜尚未实现国产化。高性能隔膜产品目前被美国、日本、韩国等国垄断。

11.4.2.4　新型电解液功能添加剂

在锂离子电池的电解液中加入功能添加剂，可以显著改善电解液某一方面性能。电解液功能添加剂的种类主要有：①成膜添加剂，作用是改善电极与电解质之间的固体电解质界面膜的性能，提高电极循环稳定性和电池库伦效率；②过充电保护添加剂，主要包括氧化还原电对添加剂、电聚合添加剂和气体发生添加剂；③阻燃添加剂，可以在一定程度上降低电解液的可燃性，提高电池安全性；④离子导电添加剂，通过阴阳离子配体或中性配体提高锂盐的解离度，从而提高电解液导电率。

11.4.2.5　固态电解质

目前商用的锂离子电池大都采用含有易燃有机溶液的电解液，存在一定的安全隐患，发展固态电解质是提高电池安全性的技术方案之一。固态电解质材料应具备以下特点：①不易燃烧、不易爆炸；②无持续界面副反应；③无电解液泄漏、干涸问题；④高温寿命不受影响或者更好。

固态电解质材料可大致分为聚合物固态电解质、无机固态电解质以及有机无机复合固态电解质。

聚合物电解质材料中，聚环氧乙烷（PEO）基聚合物具备易成膜、易加工、高温下离子导电率高等优点，得到广泛研究。但 PEO 氧化电位低，工作温度一般在 60~85 摄氏度，电池需要热管理系统；同时该类电池一般使用金属锂负极，在充放电过程中存在锂枝晶刺穿聚合物膜，有内短路的隐患。因此，发展耐高电压、室温离子导电率高、具有阻挡锂枝晶刺穿、力学性能良好的聚合物电解质是重要的研究方向。

无机固态电解质材料的优点是离子导电率高，耐受高电压，电化学、化学、热稳定性好，对抑制锂枝晶生长有一定效果。无机固态电解质分为氧化物和硫化物。目前已小批量生产的固态电池主要是以无定型锂磷氧氮（LiPON）为电解质的薄膜电池。无机固体电解质一般需要加工成薄膜，除锂磷氧氮等少数几种固体电解质外，大多数材料难以制备成薄膜。与氧化物相比，硫化物相对较软，更容易加工，通过热压法可以制备全固态锂电池；但硫化物对空气较敏感，易氧化，遇水产生硫化氢等有害气体，可通过在硫化物中复合或掺杂氧化物改善这一问题。

现阶段，采用无机陶瓷固体电解质的全固态大容量电池电芯的质量和体积能量密度还显著低于液态锂离子电池，需要设计兼顾力学特性、离子导电率、宽电化学窗口的固体电解质，形成聚合物与无机陶瓷电解质复合的材料。两相复合后，原来连续相的离子通道有可能不连续；此外，两相复合时，更为关注的是离子在相界面的传输特性，这方面的深入研究目前还较少。采用有机无机复合电解质将是未来全固态电池的重要发展方向。

11.4.2.6　其他关键材料

复合导电添加剂：碳纳米管是由单层或多层石墨烯层卷曲而成的一维管状纳米材料，具备良好的电学性能、热学性能及储锂性能。碳纳米管导电添加剂的碳环可以形成共轭效应，少量添加就可以形成充分连接活性物质的导电网络，有利于提高电池的容量和循环稳定性。碳纳米管良好的热学性能有助于电池的散热，减少极化，提高电池的高低温性能和安全性。但是碳纳米管作为导电添加剂也存在两个主要的问题：一是碳纳米管之间强烈的范德华力，使其在活性物质中很难均匀分散，阻碍导电性能的发挥；二是碳纳米管在合成过程中易残留金属杂质，容易导致电池内部微短路和自放电严重，造成安全事故。

涂碳集流体：为了显著提高各种电极材料与集流体之间的结合强度、降低界面电阻，从而提高器件的循环寿命、降低内阻，对于铝箔，主要是进行表面处理，比如粗化处理、清洁处理。近期研究较多的是在正常铝箔表面涂上一层很薄的导电碳来优化电池性能。在高性能涂碳集流体中，碳层与铝层之间形成了牢固的冶金结合，有效提高了碳层与铝箔之间的结合强度，接触电阻极低。该类材料还具有良好的电化学相容性和优异的耐高温性能，可用于锂离子动力电池正极集流体、超级电容器正负极集流体、固体高分子电解电容器负极集流体。

新型多功能粘结剂：随着锂离子电池向高能量密度方向发展，传统石墨负极材料将逐渐被高比容量负极材料取代。高比容量负极材料在循环过程中容易产生较大的体积变化，传统的聚偏氟乙烯粘结剂并不能适应这种大的体积形变。新型多功能粘结剂中，羧甲基纤维素钠、聚丙烯酸、海藻酸盐、聚酰亚胺等材料表现较好，其中聚酰亚胺因其耐高温性能优异受到青睐。

11.4.3 应用现状

锂离子电池具有较高的比能量、比功率、充放电效率和输出电压，且使用寿命长、自放电小、无记忆效应，是一种理想的储能技术。相比抽水蓄能以外的其他储能技术，锂离子电池近年来保持高速增长态势，无论是累计投运装机规模还是新增投运装机规模均处于绝对主导地位。截至2021年年底，我国锂离子电池累计装机规模超5吉瓦，同比增长77%，占比达90%；新增投运规模首次突破2吉瓦，同比增长47%，占比超90%。2021年我国电源侧、电网侧、用户侧应用场景下新增典型锂离子电池储能项目见表11.3~表11.5。

表11.3 2021年我国电源侧新增典型锂离子电池储能项目

项目名称	建设单位	项目地点	储能规模	储能技术
三峡乌兰察布新一代电网友好绿色电站示范项目	中国三峡新能源股份有限公司	内蒙古乌兰察布	550兆瓦/1100兆瓦·时	磷酸铁锂电池
天骄绿能10万千瓦采煤沉陷区生态治理光伏发电示范项目	国家电力投资集团有限公司	内蒙古鄂尔多斯	5兆瓦/5兆瓦·时	磷酸铁锂电池
山东冠县桑阿30兆瓦农光互补光伏储能项目一期	冠县虹海农业科技有限公司	山东聊城	3兆瓦/6兆瓦·时	磷酸铁锂电池
华能新泰朝辉新能源泰安50兆瓦光伏电站储能项目	华能新泰朝辉新能源有限公司	山东泰安	10兆瓦/20兆瓦·时	磷酸铁锂电池
湖南龙山大灵山风电场储能项目	国家电力投资集团有限公司	湖南怀化	10兆瓦/20兆瓦·时	磷酸铁锂电池
五凌电力太和仙风电场储能项目	五凌电力有限公司	湖南株洲	5兆瓦/10兆瓦·时	磷酸铁锂电池
璧辉灵璧县灵南风电场储能项目	灵璧县璧辉新能源开发有限公司	安徽宿州	10兆瓦/10兆瓦·时	磷酸铁锂电池
国宏怀远万福二期风电场储能项目	怀远县国宏新能源发电有限公司	安徽蚌埠	10兆瓦/10兆瓦·时	磷酸铁锂电池

表 11.4　2021 年我国电网侧新增典型锂离子电池储能项目

项目名称	建设单位	项目地点	储能规模	储能技术
滨州供电公司八站合一智慧能源综合示范项目	滨州供电公司	山东滨州	未公开	磷酸铁锂电池
江苏连云港 220 千伏深港变多站融合项目	江苏东港能源投资有限公司	江苏连云港	未公开	磷酸铁锂电池
聊城供电公司八站合一光储电站项目	山东聊城供电公司	山东聊城	150 千瓦/300 千瓦·时	磷酸铁锂电池
镇江首座多站融合示范项目	国网镇江供电公司	江苏镇江	100 千瓦/200 千瓦·时	磷酸铁锂电池
合肥供电公司滨湖智慧能源服务站储能项目	合肥供电公司综合能源分公司	安徽合肥	5.3 兆瓦/10.6 兆瓦·时	磷酸铁锂电池
浙江嘉兴多站融合试点示范应急电源工程项目	国网浙江综合能源服务有限公司	浙江嘉兴	9.2 兆瓦·时	磷酸铁锂电池

表 11.5　2021 年我国用户侧新增典型锂离子电池储能项目

项目名称	建设单位	项目地点	储能规模	储能技术	应用场景
三峡电能中天钢铁储能项目	中天钢铁集团公司	江苏常州	10 兆瓦/39 兆瓦·时	磷酸铁锂电池	工业
盐城智汇德龙储能项目	江苏德龙镍业有限公司	江苏盐城	10 兆瓦/40 兆瓦·时	磷酸铁锂电池	工业
佛山群志光电公司用户侧储能项目	佛山群志光电有限公司	广东佛山	9.5 兆瓦/19.14 兆瓦·时	磷酸铁锂电池	工业
世纪互联新一代荷储 IDC 项目	世纪互联（佛山）信息技术有限公司	广东佛山	1 兆瓦/2 兆瓦·时	磷酸铁锂电池	数据中心
湖南省首个"风光储充换"一体站示范项目	张家界电网公司	湖南张家界	180 千瓦/360 千瓦·时	磷酸铁锂电池	EV 充电站
连云港 35 千伏庙岭变岸电储能项目	国网江苏省电力公司	江苏连云港	5 兆瓦/4 兆瓦·时	磷酸铁锂电池，超级电容	港口岸电

11.4.4　发展趋势

　　未来锂电池发展方向主要有：①长寿命，尽管目前锂离子电池在循环寿命方面具有明显优势，但仍然无法满足电化学储能的终极需求，因此开发循环寿命大于万次的锂电池将是未来储能用锂离子电池技术发展的重要方向和性能指标；②低成本，相比动力电池或消费电子产品锂电池，储能用锂电池对价格更为敏感，如何在综合经济成本上达到预期将直接决定锂离子电池在储能方面的市场和规模；③高安全性，储能电站安全事故破坏力极大，开发高安全性锂离子电池是当前全世界锂电池的研究热点和前沿。具体到电芯技术的发展趋势如下。

高能量密度电芯技术：未来，全新的电池材料体系将为高能量密度电池提供助力。以金属锂或硅为负极，以富锂材料、高镍三元、高电压钴酸锂、高电压镍锰尖晶石为正极材料的电池体系有望将锂离子电池的能量密度提升至 300~400 瓦·时／千克；锂硫电池的出现能够将电池的能量密度提升至 500 瓦·时／千克以上。固态电池有望实现兼顾能量密度与电芯安全性能的最佳解决方案，在最优化的电芯设计下，固态电池能够将锂离子电池的能量密度提升到 300 瓦·时／千克以上，并显著提升安全性与可靠性。

高功率密度电芯技术：追求能量密度的过程会不可避免地降低电芯的功率特性。常见的提升电池功率密度的方法有减薄极片、减小材料尺寸、增加电解液用量、使用三维导电添加剂、采用动力学性能好的正负极材料等，但这些方法对电芯功率密度的提升有一定阈值。在提升电芯功率密度的同时还应兼顾电池的内阻，提高电池的散热性能与安全性能。未来高功率电芯需要从材料体系或反应机理中得到突破。从材料体系入手，不改变现有的插层反应或化学反应机制，寻找动力学性能更加优异的正负极材料，或通过改性提高现有材料的动力学性能，从而提高倍率性能。新的反应机制需要从反应的根源入手，找到反应速率更快的物理、化学储能过程，从而替代现有技术。目前，锂离子电容器是重要的研究方向，其反应原理结合了锂离子电池的插层反应，又借鉴了电容器的电荷快速吸附原理，从而提高了锂离子电池的功率特性，还能在一定程度上兼顾能量密度。此外，在传统的工艺设计上进行电芯设计的优化、降低内阻、增强安全性将成为功率型锂离子电池的发展路线。

高能量密度高功率密度电芯技术：在现有技术条件下，设计高能量密度高功率密度（双高）电芯很难实现，因此需要对电芯结构、反应机制与整体设计有全新的设计或改造。在反应机制上，需要寻找动力学性能好、能够大量储存锂离子的正负极材料，可以考虑多种反应机制共存的材料体系。在电芯结构与整体设计上，需要设计出双功能双通道电芯。双功能即同时满足能量与功率的要求。双通道指电芯的主要电化学反应机制能够在功率型及能量型之间进行快速切换，在需要功率输出的场合下，尽量使用以吸附为主、插层为辅的充放电机制；在对能量要求较高的应用场合，则需要充分发挥各部分的储锂优势，最大化电池的能量密度。

高温电芯技术：设计耐高温电芯需要从正极材料表面修饰及电解液功能化两

方面入手。从正极角度，需要抑制正极过渡金属的溶解与氧气的析出过程，目前常用的手段是包覆与掺杂改性。从电解液角度，首先要保证电解液自身在高温下具有稳定的电化学窗口及稳定的物理、化学性质；其次电解液需要能够在负极表面生长完整，形成耐受高温的固体电解质界面层；最后电解液还要在一定程度上抑制正极材料的表面老化。

低温电芯技术：气温在 0 摄氏度以下时，电池性能和安全性都会受到影响。电池性能下降的主要原因是锂离子传输速率变慢以及电解液中的离子迁移速率受到影响。安全性能下降的主要原因是低温下石墨负极嵌锂更加困难，大量锂离子堆积在材料表面出现析锂现象，从而导致安全隐患的出现。解决电池低温性能应从材料、电解液及电池设计上入手，选取低温动力学性能好的正负极材料或通过改性提高现有材料的低温性能是一条非常重要的发展路线，同时电解液也需要做低温化的设计（在电芯内部或外部添加保温或加热装置），在溶剂选择、添加剂筛选上进行优化。

11.5 铅酸蓄电池技术

11.5.1 概述

铅酸蓄电池是以二氧化铅为正极活性物质，海绵状铅为负极活性物质，硫酸为电解液的一种二次电池。铅酸蓄电池通过正负极活性物质与电解液发生化学反应，实现电能和化学能的相互转化。电池放电时，正负极活性物质分别与电解液反应并转化成硫酸铅，使电解液中的硫酸扩散到极板中，电解液浓度降低；电池充电时，外电路从正极获得电子，正极由硫酸铅氧化成二氧化铅，负极由硫酸铅还原为铅，硫酸再次回到电解液中，电解液硫酸浓度增加。

铅酸蓄电池是目前市场占有率最高的二次电池之一。1859 年，法国物理学家普兰特发明了铅酸蓄电池。我国对于铅酸蓄电池的研究始于 20 世纪 80 年代末。经过多年的发展，铅酸蓄电池已经成为工艺最为成熟的二次电池，并以其工艺成熟、安全性好、性价比高、可回收利用等优势，广泛应用于通信、储能、交通等领域。

11.5.2 关键技术

铅酸蓄电池具有价格低、电压高、性能稳定、工作温度范围宽等优势，曾占据固定型储能市场的主导地位。但随着新能源和智能电网的发展，储能电池需要在不同的充电状态特别是高倍率部分荷电状态下工作，这限制了铅酸电池的容量和循环寿命。

铅炭蓄电池是由铅酸蓄电池和超级电容器组合形成的新型储能装置，它抑制了放电过程中负极板表面硫酸盐的不均匀分布和充电时较早的析氢现象，兼具铅酸电池高能量和超级电容器高功率的优点，在部分荷电态大功率充放电状态具有较高的循环寿命，适合高倍率循环和瞬间脉冲放电等工作状态（表 11.6）。

表 11.6　铅酸蓄电池与铅炭蓄电池性能指标对比

	铅酸蓄电池	铅炭蓄电池
工作电压（伏）	2.0	2.0
能量密度（瓦·时/千克）	30~40	30~60
循环寿命（次）	500~1000	2000~5000
持续充放电倍率（C）	≤ 0.2	≤ 0.5
充放电效率（%）	75~85	90~92

铅酸蓄电池与铅炭蓄电池的核心关键技术如下。

11.5.2.1　长寿命正极铅膏

改善早期容量损失现象要引入能提高正极活性物质 $\alpha-PbO_2$ 的含量、改善活性物质导电性、增加凝胶聚合物链间结合力的添加剂。在正极引入四碱式硫酸铅晶种并结合高温固化工艺，可加强正极活性物质的网络骨架结构强度，提高电池循环寿命。采用四碱式硫酸铅为主要物相的生极板，化成后能形成具有良好骨架结构的活性物质，且 PbO_2 晶粒尺寸均匀，在充放电循环过程中活性物质不易从板栅上脱落，具有克服早期容量损失现象及大幅度改善电池循环寿命等诸多优点。

11.5.2.2　新型轻质板栅技术

板栅在电池中具有集流和支撑活性物质的作用，在储能应用环境下，蓄电池需要有更小的内阻和合理的电势分布。除了板栅的欧姆内阻，板栅与活性物质的界面内阻也非常重要，合理设计正极板栅、优化结构和等势线分布、减少内阻是储能型铅酸电池的关键技术之一。采用高密度方形栅格结构的板栅较传统板栅增加了 58% 以上的表面积，具有更强的导电性能及耐腐蚀能力，大幅降低了极板内阻、减小极化，显著提高电池的充电接受能力和放电电压平台。如果需要满足高倍率充放电的要求，电池板栅则通常设计为放射状。

11.5.2.3　耐腐蚀板栅合金技术

在储能应用场景环境下，蓄电池要有较长的使用寿命，提高正极板栅的耐腐蚀性能是储能型铅酸电池的关键技术之一。一般采用 Pb-Ca-Se-Me 多元合金，通过研究不同种类元素的添加，减小合金的腐蚀部位数量和晶界腐蚀深度，减少合金缺陷部位，以开发满足长寿命使用的耐腐蚀合金。

11.5.2.4 高性能炭材料制备技术及其作用机制

高性能炭材料是铅炭电池获得高性能的关键核心技术。炭材料的导电率、比表面积、表面官能团、缺陷类型和外形等都可能影响负极活性材料的微观形貌、导电率、孔径分布和电容等，从而抑制负极的硫酸盐化。由于炭材料性能存在多样性，在电池中的作用机理是不同的，目前被普遍认同的作用机理主要有四个方面：①炭材料的加入能够构建导电网络，提升电极的导电性；②添加高比表面积的炭材料，可以提供双电层电容作用，提高充电电流的分散度；③空间位阻作用，炭材料减小了负极活性物质的孔径，抑制了硫酸铅晶体的生长，使得硫酸铅晶体保持较大的比表面积；④提高电化学反应动力，炭材料的表面能够为硫酸铅提供成核位置，炭材料能够在负极板内部构建有利于电解液通过的通道，能够提高电池在高倍率条件下电解液的扩散速率，并且提供电化学活性面积，促进铅的沉积。

11.5.2.5 负极铅炭协同应用技术

虽然炭材料的加入使铅炭电池的性能有了很大提高，但也带来了诸多问题，其中影响最大的是炭材料的加入导致负极板析出氢气，进而造成电池失水。炭材料析氢问题可以通过以下途径解决或缓解：①通过在炭材料中掺杂合适的杂原子或在炭材料表面引入其他的官能团，改变炭材料的表面特性，调节碳原子周围的电子云结构，对析氢反应的过程产生阻碍，抑制炭材料表面的析氢反应；②在炭材料或者电解液中添加适当的析氢抑制剂，析氢抑制剂一般选取具有高析氢过电位金属、金属氧化物或金属化合物；③在安全阀中采用催化栓吸收单体电池顶部空间内的游离氧，并将它与始终存在于电池内的大量氢气再复合，可以减少从电池排出的气体，防止氧气到达负极板，减缓因正极板的腐蚀反应而造成的负极板自放电反应；④采用合适的充电制度，根据铅炭电池的正负极电势，调整电池的充电截止电压，使铅炭负极的电极电势保持在较高值。

11.5.2.6 和膏和化成工艺技术

铅炭电池制备过程中需要将炭材料分散到铅膏中去，由于炭材料与铅材料两者的密度和比表面积差异较大，并且炭材料中添加了导电碳纤维，在分散和膏过程中炭易团聚，需要采用特殊预分散技术，以实现低密度、高比表面积炭材料与高密度、低比表面积铅粉的均匀分散。

炭的析氢过电位较低，负极板在化成过程中产气较多，在析出气体的不断冲击下，极板易出现"鼓包"现象。需要探索适合铅炭电池的化成工艺，调整充入电量与充电电压，以减少析出气体对极板的冲击，获得表面平整、高强度的铅炭负极板。

11.5.3 应用现状
11.5.3.1 光伏储能

2011年美国新墨西哥州公用事业公司建设了一个由500千瓦/500千瓦·时超级电池、250千瓦/1000千瓦·时高级铅酸电池与500千瓦光伏电站配套的离网型分布式电源系统。这套电源系统通过先进的控制算法提供同步的电压平滑和削峰填谷服务，其中500千瓦/500千瓦·时系统由2个电池柜组成，每个电池柜含有160个超级电池，用于平滑光伏输出；250千瓦/1兆瓦·时系统由6个电池柜组成，每个电池柜含有160个高级铅酸电池，用于太阳能削峰填谷，并通过光储配合达到不少于15%的高峰负荷消减量。

该电站运行结果表明，对于500千瓦的光伏电站，光照不足时，其发电功率将以136千瓦/秒的速率下降，当大规模可再生能源入网时，如此巨大的扰动是电网不能承受的，超级电池技术能有效地控制和平滑光伏输出；光照充足时，用户消纳不了的光伏电力被储存在高级铅酸电池中，光伏出力不足时（18:00以后）由电池系统放电来维持用电负荷。由此可见，高级铅酸电池储能系统具有较好的能量移峰作用（图11.6）。

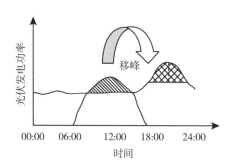

图 11.6　高级铅酸电池对光伏电力的移峰作用

11.5.3.2 风电储能

风能是蕴藏量巨大的清洁能源。快速爬坡率是风力发电的显著特点，但这也限制了风电的发展。风电入网的一个直接解决方案就是限制风电输出的爬坡率，平滑风电输出曲线。

澳大利亚汉普顿风电场项目应用超级电池储能技术限制可再生能源输出爬坡

率，增加可再生能源入网的渗透率。2011 年美国东宾制造公司为汉普顿风电场设计建造了 1 兆瓦 /0.5 兆瓦·时超级电池储能系统，当使用的储能容量为风电输出功率的 1/10 时，系统能限制风电场 5 分钟的爬坡率为风电原始输出的 1/10。也就是说，1 兆瓦的风电装机只需要 0.1 兆瓦·时的储存能量。通过储能充放电，变化剧烈的风电输出曲线变得平滑，有利于减少不稳定的风电对电网的冲击。

11.5.3.3 电网调频储能

2011 年美国东宾制造公司为 PJM 公司设计建造了一套电池储能系统，能提供 3 兆瓦的调频服务，还能为特定的高峰负荷提供 1 兆瓦电力需求侧能源管理服务。这套系统由 1920 个超级电池单体组成的 4 个 480 伏 /750 千瓦电池模块构成。图 11.7 为 PJM 公司某两天的输出功率变化曲线，由于受到发电和用电功率的不稳定影响，电网输出功率波动频繁，为了稳定电网频率，调频服务需要在 5 分钟内对电网补充能量（频率降低时）或释放能量（频率升高时），这时起蓄水池作用的储能电池充放电频繁，电流大但持续时间短。超级电池特别适合这种应用场合，因为其适合在浅充浅放状态下高倍率充放电循环。这套储能系统可对 PJM 的输出功率信号作出快速响应，提供连续的调频服务。

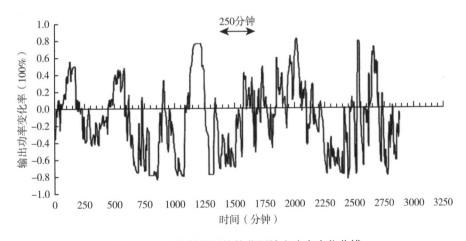

图 11.7　电池蓄能系统的典型输出功率变化曲线

德国 PCR 调频储能项目分三期开展，总计配置 45 兆瓦 /75 兆瓦·时的铅炭电池储能系统，均分布在德国莱比锡市郊。该地区建设了大量光伏和风电等可再生能源，电网调频储能系统将会为该地区的电网稳定运行作出贡献。

11.5.3.4 配网侧储能

江苏无锡新加坡工业园建设投运的增量配网 + 储能项目装机容量 20 兆瓦 /160 兆瓦·时，主要为工业园区电力负荷提供削峰填谷服务，年度可用天数超过 340 天，项目投运后每年可节约峰时电能 5500 万千瓦·时，每天在用电高峰时段可为园区提供 20000 千伏·安的负荷调剂能力。电站具备削峰填谷、需求响应、应急供电、改善电能质量四大功能。此外，电站还具有以下示范意义：①平衡园区高峰用电，为园区减少扩容方面的投资压力；②作为国内最大的商业化大规模储能电站项目，示范作用和意义巨大；③平衡大电网峰值负荷，消纳新能源出力负荷，提升电力系统能效利用率；④为园区提供应急备用电源支撑，能够以 20000 千瓦负荷持续供电 8 小时，提高园区的供电能力和可靠性。

11.5.3.5　用户侧储能

铅酸电池一直是用户侧储能的主力系统。电站储能可参与电费管理、光伏并网消纳、平滑负荷功率以及参与需求侧响应，实现经济效益增收；可削峰填谷、节约电量电费，实现园区用户侧电费管理；平衡电网峰值负荷，改善电能质量，提升电力系统能效利用率；提供智慧节能用电与应急供电，保障企业生产及设备安全；参与实现电力需求侧响应。

无锡南国红豆自备电厂 + 光储联合发电储能电站是江苏省首个多能互补的源 – 网 – 荷 – 储 – 控综合能源服务项目，项目规模为 4 兆瓦 /32 兆瓦·时，由自备电厂 + 光伏发电 + 储能 + 市电等多种电源供应，多能互补协调优化调度平台。

国网江苏"迎峰度夏"系列分布式储能项目规模约 500 兆瓦·时，项目建在工商业用户园区内，旨在解决"迎峰度夏"用电压力，提升电网电能质量和综合服务水平。

北京蓝景丽家智慧能源储能项目是全国首个应用于用户侧大型商业综合体的商业化储能电站，项目规模达 1 兆瓦 /5 兆瓦·时。该项目利用铅炭储能系统，解决了家居商城新装充电桩的变压器和线路无法扩容改造的痛点，实现了家居商场电费管理、智慧储能服务及电力需求侧响应等功能。

11.5.3.6　风光储微网系统

由国家电力集团投资建设的东福山岛 300 千瓦风光储微网供电系统于 2011 年 5 月初开始试运行，全岛负荷基本上由新能源提供。整个微网系统由 210 千瓦风力发电机组、100 千瓦光伏电池组、200 千瓦柴油发电机、960 千瓦铅炭电池组和 300 千瓦储能变流器组成。

东福山岛微网系统运行根据光伏、风机出力、蓄电池荷电状态及用电负荷情况，以有效使用新能源及合理使用蓄电池为原则。一般情况下，系统负荷用电主要由光伏、风机及蓄电池提供，当光伏与风机出力小于用电负荷时，差额容量由蓄电池供给；当光伏与风机出力大于用电负荷时，多余能量对蓄电池充电。当蓄电池荷电值较高时，系统由风光储供电；当蓄电池荷电值较低时，系统由柴油发电机供电。该示范工程实现了风光柴储优化互补和可再生能源的最大化利用，减少了柴油发电机的运行时间，提高了岛上的供电可靠性，大大改善了居民的生活品质。

11.5.3.7　核电站、国防工程等领域

在对供电安全可靠性要求极高的场景，如核电站备电系统，铅酸电池以其高技术成熟度，仍然是保障供电安全的首选。1E级[①]铅蓄电池一般采用富液式铅酸蓄电池，单体容量超过 3000 安·时，通过补液等维护手段，使用寿命可达 20 年。富液电池为竖立单层支架放置方式，占地面积较大，随着我国三代非能动核电站的建设，要求备电系统更紧凑、功率更高。阀控式铅酸电池以其功率特性好、可以多层叠放、免维护等优势，开始在核电站应用。

浙江南都电源有限公司研制出国内外首个超过 4000 安·时的 1E 级阀控蓄电池，具备 15 年鉴定寿命，较现有最大阀控电池产品容量提升了 33%，寿命提升 25% 以上，且能够在寿命末期满足核级 I 类抗震要求。该产品不仅可以满足 CAP1400 型压水堆核电机组对蓄电池的要求，同时可涵盖大部分国内核电机组的应用场景，为建立与我国核电发展规划相适应的自主 1E 级蓄电池能力提供了有力保障。

11.5.4　发展趋势

铅蓄电池具有技术成熟、成本低、安全可靠的优点，但是其放电功率较低、寿命较短，因此主要应用于长时储能场景。负极添加炭材料的铅炭电池的循环寿命大幅延长，已经可以满足 10 年以上的使用寿命。铅酸电池的未来发展仍然需要进一步解决部分荷电态下因负极硫酸盐化引起的容量快速衰减，并提高快速充放电能力。

铅酸电池未来发展的关键技术有：①高电化学活性和铅炭兼容的新型炭材料。开发适用于硫酸环境、大孔和中孔结构合理、高比表面利用率和良好的离子电导性的新型炭材料，良好的铅炭相容性，使负极具备较高的析氢过电位，抑制析氢失水的副反应。②宽温区、超长寿命、高能量转换效率、低成本的铅炭储能电池。开发负极长循环配方技术，抑制硫酸盐化。开发更耐腐蚀的正极板栅合金，提升正极耐腐蚀寿命，并改善合金表面氧化层，提高界面导电性。电池的寿命不低于 10000 次，环境适应温度 –40~60 摄氏度，支持 4 小时以上储能，同时支持峰值功率 ≥ 3C。③高电压大容量系统集成技术，电池系统电压 ≥ 1500 伏，单簇系统容量 ≥ 3 兆瓦·时，系统能量转换效率 ≥ 90%（含系统运行功耗），等效度电成

---

① 1E 级电气设备是一种核电厂专用设备。

本 ≤ 0.08 元 / 度。④吉瓦时级铅酸储能系统集成技术及智能管理技术，特别是充放电管理制度，使电池运行在合理的系统级芯片区间内，杜绝电池热失控风险，并延长系统使用寿命。

随着新能源革命的进一步深入，安全性和资源可再生性是规模储能不可回避的问题，适用于吉瓦时级应用的长时铅蓄（铅炭）电池储能仍将占有重要的一席之地。

11.6 液流电池技术

11.6.1 概述

液流电池通过正负极电解质溶液中的活性物质在电极上发生可逆氧化还原反应（即价态的可逆变化），实现电能和化学能的相互转化。充电时，正极发生氧化反应使活性物质价态升高，负极发生还原反应使活性物质价态降低；放电过程与之相反（图 11.8）。与传统二次电池不同的是，液流电池的正负极电解质溶液储存于电池外部的储罐中，通过泵和管路输送到电池内部进行反应，因此电池的功率与容量相互独立，可灵活设计，便于模块组合设计、电池结构放置以及容量扩展。

液流电池电解质溶液多为水系电解液，本征安全，可避免爆炸着火隐患；部分电极反应过程无相变发生，可进行深度充放电，能耐受大电流充放，循环寿命长。流动的电解液可把电池充放电过程产生的热量带走，易于实现电池的热管理；电解液可以实现回收再利用，残值高，全生命周期内环境负荷小、环境友好。但液流电池能量密度偏低，更适合于大规模储能。

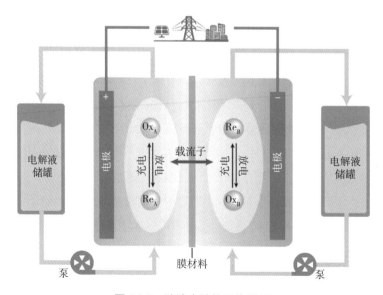

图 11.8 液流电池的工作原理

11.6.2 关键技术

液流电池系统包括电堆、电解液两大核心部件，以及电解液循环、电池管理、温度控制等配套系统。其中，电堆是液流电池实现化学能和电能相互转化的重要场所，直接决定了电池系统的性能和可靠性。电堆由多个单电池通过双极板相互连接，电堆内部包含离子传导膜、电极、电极框、双极板等关键材料，采用橡胶密封、焊接密封或粘接密封等方式防止电解液渗漏（图 11.9）。电堆的正负两极电解液通过电堆上设置的正负极电解液入口管路和出口管路，分别与电池系统的电解液循环管路相连通。在电路上可通过多个电堆之间的串并联满足外部系统的电压、电流要求和输出功率。

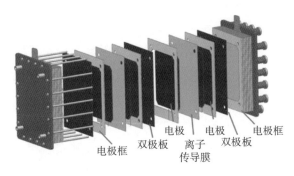

电极 电极 电极框
电极框 双极板 离子 双极板
传导膜

图 11.9 液流电池的电堆结构

按照电解液中活性物质的不同，液流电池可分为全钒、锌溴、锌铁、铁铬等 20 多种技术路线。

11.6.2.1 全钒液流电池技术

全钒液流电池是目前技术最成熟的液流电池，电池正极采用 VO^{2+}/VO_2^+ 电对，负极采用 V^{2+}/V^{3+} 电对，硫酸为支持电解质，水为溶剂。由于正负极电解质溶液均采用钒离子作为电解质活性物质，避免了正负极电解质活性物质在电池系统长期运行过程中的交叉污染，提高了系统运行寿命；而且在系统长期运行引起两侧价态失衡导致的容量大幅度衰减后，容易再生持续利用，可大幅度降低其全生命周期成本。

全钒液流电池包括如下关键技术。

（1）高性能低成本关键材料的设计制备技术

全钒液流电池的关键材料有离子传导膜、电极、双极板及电解液等。

离子传导膜阻止正负极活性物质互混，导通离子形成完整电池回路，材料选择应具有选择性高、传导率高、稳定性高和成本低等特点，常用的离子传导膜材料包括离子交换膜和多孔离子传导膜两大类。全氟磺酸离子交换膜是目前液流电池中最常用的膜材料，如杜邦公司 Nafion 系列膜。为了打破传统离子交换膜由于离子交换基团引入导致的稳定性降低问题，中国科学院大连化物所提出了不含离子交换基团的"离子筛分传导"机理，开发出全钒液流电池用多孔离子传导膜。与离子交换膜不同，多孔膜基于孔径筛分效应，从分子尺度上实现对活性物质的隔离和载流子的传导。常用的制备多孔膜的方法包括相分离法、拉伸法和静电纺丝法等，可以制备出具有不同形貌特征的多孔膜，从而满足液流电池的多种需求，大幅度降低了膜材料成本。

电极为正负极氧化还原反应提供反应场所，其性能直接影响电化学反应速率以及电解质溶液的分布均匀性，进而影响电池的极化以及电池内阻，最终影响电池的能量效率和功率密度。因此，电极需要具有优异的导电性、电催化性能、稳定性和机械强度，开发高活性、高导电性和具有合适孔结构的电极材料是提高液流电池功率密度的关键之一。碳毡、石墨毡、碳纸、碳布等碳纤维材料具有三维立体结构、良好的稳定性、较高的比表面积及良好的导电性能，是液流电池使用最多的电极材料，通常对其进行表面官能团修饰、活化造孔、担载电催化剂等改性处理以提高电催化活性。

双极板作为分隔相邻单电池正负极电解质溶液并实现单电池之间串联的重要部件，应具有良好的导电性、耐腐蚀性、阻液性以及较强的机械强度。碳塑导电复合材料双极板的机械力学性能高、阻液性能好、可加工性强、成本低廉，目前在全钒液流电池中应用最为广泛。但为满足高功率密度的需求，其导电性还需进一步提高。近年来出现的柔性石墨双极板导电率可达 500 西门子 / 厘米，但价格昂贵限制了其推广应用。

电解质溶液是决定储能容量的关键材料，需要具有较高的能量密度、较高的电解液稳定性。电解液中氧化还原活性电对的性质直接影响液流电池性能，如溶解度影响电池的能量密度、反应动力学影响电池的工作电流密度及电压效率、稳定性和可逆性影响电池的寿命和库仑效率等。对于电解质溶液的研究主要集中在三个方面，一是通过络合技术提高正极电解液的高温稳定性，二是提高电解液中活性物质钒离子的浓度，三是通过改变支持电解质的方式提高电解液的综合性能。

（2）电堆及系统的设计集成技术

液流电池电堆内部的反应机理与反应过程比较复杂，需要对其流场、浓度场、质量场、温度场、化学反应及其之间的耦合作用关系进行分析，找出上述物理场的主要影响因素以及调控机制，通过对结构参数、运行参数的设计优化，提高电堆的工作电流密度和效率，进而降低电堆成本。

近年来，研究者们不断提出创新的结构设计以提高电堆的功率密度，电堆的规格型号也逐渐丰富，由适用于用户侧储能系统的 5~20 千瓦电堆至兆瓦级规模储能系统的 30~125 千瓦电堆。电堆的能量效率达到 75%~80%，工作电流密度达到 100~300 毫安 / 平方厘米，电堆成本也由每千瓦万元下降至 3000 元以下。

电堆的高效集成技术对电堆的生产效率及可靠性有很大影响。中国科学院大连化物所研究团队开发出新一代可焊接全钒液流电池技术，其膜材料选择可焊接多孔离子传导膜，双极板采用可焊接双极板，实现了电堆的高效、自动化集成，系统可靠性进一步提高，电堆成本可降低 40%，极大地推动了全钒液流电池技术的商业化进程。

液流电池系统一般采用储能单元模块化设计方式，各储能单元模块由电堆、电解液、电解液储罐、循环泵、管道、辅助设备仪表以及监测保护设备组成。液流电池系统由多个单元模块在电路上通过串联、并联或者串并联相结合的方式构建电路电压，达到一定功率，满足应用需求。该方面的关键技术主要包括全钒液流电池系统级漏电电流调控技术、辅助用能能耗调控技术、容量恢复技术、系统健康状态表征技术等。

11.6.2.2　锌基液流电池技术

以金属锌为负极活性组分的锌基液流电池体系具有来源广泛、价格低、能量密度高等优势，已成为目前液流电池储能技术中种类最为繁多的一类储能技术，在分布式储能及用户侧储能领域具有很好的应用前景。

锌基液流电池主要包括锌卤素（溴、碘）液流电池、锌铁液流电池、锌镍单液流电池等。锌基液流电池的负极半电池发生金属锌的沉积 – 溶解反应，全电池性能受锌负极的制约。

在众多种类的锌基液流电池体系中，锌溴液流电池和锌碘液流电池是为数不多的两类正负极两侧电解液组分（溴化锌或碘化锌）完全一致的液流电池体系，电解液再生简单。其中，锌溴液流电池电压高达 1.82 伏，理论能量密度高达 430 瓦·时 / 千克，是目前技术成熟度最高的一类锌基液流电池体系，在美国、澳大利亚等国发展较好。碱性锌铁液流电池也是目前较为成熟的一类锌基液流电池储能技术。该体系初期采用全氟磺酸阳离子交换膜作为隔膜，负极采用镀锌（或铜）的铁板作为电极，在 35 毫安 / 平方厘米的工作电流密度条件下，电池的库仑效率为 76%、能量效率为 61.5%。

11.6.2.3　其他液流电池技术

溴元素被称为"海洋元素"，在自然界中主要以 Br^- 的形式存在于海水中。液流电池主要利用 Br_2/Br^- 电对作为氧化还原活性物质，具有电化学活性好、电极电势高、价格低等优点。但由于 Br_2/Br^- 是一种单电子转移反应，其能量密度受限；且高价态的溴由于正电荷较为集中，在水溶液中容易形成含氧溴酸。

通过在酸性的电解液中引入强电负性的 Cl^-，与充电中产生的 Br^+ 结合，生成较为稳定的 $BrCl_2^-$，实现从 Br^- 到 $BrCl_2^-$ 的可逆两电子转移反应。以此作为正极组装的钛溴液流电池能够实现稳定反应，且放电容量能够达到 96 安·时 / 升。

在上述电池体系之外，众多科学家也提出了多种基于其他反应原理的电池体系，如基于杂多酸的新体系电池，其多电子转移的电化学性质可以大大提高电池的能量密度；或者基于金属离子配体的电池体系，如铁离子与有机配体配位后构建的全铁液流电池等。

11.6.3　应用现状

液流电池具有本征安全、循环寿命长、响应迅速、储能系统设计灵活、易于扩展、环境友好等特点，适合用于输出功率为数千瓦至数百兆瓦、储能容量为数百千瓦时至数百兆瓦时的储能范围，尤其适合中长时储能。按照在电力系统中的应用领域，可将其分为电源侧、电网侧和用户侧应用。

11.6.3.1　电源侧应用

从储能系统的安全性、生命周期的性价比和环境负荷方面综合考虑，液流电池特别是全钒液流电池储能技术是电源侧应用的最佳技术方案之一，可实现风能、太阳能发电的跟踪计划发电，保证联合出力的稳定性和连续性，同时可提高可再生能源电站的电能质量。

日本住友电工公司于 2015 年在安平町南早来变电站建成 15 兆瓦 /60 兆瓦·时储能系统并运营至今，是目前国际上已投运的最大规模的全钒液流电池储能系统。

我国大连融科储能技术发展有限公司实现了多套兆瓦级以上的全钒液流电池储能系统集成与应用示范，其中最具代表性的是 2012 年 12 月并网运行的当时世界上规模最大的国电龙源卧牛石风电场 5 兆瓦 /10 兆瓦·时全钒液流电池储能应用示范电站。国电龙源卧牛石风电场装机容量 45 兆瓦，风电机组由 35 千伏线路连接至风电场升压站，储能电站总容量 5 兆瓦 /10 兆瓦·时，由全钒液流电池系统、储能逆变器、升压变压器和就地监控系统及储能电站监控系统等设备组成。该全钒液流电池储能电站目前仍在运行中，是目前国内外运行时间最长的兆瓦以上级商业示范全钒液流电池储能电站之一。在能量管理系统的统一调度下，该储能系统能够实现功率的平滑输出，提高风电场跟踪计划发电能力；实现风场弃风限出力情况下储电，增加风电场收益；满足风电场并网点处的暂态有功出力紧急响应和暂态电压紧急支撑功能需求；接受电网调度，参与电网调频。

11.6.3.2　电网侧应用

液流电池储能系统在输电网和配电网中的作用具体包括以下几个方面：①响应速度快，有效提高系统调峰和调频效率，减少电力系统备用容量；②抑制低频振荡，提供动态、暂态稳定控制，提高电网的电能质量和系统稳定性；③削峰填谷，减小峰谷负荷差，缓解高峰负荷供电需求压力，提高现有电网设备的利用率和电网的运行效率；④具有快速的充放电响应能力，在充放电转换和爬坡速率方面具有优异表现，可以在几十毫秒内快速释放或吸收有功和无功，调节配电网供电区域内部的频率和电压，提高供电电能质量；⑤作为备用电站，实现配电网孤岛运行供电，提高供电安全保障能力。

2016 年建设的大连液流电池储能调峰电站国家示范项目是我国第一个大型化学储能国家示范项目。电站采用中国科学院大连化物所自主研发、具有自主知识产权的全钒液流电池储能技术，项目总体建设规模为 200 兆瓦 /800 兆瓦·时，分两期建设，其中一期 100 兆瓦 /400 兆瓦·时已经于 2022 年 10 月底并网运行。储能车间分两层布置，一层安装容量单元即电解液储灌，二层安装功率单元（即集装箱式液流电池），二层楼顶安装储能变流器等。该电站投入运行后，可提高大连电网调峰能力、大连南部地区供电可靠性，改善电网的电源结构，为风电、光伏等新能源的开发提供有利条件。

11.6.3.3　用户侧应用

液流电池应用于用户侧，可实现分布式发电的最优化运行和配置，调节分布式发电中可再生能源的出力和电能质量；可参与需求侧响应，获得政府补贴；实现用户端的峰谷套利以及降低最大需量，提升用户的用能可靠性并降低用电成本。

2012 年金风科技在北京亦庄金风工业园区建设可再生能源多能互补微网项目示范。发电系统包含 1 台 2.5 兆瓦风能发电机组，3 套 500 千瓦太阳能光伏电池以及 2 台共 130 千瓦微型燃机；储能系统由 1 套 200 千瓦 /800 千瓦·时的全钒液流电池、1 套 200 千瓦 /800 千瓦·时的锂离子电池、1 套 200 千瓦 /10 秒的超级电容器和 1 套 200 千瓦 /10 秒的飞轮储能装置构成。全钒液流电池系统作为整个微电网系统的核心储能设备，具有平滑可再生能源出力、削峰填谷、辅助控制电压频率等功能。园区负荷主要是办公楼和生产车间，微电网通过能量管理系统可以对用户进行柔性电力管理，既可以与外部电网并网运行，也可以独立运行。这套微网系统每年可为企业提供清洁电力约 260 万千瓦·时，占园区总用电量的 30%，每年向电网售电创收约 40 余万元。该全钒液流电池储能系统目前仍在继续可靠运行。

其他类型液流电池在用户侧领域也有一些应用示范。例如，ZBB 公司在纽约安装的 50 千瓦 /100 千瓦·时锌溴电池系统，用于屋顶光伏发电系统的储能装置；在澳大利亚新南威尔士郊区安装的 250 千瓦 /500 千瓦·时锌溴电池储能系统，用作 20 千瓦光伏电池发电储能装置，可提高该地区夜间供电的稳定性。

11.6.4　发展趋势

经过 20 余年的努力，我国液流电池储能技术水平处于国际领先地位，尤其是全钒液流电池已基本满足实际应用要求。但要实现其从商业化初期向规模化发展，还需加强电池关键材料（如高性能低成本膜材料、高活性电极材料及宽温区电解液）的开发以及电堆结构设计的技术创新，建立和完善液流电池储能技术产业链，以满足可再生能源大规模接入，传统电力系统调峰提效对高安全、长寿命、低成本、超长时储能技术的重大需求，推进液流电池商业化应用。

锌基液流电池（如锌溴液流电池、锌铁液流电池等）虽已进入示范应用阶段，但依旧存在诸多挑战，如锌基液流电池普遍存在的面容量受限、工作电流密度偏低等问题。锌基液流电池储能技术种类多，需要对其技术存在的共性问题和个性问题进行深入研究，并对不同技术的优缺点、技术难点、应用价值和科学性进行全面科学判断，解决影响锌基液流电池储能技术实用化进程的关键技术。

目前液流电池新体系，除了少数电池体系（如锌碘、硫碘等）集成了电堆并初步完成了性能测试，其他电池体系的性能测试仍处于实验室规模，对于放大后的诸多问题仍然需要进一步优化。因此，新体系的应用之路仍然任重道远。

11.7　钠离子电池技术

11.7.1　概述

与锂离子电池相同，钠离子电池由正极、负极和电解液组成，中间由隔膜隔开，外部通过外电路连接用电器进行供电。电池充电时，电子由正极经外电路流向负极，电池内部正极脱出钠离子，经电解液穿过隔膜迁移至负极，与外电路流过来的电子相结合，最终存储在负极材料中；放电时则相反。

与锂离子电池相比，钠离子电池有许多优势：①钠元素储量丰富、分布广泛，使钠离子电池成本更加低廉；②钠离子电池可兼容大多锂电生产设备；③铝与钠不会形成合金，因此钠离子电池正负极均可使用铝箔作为集流体，进一步降低成本且不存在过放电问题，同时基于全铝箔集流体可设计双极性电极，节约其他非活性材料以提高体积能量密度；④钠离子界面反应动力学性能更好，更适合快充，相同浓度下钠离子电池电解液导电率更高，在低浓度电解液中也能保持较高的导电率；⑤高低温性能更加优异；⑥安全性更好。

虽然钠离子电池目前的能量密度还相对较低，仅为 80~160 瓦·时 / 千克，但其单位能量的成本比锂离子电池低 30% 左右。未来，随着钠离子电池能量密度的进一步提升和生产规模的逐步扩大，其成本优势将更加凸显，将逐步取代铅酸电池，成为锂离子电池的有效补充。

11.7.1.1　正极材料

钠离子电池正极材料主要为氧化物类、聚阴离子类和普鲁士蓝类（图 11.10）。其中，层状氧化物类正极材料目前最成熟，主要有 O3 型和 P2 型结构。O3 型层状氧化物的钠含量较高，因而可逆容量高，但空气稳定性较差，且充放电过程中相变较复杂，循环稳定性较差。P2 型氧化物的钠含量相对较少，空气稳定性高，倍率和循环性能更好。整体而言，尽管钠离子层状氧化物的电化学性能尚未达到与锂离子层状材料相同的水平，但从性能和成本的角度综合考虑，其仍是一种极具竞争力的钠离子电池正极材料。

聚阴离子类材料具有高倍率、长循环、高氧化还原电位和高安全等特点，主要包括磷酸盐、氟化磷酸盐、焦磷酸盐和硫酸盐等。钠超离子导体材料因具有高离子导电率，可提供快速的 3D 钠离子扩散通道，引起了研究者们的广泛关注，其中最具代表的是 $Na_3V_2(PO_4)_3$。此外，可通过引入氟元素等提升材料的电压窗口，其

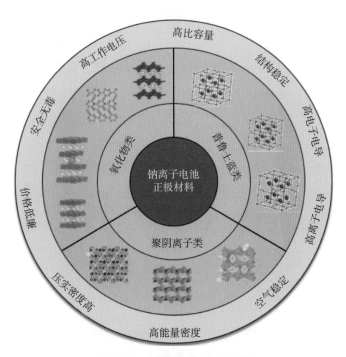

图 11.10　钠离子电池正极材料

中以 $Na_3(VOPO_4)_2F$ 的研究最为广泛和深入。目前，聚阴离子类材料已经取得许多重大突破，有望在未来成为常用的钠离子电池正极材料之一。然而，这类材料理论容量相对层状氧化仍较低，且电子电导性一般较差，需要额外的炭材料包覆或纳米化工艺等策略改善，这无疑也是其最大的瓶颈之一，未来针对聚阴离子类正极的改性仍是研究重点。

普鲁士蓝类似物拥有开放的三维离子扩散通道和稳定的三维骨架结构，因利于钠离子快速的嵌入脱出并能在该过程中保持晶格结构的稳定性，因而具有较好的倍率和循环性能。丰富的过渡金属离子组成使材料具有灵活的设计性，且合成方法简便、成本低廉。此外，普鲁士蓝材料具有较低的浓度积常数，可作为水系电池的正极材料使用。在众多普鲁士蓝材料中，铁氰化物结构稳定、前驱体成本低廉、制备简单，是研究最为广泛的材料，最高可实现 170 毫安·时 / 克的可逆容量和较高的工作电压。然而，现实中的普鲁士蓝材料往往难以完全发挥其独特优势，主要在于其结构中含有 $Fe(CN)_6$ 空位，这些空位使氧化还原活性中心减少，导致实际比容量减少；空位破坏晶格的完整性，在钠离子嵌入 / 脱出过程中造成晶格扭曲甚至结构坍塌，严重影响循环稳定性。此外，该类材料晶格中往往含有结晶水，部分水分子脱出进入电解液会导致首周库仑效率和循环稳定性降低，同时晶格水占据钠离子的活性位点，也会导致容量损失。当前，普鲁士蓝材料作为容量、电压高度可调的一类材料，具有很高的实际应用前景，未来进一步对其合成方法和元素选择进行优化，从而调控其晶格结构及水含量，提升循环稳定性仍是研究重点。

11.7.1.2 负极材料

钠离子电池负极材料主要有碳基材料、钛基材料、有机材料、合金及其他材料（图 11.11）。

图 11.11 钠离子电池负极材料

无定形碳负极材料因其前驱体选择丰富、成本低廉、制备方法简便，且可以提供缺陷、杂原子、纳米孔隙等微观结构，利于钠离子的储存，且材料在充放电过程中结构相对稳定、循环稳定性好，是目前公认的最具实际应用前景的钠离子电池负极材料。近几年，研究人员发现通过制造和优化闭合的纳米孔隙结构，可以将碳负极的可逆比容量进一步提升。然而，目前报道的超高容量碳负极材料极其有限，且制备方法相对烦琐，难以适应大规模生产和商业化的需要，并且由于长平台的存在导致倍率和循环性能短板及安全问题，未来开发制备简便、成本低廉、兼顾循环和安全性的超高容量碳负极材料仍然任重道远。

钛基负极材料具有安全性高、应力变化小、成本低廉和环境友好等优点。

有机负极材料成本低廉，官能团选择丰富、易调控，充放电过程中可以进行多电子反应，离子迁移速率快。常见的有机负极材料主要有羰基化合物、席夫碱化合物、有机自由基化合物和有机硫化物。其中，羰基化合物合成简便、分子结构多样且结构稳定，理论比容量较高，离子动力学较快。然而，有机负极材料电子导电率较低，在有机电解液中可能出现溶解现象，限制其倍率和循环性能，距离实际应用尚有较大差距。

合金类负极材料主要有锡、锑、铋、铅、锗、磷等，相比于碳基材料的嵌入式反应机理，合金反应所能转移的电子数更多，因此其理论比容量是目前已知最高的一类负极材料（表 11.7）。与合金材料相似，金属氧化物、磷化物、硫化物等转换类负极材料（如 Sb_2O_3、Sn_S、Sn_4P_3 等）的比容量更高。

表 11.7　常见合金负极材料及其钠化产物与理论比容量

合金	钠化物	理论比容量（毫安·时/克）
锡	$Na_{15}Sn_4$	847
锑	Na_3Pb	660
铋	Na_3Bi	385
铅	$Na_{15}Pb_4$	485
锗	$NaGe$	369
磷	Na_3P	2594

然而，合金及转换类负极材料循环过程中体积变化大，易出现电极粉化，容量衰减严重，循环性能差，通常降低合金的颗粒尺寸或采用碳基底材料进行复合包覆可以有效减缓这些现象。另外，合金类材料的成本相比碳基材料更高，未来在解决其循环性能和降低成本方面依然面临巨大挑战。但是，由于碳基材料理论

比容量有限且压实密度较低，对于进一步提升钠离子电池的能量密度其贡献仍然有限，具有最高理论容量的合金及转换类材料在此方面有着极高的应用前景，解决和突破上述瓶颈是未来此类材料的研究重点。

11.7.1.3 电解质材料

电解质材料直接影响了电池的可逆容量、可逆性、库仑效率、倍率性能、循环稳定性及安全性，一般包括钠盐、溶剂和添加剂（图 11.12）。

在钠盐方面，无机钠盐中 $NaPF_6$、$NaClO_4$ 和 $NaBF_4$ 研究最早，使用最为广泛。$NaPF_6$ 为白色晶体，热稳定性较好、溶解度高，是目前综合性能最好和最具商用前景的钠盐之一；缺点是化学稳定性相对较差，存在安全隐患，易水解，造成电池性能衰减。$NaClO_4$ 是目前实验室最常用的钠盐之一，优点是溶解性好、导电率高、成本低廉、对水分不敏感、耐氧化性强，与碳基负极材料兼容性较好，适用于高电压电解液体系；缺点是氧化性较强，有潜在爆炸危险，因此一般不用作商业钠盐。$NaBF_4$ 热稳定性好、对溶剂水含量的耐受力较强，不易水解，安全性高于 $NaClO_4$，高低温性能优于 $NaPF_6$；缺点是在溶剂中较难解离，且电解液的离子导电率比较低。常用的有机钠盐主要有 NaFSI、NaTFSI、NaOTf。NaFSI 导电率高，对水分更耐受，环境更友好，有利于提升负极材料的循环稳定性；缺点是易使铝集流体发生腐蚀溶解。NaTFSI 的阴离子半径比 NaFSI 更大，解离度更高，电子导电率更高，应用和研究范围更广；其电压窗口比 $NaPF_6$ 低，但也能满足实际应用需要。

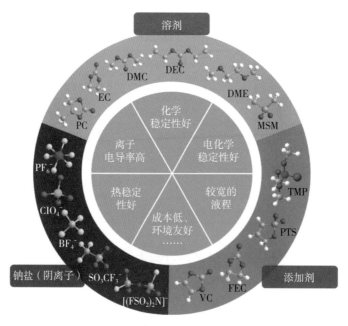

图 11.12　钠离子电池电解质材料

在溶剂方面，碳酸酯类溶剂介电常数高、耐氧化性好、电压窗口较宽、成本低廉，是目前研究和应用最为广泛、也是最具商业前景的电解液溶剂。环状碳酸酯如碳酸丙烯酯（PC）、碳酸乙烯酯（EC）已开始商业应用，是钠离子电池电解液的主要溶剂之一。相比于酯类溶剂，醚类溶剂通常黏度较小、介电常数低、所配电解液的导电率较高。但醚类溶剂化学性质相对活泼、耐还原性较强、耐氧化性较弱，从而与负极可以更好地兼容形成较少较薄而均一致密的固体电解质界面，但对于高电压的正极材料而言兼容性较差，在高电位易分解。醚类溶剂成本更高，使其发展和应用受限。常见的醚类溶剂主要有四氢呋喃（THF）、乙二醇二甲醚（DME）、二乙二醇二甲醚（DEGDME）、四乙二醇二甲醚（TEGDME）和二氧环戊烷（DOL）等。

添加剂指在电解液中含量较少（一般在 5% 以下）的组分，可以是气体、液体或者固体，具有针对性强、用量小的特点，可以在基本不提高生产成本、不改变生产工艺的情况下明显优化电池某一方面的性能。按照添加剂的组成，钠离子电解液的添加剂可以分为无机添加剂和有机添加剂。无机添加剂主要以固体钠盐为主，包括 $NaBF_4$、$NaNO_3$ 和 $NaC_2O_4BF_2$ 等。一些钠盐本身有较为明显的短板，作为添加剂使用往往会比直接作为钠盐有更多优势。有机添加剂包括含不饱和键的碳酸亚乙烯酯（VC）、碳酸乙烯亚乙酯（VEC）等；氟代溶剂类的氟代碳酸乙烯酯（FEC）、反式二氟代碳酸乙烯酯（DFEC）等；含硫添加剂类的亚硫酸乙烯酯（ES）、1，3- 丙烷磺酸内酯（PS）、丙烯基 -1，3- 磺酸内酯（PST）、硫酸乙烯酯（DTD）；腈类如丁二腈（SN）、乙氧基（五氟）环三磷腈（EFPN）等。此外，还有阻燃添加剂、防过充添加剂、浸润剂等。

11.7.2　关键技术

在电极、电解质等关键材料的研发基础上，钠离子电池的实际应用还需要依托成熟的制造技术。钠离子电池的生产制造工艺主要包括极片制造和电芯制造。在应用方面，钠离子电池主要聚焦于对能量密度要求较低的低速交通领域及储能领域，如电动自行车、低速电动车、分布式储能和规模储能等。

11.7.2.1　极片制造

钠离子电池前端电极的制造工序分为制浆、涂覆、辊压、分切四步。制浆是将正负极活性物质与粘结剂、导电剂、溶剂按一定比例混合，搅拌制成电极浆料，浆料的黏度、固含量、细度和流变特性等是检测浆料的重要指标。

涂覆是用涂覆机将搅拌好的电极浆料均匀涂覆于铝箔集流体表面，通过加热烘干除去浆料中的溶剂，该工序可直接影响电池的容量、内阻、循环寿命、安全性和一致性等。

涂覆后电极材料在集流体上的附着状态仍相对较为松散，因此需要经过辊压步骤将极片进行压实，达到一定的压实密度。经过辊压的电极其颗粒间、涂层与集流体之间接触更为紧密，可有效降低电极孔隙率和电极内阻、提高电池能量密度。辊压后极片的厚度和压实密度是该工序的重要检测指标。

经辊压压实后的电极将根据电芯尺寸的需要，通过分条机将整卷极片纵向切成一定的宽度，在此过程中应避免极片边缘在剪切作用下导致的弯曲及断裂失效。

11.7.2.2 电芯制造

根据材料体系和封装形式，可将钠离子电芯分为圆柱、软包和方壳三类（图 11.13）。圆柱电池采用相对成熟的卷绕工艺，自动化程度高、一致性好、品质稳定、成本较低，是目前最常用的电芯类型之一。软包电池使用铝塑膜封装，在发生热失控等安全问题时，铝塑膜可鼓起裂开从而防止爆炸，使该电池安全性更好。软包电池具有包装材料较轻、内阻更小、设计灵活等优势，但其产品稳定性较差且成本较高，极易因封装不良或铝塑膜破损导致电池漏液。方壳电池采用方形的铝壳或钢壳作为封装材料，结构简单，重量较轻。方形电池可根据产品的尺寸进行定制化生产，型号较多，工艺较难统一。

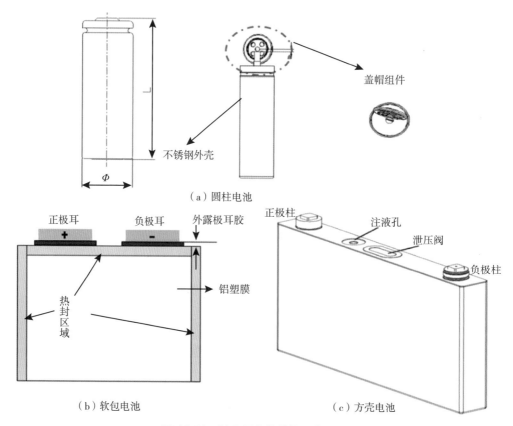

图 11.13　钠离子电芯结构示意图

不同的电池往往采用不同的电芯装配工艺。圆柱电池内部储能结构为圆柱形卷状，方形电池则为方形卷状和层叠状。卷绕结构技术相对成熟，更易于实现大规模生产。叠片结构的优点在于电芯内阻较低、均匀性好、倍率和散热性能优异，能够充分利用电池边缘的空间，从而提高其能量密度。但是叠片工艺在极片的冲切过程中易产生较多的断面和毛刺，容易刺穿隔膜导致内短路，同时工业生产难度较高，不利于量产。

极片装配完成后进行外壳封装，并将电解液注入电芯中，最后封口完成整套电芯装配流程。出厂前，电芯还需按照一定的充放电方式完成化成工序来使电芯激活，在电极表面形成稳定的界面膜，从而最大限度发挥电芯的电化学性能。化成工艺直接影响电池的可逆容量、倍率和循环性能等，在整个电池制造环节中起到举足轻重的作用。之后，电芯将进行分容分选检测来确定其容量、电压、内阻等指标是否符合标准，通过筛选后才可出厂使用。

11.7.3　应用现状

2010 年以来，钠离子电池逐渐受到国内外的广泛关注，取得了一些重要的研究成果。英国法拉第公司最早开展钠离子电池技术的开发及产业化工作，现已研制出 10 安·时软包电池样品，比能量达 140 瓦·时/千克，电池平均工作电压 3.2 伏，在 80% 放电深度下的循环寿命预测可超过 1000 周。2017 年中国科学院物理所建立了中国首家钠离子电池研发与生产公司——中科海钠，现已研制出比能量超过 145 瓦·时/千克的钠离子电池，2C/2C 循环 4500 次后容量保持率可在 80% 以上；实现了正负极材料的千吨级制备，具备 1 吉瓦·时钠离子电芯的制造能力，目前实验室电芯能量密度已突破 200 瓦·时/千克。

随着钠离子电池技术的迅速发展，国内外已有几十家企业进行相关产业化布局，并取得了重要进展：美国国家能源公司成功开发了基于普鲁士蓝（白）材料的钠离子电池，但能量密度仅有 23 瓦·时/千克；法国 Tiamat 公司开发出基于氟磷酸钒钠/硬碳体系的 18650 电池原型，工作电压达到 3.7 伏，比能量为 120 瓦·时/千克，1C 倍率下的循环寿命达 4000 周；我国钠创新能源有限公司制备 $Na[Ni_{1/3}Fe_{1/3}Mn_{1/3}]O_2$ 三元层状氧化物正极材料/硬碳负极材料体系的钠离子软包电池比能量为 120 瓦·时/千克，循环 2500 周后容量保持率超过 80%；宁德时代于 2021 年发布其第一代钠离子电池技术，能量密度可达 160 瓦·时/千克。此外，日本住友、岸田化学、丰田、松下和三菱化学以及我国的星空钠电、珈钠能源和众多锂离子电池及材料龙头企业也纷纷布局钠离子电池市场。

钠离子电池的应用示范也在不断推进。2015 年英国法拉第公司推出了钠离子电池电动自行车和电动滑板。美国国家能源公司长期致力于水系钠离子电池开发，相关产品已应用于数据中心，并可实现 50000 次以上循环，但能量密度极低。依托中国科学院物理所的核心专利技术，中科海钠于 2017 年和 2018 年分别推出了钠离子电池电动自行车和全球首款钠离子电池电动车，2019 年和 2021 年又分别推出了全球首套 100 千瓦·时钠离子电池储能电站和 1 兆瓦·时钠离子电池光储充系统；此外，电动自行车、景区观光车、长江航道航标供电、家用储能柜等应用示范也于近年相继推出。

11.7.4 发展趋势

截至 2021 年年底，全球已投运新型储能累计装机规模 25.4 吉瓦，其中锂离子电池市场份额超 90%，占绝对主导地位。锂离子电池也是电动汽车动力源的最佳选择，但有限的锂资源使锂离子电池很难同时支撑电动汽车和大规模储能两大应用场景，原材料的价格飞涨也给锂离子电池的发展带来巨大压力。全球一半以上可开采锂资源分布于南美洲，我国锂资源储量仅占 6% 左右，对外依存度超 80%，极易面临锂资源"卡脖子"问题，这对我国新能源战略和国家能源安全极为不利。因此，开发资源丰富、成本低廉的钠离子电池对我国新能源发展具有重要意义。

经过十余年的发展，钠离子电池在基础科学、关键材料、电芯制造、应用示范等领域取得许多突破性进展，全世界范围内众多企业也陆续投身钠离子电池的研发及产业化进程。但是，目前钠离子电池的能量密度等综合性能尚不能与锂离子电池媲美，产业化尚处于初期阶段，生产规模尚未铺开，综合成本优势并没有发挥出来。因此，持续深入地进行钠离子电池研究与产业化建设仍然任重道远。

钠离子电池的长远发展除了依托上述研究外，仍需要社会各界的努力及政府的政策扶持，国家应通过完善政策支持体系，将钠离子电池纳入各级重点科技支持计划，促进政产学研的协同创新，并优先支持部分高性能钠离子电池产品进入国家或地方电池类产品目录，推动钠离子电池市场应用。尽快推动建立钠离子电池国家标准，统一规范产品技术要求并作为行业准入门槛，对于进入市场的初期钠离子电池产品及企业给予一定的政策倾斜及补贴，引导相关产业长远规划发展。同时，加强顶尖人才培养和引进，建设钠离子电池国家级研发平台，搭建国际交流平台，加大钠离子电池技术及产品的国际宣传推广，引导人们全面接受钠离子电池融入生产生活。

11.8 钠硫电池技术

11.8.1 概述

钠硫电池是一种以钠和硫分别作为电池负极和正极活性材料、β''-Al_2O_3 陶瓷同时作为电解质和隔膜的高温二次电池。钠硫电池放电时，负极的金属钠失去电子变为钠离子，钠离子通过 β''-Al_2O_3 固体电解质迁移至正极，与硫离子反应生成多硫化钠，同时电子经外电路到达正极使硫变为硫离子；充电过程则相反。钠硫电池的工作温度在 300~350 摄氏度，此时钠与硫均呈液态；β''-Al_2O_3 离子导电率高，使电池具有快速的充放电反应动力学。

钠硫电池具有以下特点：①能量密度高，350 摄氏度工作温度下的理论能量密度达 760 瓦·时/千克，实际可达 150~200 瓦·时/千克；②能量效率高，AC–AC 效率为 80%~85%，库伦效率高达 100%；③容量大、功率大，可实现 8 小时以上的长时额定功率储能；④不受环境温度影响，可在高寒和高热环境下使用；⑤全密封结构，无环境污染；⑥材料来源广、成本低。

11.8.2 关键技术

11.8.2.1 电解质技术

钠硫电池基于钠离子导电的陶瓷电解质，它们需要满足以下几个条件：①高的离子导电率和极低的电子导电率；②与电极之间良好的热动力学和化学稳定性；③高的机械强度和致密度。目前，能满足要求的固体电解质材料包括 β/β''-Al_2O_3 陶瓷和 NASICON 型陶瓷，但由于 NASICON 在高温下易与金属钠发生反应导致陶瓷退化，β''-Al_2O_3 成为高温钠硫电池和钠盐电池的首选电解质材料。

11.8.2.2 电极技术

钠硫电池正极的活性物质为单质硫，硫正极活性物质在放电态为多硫化钠、充电态为单质硫，充放电产物在工作温度下都呈液态。单质硫是电子绝缘体，因此硫正极活性物质只有负载在电子导电网络内部才能参与充放电过程。该电子导电网络要求是轻质的且不与硫或多硫化钠发生反应。碳材料是导电网络的首选材料。硫电极通常为碳与硫（多硫化钠）的复合电极。制备过程中将碳与硫通过熔融的方法制备成电池正极所需要的形状，便于电池组装。钠硫电池放电开始后，钠离子导电的多硫化钠生成，极大地扩展了电极活性区域，这也成为钠硫电池能承受高的极限电流密度的原因之一。

作为硫载体的导电碳材料需要具有相对高的导电性、易于裁剪、化学性质稳定并具有大的比表面积。碳纤维毡具有良好的导电性、导热性、机械均一性、电化学活性和耐酸耐强氧化性，是适用于钠硫电池正极的导电辅助材料。碳纤维毡的选择决定了正极与电解质的润湿、接触，还对硫的饱和含量、正极的导电性及电池阻抗等影响很大，通常需要综合考虑碳毡的杂质含量、厚度、密度、弹性、编织方式、纤维直径、孔隙率与比表面积等因素对电池性能的影响。

金属钠是钠硫电池唯一的活性物质，制造电池时通常将熔融态的金属钠罐装到 $\beta''-Al_2O_3$ 电解质陶瓷管内。为了降低钠电极对钠硫电池内阻的贡献，金属钠电极的设计需要考虑两个问题：一是钠与固体电解质之间的界面问题，即需要尽可能减小钠 $/\beta''-Al_2O_3$ 陶瓷界面极化；二是参与电极反应的钠的可控供给，即需要保证电池运行过程中钠与 $\beta''-Al_2O_3$ 上下内表面的良好接触。实用化的电池中金属钠装载在金属管内，并通过多孔的过渡层与陶瓷管实现电接触。

为了有效降低钠电极界面的阻抗，可对陶瓷管表面进行修饰，提高金属钠对 $\beta''-Al_2O_3$ 陶瓷的润湿性。对于没有经过处理的 $\beta''-Al_2O_3$，熔融钠在300摄氏度下几乎不能在其上润湿。一般认为是 $\beta''-Al_2O_3$ 表面的水蒸气及其内部含有的杂质离子影响了润湿性。另外，在制备陶瓷和电池过程中控制硅、钙等杂质以及环境湿度，对保证陶瓷和电池的电化学性能是十分必要的。

11.8.2.3 电池组装技术

钠硫电池的制造过程需要将多个部件组合构成全密封结构。密封结构对电池性能有重要影响，对钠硫电池而言，若正负极两个腔室连通将导致燃烧甚至爆炸等安全风险。

电池制造过程中的组合技术包括陶瓷－陶瓷封接、金属－陶瓷封接以及金属－金属封接，密封技术需要考虑以下因素：①封接部位完全气密；②密封部件对正负极熔融材料化学稳定；③密封部件与密封工艺成本低；④密封部件对电池能量密度影响小。

陶瓷－陶瓷封接方法有钎焊、扩散连接、反应烧结连接、微波连接、玻璃封接等，钠硫电池陶瓷封接主要为玻璃封接技术，具有低成本、操作便利、可封接异形陶瓷、可放大生产等特点。

陶瓷－金属封接是钠硫电池制造过程中难度较高的环节，需要解决陶瓷与金属之间的润湿问题以及热应力的缓解问题。目前，钠硫电池中陶瓷－金属封接较成熟的方法是热压扩散封接，选用金属铝为焊料。真空热压封接技术可以保证高温钠电池的性能，并有稳定的长寿命，已被用于规模化生产。日本碍子株式会社和中国科学院上海硅酸盐研究所均已研制成功可实现连续真空热压封接的技术。

激光焊接是目前钠硫电池制造中最常用的金属－金属封接技术。激光焊接不需要真空条件，并且可以进行精确的能量控制，因此钠硫电池中的多个金属部件都可以使用激光焊接技术进行焊接，但涉及钠、硫活性物质密封性的激光焊接需要在真空或惰性气体中进行。

11.8.3 应用现状

钠硫电池在能量型电力系统中的应用具有系统成本低、工作时间长、能量效率高、系统寿命长等独特优势。日本碍子株式会社和东京电力公司于 1983 年开始合作开发应用于大规模储能领域的钠硫电池，1992 年实现了第一个钠硫电池示范储能电站并运行至今。目前，日本碍子株式会社的钠硫电池在多个国家投入商业化示范运行，电站能量效率可达 80% 以上。

2017 年前，全球钠硫电池储能占整个电化学储能市场的 40%~45%。截至 2021 年 3 月，全球共安装了 600 兆瓦 /4200 兆瓦·时的钠硫电池系统。2016 年以来锂离子电池成本快速下降，逐渐挤压钠硫电池在电力储能市场的份额，尽管如此，钠硫电池近年来在东亚、欧洲和中东地区仍建设了一些大型项目，说明钠硫电池在电力储能应用方面已经具备了较高的认可度。表 11.8 是近年来全球启动的主要钠硫电池储能电站。

表 11.8　2012—2021 年全球启动的主要钠硫电池储能项目

名称	项目体量	所在国家	项目类型	启动年份
乌兰巴托电池储能项目	125 兆瓦 /160 兆瓦·时	蒙古	可再生能源发电配套	2021 年
日本宇航局种子岛航天中心储能项目	2.4 兆瓦 /14.4 兆瓦·时	日本	电能质量	2021 年
阿布扎比虚拟电池厂	108 兆瓦 /648 兆瓦·时	阿联酋	平衡电网负荷、电网调频	2019 年
尼德萨克森混合动力储能电站	4 兆瓦 /20 兆瓦·时（NAS）+7.5 兆瓦 /2.5 兆瓦·时（LIB）	德国	电网侧混合储能	2018 年
2050 迪拜清洁能源战略支撑项目	1.2 兆瓦 /7.2 兆瓦·时	阿联酋	可再生能源发电配套	2018 年
福冈大容量蓄电池系统	50 兆瓦 /300 兆瓦·时	日本	平衡电网负荷	2016 年
意大利南部高压电网储能项目	34.8 兆瓦 /250 兆瓦·时	意大利	缓解输配电阻塞	2016 年
隐岐岛可再生能源储能电源项目	4.2 兆瓦 /25.2 兆瓦·时	日本	可再生能源发电配套	2015 年
太平洋煤气电力公司芳草地储能项目	4 兆瓦 /28 兆瓦·时	美国	输配电领域	2013 年
东北电力电池储能项目	80 兆瓦 /480 兆瓦·时	日本	平衡电网负荷	2012 年
太平洋煤气电力公司瓦卡电池储能项目	2 兆瓦 /14 兆瓦·时	美国	输配电领域	2012 年
魁北克水电公司储能项目	2 兆瓦 /14 兆瓦·时	加拿大	工业应用	2012 年

　　早在 2015 年，日本就启动了隐岐岛可再生能源储能电源项目，项目配置了
4.2 兆瓦 /25.2 兆瓦·时钠硫电池储能系统和 2 兆瓦 /0.7 兆瓦·时锂电池储能系统。
其中锂电池储能系统用于可再生能源出力平滑，钠硫电池储能系统用于可再生能
源出力稳定及夜间供电。由于储能系统的引入，隐岐岛可再生能源的消纳能力从
3 兆瓦提升至 11 兆瓦，大大提高了岛上可再生能源占比。

　　2016 年 3 月，日本碍子株式会社和九州电力共同推出的 50 兆瓦 /300 兆瓦·时
钠硫电池储能系统改善电力供需平衡的示范项目开始运行，是当时全球最大的大
容量储能电站。该电站位于日本福冈县丰前变电站，采用集装箱式的布置方式，
每个集装箱容量 200 千瓦 /1.2 兆瓦·时，四个集装箱为一组，一共 63 组，总体容
量为 50 兆瓦 /300 兆瓦·时。

　　在热带气候的阿拉伯国家以及昼夜温差极大的沙漠气候国家，钠硫电池被认
为是比锂离子电池更优的储能技术。2019 年日本碍子株式会社在阿布扎比酋长国
建设了 108 兆瓦 /648 兆瓦·时的钠硫电池储能系统，该储能系统对环境温度适应
性强，验证了钠硫电池非常适合极端高低温的应用场景。

　　钠硫电池可瞬时提供几倍于额定功率的脉冲功率，是一种典型的可大功率运
行的大容量储能技术，适合作为提升电能质量的储能系统。美国俄亥俄州一座办
公楼安装的 100 千瓦 /750 千瓦·时钠硫电池储能示范项目采用 2 个钠硫电池模块
用于削峰填谷和改善电能质量，单个模块提供 375 千瓦·时的峰值容量，最大功
率为 50 千瓦，可进行 2500 次充 / 放电循环。系统在短时间内可提供 5 倍额定功
率（250 千瓦）的能力，通常可达 30 秒。

　　除电力系统外，钠硫电池逐渐成为电池分布式储能的备选方案。德国巴斯
夫新商业公司在韩国祥明风电场部署了钠硫电池，该风电场的 21 兆瓦电转气系
统使用钠硫电池作为风力涡轮机输出和电解槽之间的缓冲，以确保稳定的氢气
生产。

　　在国内，2010 年中国科学院上海硅酸盐研究所和上海电力公司合作，实现了
100 千瓦 /800 千瓦钠硫电池储能系统的并网运行。2014 年该钠硫电池储能项目完
成了电池性能提升与产品化研制、规模制备技术路线论证等主要工作，形成定型
产品并下线。模块产品通过了第三方检测，用于电站工程应用示范。

11.8.4　发展趋势

　　当前钠硫电池面临的主要挑战包括：①技术门槛高，限制钠硫电池技术的推
广；②制造难度大，造成钠硫电池制造成本高；③安全隐患，钠与硫在熔融状态
下直接反应产生的潜热会引发电池燃烧，尽管至今该类事故鲜有发生，但无法完

全消除对安全隐患的顾虑。

　　未来钠硫电池的发展趋势主要有：①制备技术低成本化，通过电解质组成的设计以及电池部件组合技术的开发，降低电池制造成本，提升储能技术的性价比；②研制新型高抗热震性钠离子固体电解质和电池组合材料体系，缩短钠硫电池的启动时间，拓展电池的应用领域，同时提升储能系统在中途冷却和再启动时的可靠性；③开发新型体系，优化电池结构，提高电池的安全可靠性，通过改善电解质陶瓷性能和降低电池运行温度，进一步提高系统安全性和综合性能；④进一步发挥钠硫电池优势，在大容量、大功率的基础上开发超长时钠硫电池。

11.9　超级电容技术

11.9.1　概述

　　超级电容器又称作电化学电容器，根据储能机理可分为双电层电容器和法拉第准电容器（赝电容电容器）。双电层电容器的实质是电解质离子在电极 / 电解液界面的聚集，充电时，电解质离子通过静电吸附作用聚集电极表面，形成电极 / 电解液界面；放电时，静电吸附作用减弱，电解质离子离开电极 / 电解液界面，向电解液主体中运动。在整个充放电过程中，没有发生通过电极界面的电子迁移，电荷和能力的存储是静电性的。法拉第准电容器是电解质离子在一些金属氧化物、金属氢氧化物、高分子聚合物或复合型电极材料的电极表层发生快速且高度可逆的氧化还原或化学吸附变化，电荷的存储依靠电子迁移完成。

　　总体上，超级电容器是介于传统物理电容器和二次电池之间的一种新型储能器件。

11.9.2　关键技术

11.9.2.1　电极制造

　　电极制造过程是将电极材料附着于金属集流体上，将其干燥并进行碾压，以得到一定密度的电极。电极制备工艺分湿法和干法两种。

　　（1）湿法电极制备工艺

　　湿法电极制备工艺采用去离子水或 N- 甲基吡咯烷酮作为溶剂，将电极材料、粘结剂、导电剂、分散剂均匀混合，形成具有一定黏度且流动性良好的电极浆料，并将其按照一定厚度要求涂覆于集流体上。湿法工艺具有连续生产效率高的特点，成为国内外多家厂商的主流电极制备工艺。良好的电极浆料需满足四个条件：①活性材料不沉降，浆料有合适的黏度且能够均匀涂覆而不产生明显颗粒；

②导电炭黑和粘结剂分散均匀，避免活性物质间的二次团聚；③导电炭黑和粘结剂均匀分散在整个活性物质表面；④电极浆料的固含量尽可能提高。

湿法电极制备过程包括制浆、涂覆、碾压三个环节。

（2）干法电极制备工艺

湿法电极制备工艺过程虽然具有连续生产能力强、工程化应用难度小等特点，但由于需要借助溶剂调节浆料黏度，而电容器在后续制备过程中对水分非常敏感，即使进行干燥处理也很难将水分去除。由于水分的存在，不仅使电极容易产生剥落现象，还会引起产品漏电流增大，影响产品的长期稳定性。此外，由于湿法电极制备工艺所得电极密度偏低，最终将限制单体的容量及耐电压值。

干法电极制备工艺不需要添加任何溶剂，可以很好地解决上述问题。聚四氟乙烯具有良好的线性形变方式，是干法电极制备过程的唯一粘结剂。制备过程中，先将电极材料、导电炭黑以及聚四氟乙烯粉末均匀混合，再将混合物进行"超强剪切"，紧接着将所得的干态混合物依次进行垂直碾压和水平碾压，在获得厚度均一的炭膜后，将其与集流体通过导电胶粘贴在一起，加热固化后即可得到相应的干法电极。

与湿法工艺相比，干法电极制备过程需要将粉末状态混合物调制成炭膜，制备过程较复杂、设备投资高、连续生产能力低，所得电容器产品的成本也较高。目前，干法电极制备工艺主要以美国麦克斯威公司的3000F有机系双电层电容器的电极生产为代表。

（3）电极平衡技术

一般来说，超级电容器的正负电极厚度是一样的。但由于实际工作中正极所处的电位较高，长期承受的腐蚀性较强，最终严重影响产品的使用寿命，因此电极平衡工艺至关重要。电极平衡系数即正负电极厚度差与负极厚度的比值，当负极厚度为200微米、电极平衡系数为0.2时，电容器具有极佳的循环稳定性和较小的膨胀率。同时，电极厚度的增加又会使电子和离子的运动距离增长，进而引起电容器内阻值的增大。但是，电容器经过长时间的加速老化测试后，正极一侧的隔膜纸会变黄、变黑，正极表面会出现明显的"虫子啃食苹果"现象，最终引起产品性能的急剧下降。因此不同电容器结构中正负电极间应具有满足"全寿命周期"要求的最佳电极平衡系数。

11.9.2.2　电芯制造

超级电容器以圆柱形和方形结构为主，两者制备工艺相近，组装工艺则存在明显区别。

（1）圆柱形单体

圆柱形单体采用错位卷绕方式制备电芯，生产效率更高。其典型的组装过程需将电芯、外壳以及引出端子进行连接。

卷绕工序是生产圆柱形单体的核心。卷绕时要将正极、负极、隔膜放置在卷绕机上，根据单体容量及尺寸的设计要求，卷绕机自动完成电芯卷绕。卷绕工序要保证电芯三要素，即活性物质不剥落、电芯内部不短路、电芯尺寸合格。

卷绕型电芯的引流端在电芯两侧，需要将其从集流体向外引出，引流端子与极片之间的连接方式尤为重要。目前主要采用激光焊接方式进行连接。

超级电容器多采用超高比表面积活性炭作为储能材料，这种材料具有非常强的吸水能力，在成品成型前极易引入水分。因此，单体注液前需要进行严格的干燥处理。目前，主要有真空干燥和气体置换真空干燥两种方式。干燥后的单体需在水分含量控制严格的环境下进行面盖组装和电解液注入。

（2）方形单体

方形单体制备的拌浆、涂覆、电极分切等工艺与圆柱形单体基本一致，分切之后的工序则有很大不同。

方形单体分切后的电极需要根据外壳尺寸冲切成一定规格尺寸的电极片。冲切过程中，电极端面会出现少量碳粉剥落的现象，因此在叠片前通常会进行极片清洗。清洗后的极片与隔膜按照 Z 形进行叠片，叠片张力、电芯重量以及电芯干态内阻值的控制直接关系到最终产品的性能参数。对于方形结构电容器而言，集流体与单体引流端子的连接常常为几十层甚至上百层铝箔与铝质引出端子之间连接，目前工业上主要采用铆接方式进行极耳链接。与圆柱形电容器一样，方形单体的水分去除也是一项非常重要的工艺，目前主要采用的方式是将单体放置于干燥桶内，再对干燥桶进行真空干燥。

不同于圆柱形单体的"一次性"安全结构设计，方形电容器单体往往会在面盖表面安装可重复使用的单向截止阀。当单体内部压力过大时，单体顶部的单向截止阀会自动向外释放压力，氧化性气体的及时排出也提高了单体的使用寿命。与圆柱形单体类似，方形单体同样需要进行老化、检测以及外壳编码标识等处理。

11.9.3　应用现状

11.9.3.1　轨道交通车辆

超级电容器具有高功率密度，适合在大电流场合应用，特别是高功率脉冲环境。超级电容器作为城轨车辆的主动力源，可以经受车辆启动的高功率冲击、制动尖峰能量全回馈的高功率冲击以及大电流快速充电的高功率冲击，适应城轨车辆快速充电、强启动和制动能量的回收。相比其他储能器件，超级电容器的长寿命、免维护、高安全性以及环保特性，使其成为城轨车辆动力源的最佳选择。相关应用案例有西班牙电网／超级电容混合牵引型有轨电车、中车株洲电力机车有限公司全程无网储能式有轨电车、西班牙窄轨铁路公司超级电容／燃料电池混合动力型有轨电车等。

11.9.3.2 风力变桨系统

由于风电具有很强的波动性，大规模风电并入常规电网时，为了平抑风电电流的大幅度波动对电网的冲击，需要利用大规模蓄电储能装置进行有效调节与控制，增加风电的稳定性。超级电容器可通过为风力发电变桨系统提供动力，实现桨距调整。平时，由风机产生的电能输入充电机，为超级电容器储能电源充电，直至储能电源达到额定电压；当需要为风力发电机组变桨时，控制系统发出指令，超级电容器储能系统放电，驱动变桨系统工作。这样，在高风速下改变桨距角以减少功角，从而减小在叶片上的气动力，以此保证叶轮输出功率不超过发电机的额定功率，延长发电机的寿命。

11.9.3.3 重型设备

超级电容器在叉车、起重机等重型设备启动时，可及时提供瞬时大功率，还可以辅助起重、吊装，从而减少油耗及废气排放。电梯、港口机械设备在运载货物上升时需要消耗很大的能量，下降时则会产生较大势能，超级电容器能够提供其上升过程中的瞬间启动能量，并且回收下降过程中的势能。

11.9.3.4 石油机械

石油钻机的传动原理与起重机相似。传统的钻机下钻作业与驱动转盘旋转时都存在能耗制动方面的问题，即电机下钻时游动系统下放的势能转化为滚动的动能，该动能通过主电机转化为电能，电能通过变频器的制动单元与制动电阻转化为热能散发，使钻具以设定的速度平稳安全地下降。此外，转盘在正常钻进过程中通常要求保持恒定速率，但由于井底地层结构差异使转盘扭矩始终处于波动状态，从而使电极功率组的输入功率始终处于变化状态，多出的部分被转化成热能消耗掉。超级电容储能系统可以将这部分能量收集起来，用于补充绞车提升和其他用电设备，极大降低燃油消耗，减小钻井场电机配备，达到节能、减排、增效的复合效果。经初步试用估算，运用超级电容储能系统的钻井机每台日均可节油约 500 升，提供最大功率可达 600 千瓦。

11.9.3.5 电网调频

目前国内的混合储能系统大多是铅酸电池和电容器的混合。中国科学院电工研究所通过配置超级电容器，减少铅酸电池的配置容量，提升经济性。中国科学院上海高等研究院主持承担的"城市智网"集装箱混合储能项目，采用由铅碳电池与超级电容器组成的集装箱式混合储能系统，由 50 千瓦 /15 秒超级电容系统、50 千瓦 /100 千瓦·时铅碳电池储能系统、双向变流器与混合储能管理系统及智能保温型集装箱构成，可按电网调度要求指定功率模式运行，互补的运行模式有利于延长铅碳电池使用寿命，并可为电网提供短时间大功率支撑。

11.9.3.6　不间断电源

数据中心、通信中心、网络系统、医疗系统等领域对电源可靠性要求较高，需采用不间断电源装置克服供电电网出现的断电、浪涌、频率震荡、电压突变、电压波动等故障。不间断电源中的储能部件通常可采用铅酸蓄电池、飞轮储能和燃料电池等。但在电源出现故障的瞬间，上述储能装置中只有电池可以实现瞬时放电，其他储能装置需要长达 1 分钟的启动时间才可达到正常输出功率，且电池的寿命远小于超级电容器。超级电容器用于动力不间断电源储能部件的优势显而易见，其充电过程可以在数分钟内完成，完全不受频繁停电的影响。此外，在某些特殊情况下，超级电容器的高功率密度输出特性使其成为良好的应急电源。

11.9.4　发展趋势

超级电容器的结构设计及其制造装备多借鉴锂离子电池、铝电解电容器等成熟产品，目前从基本设备构造来说国内外差距不大，主要差别在于设备的自动化程度。国内公司多采用单工序自动化设备，转运及衔接采用人工方式，而国外大型企业多采用全工序自动化、智能化方式。国内和国外的两种方式各有优缺点，国内半自动化的方式便于产品换型及调整，国外全自动化的方式利于规模化生产以及产品一致性的提高。随着超级电容器行业的持续发展，产品的标准化程度和市场规模都将提高，对产品一致性的要求也越来越高，因此全自动化智能制造是未来的发展趋势。

从器件的技术发展来讲，需要持续深入研究干法制造双电层超级电容器技术，研制耐高压碳粉、电解液，实现能量密度为 10~15 瓦·时 / 千克、功率密度大于 20 千瓦 / 千克、循环寿命大于 100 万次的双电层超级电容器。面向军工领域，需研究电极纵向电荷快速转移机理，优化结构设计，开发小尺寸、耐高压电解液，实现能量密度为 6~7 瓦·时 / 千克、功率密度大于 50 千瓦 / 千克、循环寿命大于 10 万次的双电层超级电容器。在混合型电容器方面，要深入研究三元材料的储能机理，开发三元材料与活性炭的复合材料，推进以三元材料与活性炭为正极、以硬碳为负极的混合型电容器，实现能量密度为 80~100 瓦·时 / 千克、功率密度大于 2 千瓦 / 千克、循环寿命大于 10 万次的混合型电容器。

11.10 储热技术

11.10.1 概述

储热技术是将能量以热能的形式存储于材料中，根据使用需求以热能或电能形式释放能量的一种储能方式，是解决未来电网调频调峰、可再生能源消纳、清洁供热等问题的关键技术之一。储热技术宏观表现为体系温度、状态的改变，微观上表现为储热材料分子运动速度、晶体结构的变化。储热技术可分为显热储热、潜热储热、热化学储热三类。其中，显热储热的储热容量为 0.2~1 千瓦·时/吨/摄氏度，储热效率为 98%；潜热储热的储热容量为 50~90 千瓦·时/吨，储热效率为 98%；热化学储热的储能密度达 200~300 千瓦·时/吨，储热效率为 98%。

11.10.2 关键技术

11.10.2.1 显热储热技术

显热储热技术利用材料温度的变化实现热量的存取和释放，具有储热规模大、成本低、技术成熟度和安全性高的优点，应用最广泛、技术最成熟。显热储热材料主要包括水、熔融盐和液态金属等液体储热材料，以及陶瓷、混凝土、岩石等固体储热材料。

以 $NaNO_3$ 和 KNO_3 为代表的二元熔盐储热技术近年来在光热发电、电网调峰调频领域得到了大力发展。但随着大容量、高温储热应用的需求增大，需要寻找兼顾储热温度、储热密度和传热能力的优质储热材料，对高温熔融盐体系跨尺度能质传输机理开展相关研究；针对高温熔融盐充放热过程中熔融盐的腐蚀机理、高温疲劳、热应力损伤等开展优化设计，大幅度降低成本并提高系统安全性。

基于熔盐储热的卡诺电池系统，使用高温热泵将多余的可再生电能转换为 500 摄氏度以上的热量，同时将热量存储在熔融盐中，并在需要时通过热能过程转化为电。德国宇航中心和斯图加特大学从 2015 年开始基于 700 摄氏度高温氯化物盐开展卡诺电池研究；美国能源部在 2018 年开始资助基于超临界二氧化碳太阳能热发电的高温氯化物盐和陶瓷颗粒的卡诺电池研究。

11.10.2.2 潜热储热技术

潜热储热（相变储热）技术利用材料在物体相变过程中吸收或释放大量潜热，以实现热量储存和释放。潜热储热储热密度高，放热过程温度恒定。潜热储热可分为固–气、液–气、固–固、固–液等相变储热方式，其中固–液相变材料研究和应用最多。

利用相变储热材料将低谷电以热能或冷能的形式进行储存，是相变储热技术在可再生能源和清洁能源利用中的体现。相变材料的低热导率，相分离、过冷、腐蚀性、化学稳定性差等性质严重制约了相变储热系统的高效性、经济性、安全性和热稳定性。基于高能量密度、宽温域、低成本、无毒性的相变储热材料研发，从原子至电子层面深入分析相变储热材料传热特性与材料物性、结构参数的内在关联，开展相变材料粒子之间多相、多尺度热量传递机理研究，是解决相变储热材料的关键技术手段。

11.10.2.3　热化学储热技术

热化学储热技术利用材料接触时发生的可逆化学反应进行热量的储存和释放，具有更大的储能密度，可在常温下无损失地长期储存热能。热化学储热可分为可逆化学循环反应、吸附反应和吸收反应三类，热化学处于实验室阶段，后两种已产业化，需要克服材料循环性差、设备成本高等技术挑战。其中热化学吸附反应适用于工作温度在 –20~250 摄氏度的面向建筑或工业供热 / 供冷中的低温热能储存与储冷，而热化学循环反应储热技术适用于工作温度在 200~1000 摄氏度的高温热能储存。热化学储热是目前储热密度最大的储热方式，可以实现季节性长期存储和长距离运输，并可实现热能品位的提升。

11.10.2.4　储热应用关键技术

从发电端到用电端的整个能源链中，储热系统正在发挥重要的灵活调节作用。预计到 2050 年，全球可再生能源发电量占总发电量的 60% 以上，储热是实现这一转变的推动性技术之一。国际可再生能源署于 2020 年发布的储热专项报告《创新展望：热能存储》预测，到 2030 年全球储热市场规模将扩大 3 倍，储热装机容量将从 2019 年的 234 吉瓦·时增长到 800 吉瓦·时以上；预计 2030 年有 491~631 吉瓦·时的熔融盐储热装机容量将投入使用；在供冷和电力应用方面的投资将达 130 亿 ~280 亿美元。

储热技术的应用主要体现在电源侧、电网侧、负荷侧三个方面。

电源侧：现阶段电力系统呈现高比例可再生能源、高比例电力电子设备的"双高"特征，系统转动惯量持续下降，调频、调压能力不足，对电网安全提出严峻挑战。太阳能光热的储能发电通过汽轮发电机组的转动惯量可以有效实现调频，光伏和风电的无法上网销售部分也可通过储热再发电的方式获得收益。在火电厂灵活性改造中，热储能发电技术将机组变负荷运行时出现的过剩蒸汽热量转化为储热介质的热能存储起来，需要时再将热能释放，增加机组的调峰深度和负荷能力，投资和运行成本较低，具有明显优势。

电网侧：随着波动的可再生能源在发电中所占的比例越来越大，如何保证电网稳定安全运行的问题越来越凸显。预计 2030 年电网侧需要大量匹配热容量为

1~10 吉瓦·时的储热设备进行调峰调频。鉴于热存储介质很好的经济性，大力发展能够储存吉瓦时级电量的电力 – 热能 – 电力存储系统，包括卡诺电池，为不同时间尺度的电网调峰提供充裕的物理调节空间，是保障电力系统安全和灵活性的调节核心技术之一。

负荷侧：对用户侧而言，热储能技术可应用于用户冷 / 热 / 电综合能源服务体系、海水淡化系统等场合。伴随我国城市建筑供热 / 制冷负荷的增长以及可再生能源电力装机容量的增加，特别是北方冬季采暖期空气污染等因素的影响，利用清洁能源、低谷电及光热实现区域建筑的供热制冷成为我国向绿色低碳能源系统转型的重要环节。跨季节储热技术可将春、夏、秋季节的太阳能收集存储用于冬季采暖，是实现碳达峰碳中和路径的重要手段之一。开发适应长周期、大容量储热的地下水池、浅层土壤及储热系统设计，开展长周期大容量蓄冷技术、地埋管长周期储热系统设计，在独立储能电站的削峰填谷、分布式能源、微型电网等项目中增加容量 100 兆瓦·时 ~1 吉瓦·时的电储热 / 冷装置比例，可有效降低用户侧储能系统成本及投资回收期。

11.10.3 应用现状

显热储热技术是目前市场化应用的主要储热技术形式，应用领域主要有工业窑炉、电采暖、居民采暖、光热发电等。熔盐蓄热已在世界范围内的太阳能热发电系统中实现规模化应用，在供热与电站调峰等领域也开展了商业化尝试。固体介质无压储热技术安全可靠，对安装场地没有特殊要求，在煤电调峰、煤改电清洁供热等方面得到广泛应用。随着大规模可再生能源供热技术的发展，大容量长周期水体及土壤储热技术也得到了商业化应用。

20 世纪 80 年代，美国开始冰蓄冷技术的研制和应用，南加利福尼亚爱迪生电力公司于 1978 年率先制定分时计费的电费结构，推动冰蓄冷技术与产业发展。韩国在 1999 年立法，规定 3000 平方米以上的公共建筑必须采用蓄能空调系统。日本使用冰蓄冷系统的建筑物超 10 万个，冰蓄冷技术在空调负荷集中、峰谷差大、建筑物相对聚集的地区得到推广应用。在分时电价的推动下，冰蓄冷技术在我国也得到了广泛应用。

11.10.3.1 熔融盐储热

熔融盐是目前商业化太阳能热发电站中最常用的储热介质，从法国 1976 年投运的熔融盐塔式电站 Themis 开始，二元硝酸盐储热（$40\%KNO_3$–$60\%NaNO_3$）已有超过 45 年的应用历史。全球 93 座商业太阳能热发电站中，41 座采用了双罐熔融盐储热技术。2009 年建成的欧洲第一个 50 兆瓦商业槽式太阳能热发电站——

西班牙 Andasol-1 电站，采用二元硝酸盐为储热介质的双罐储热系统，熔融盐用量为 2.85 万吨，储热时长为 7.5 小时。2013 年开始运行的美国 Solana 槽式光热电站，熔融盐用量达 13.5 万吨，储热时长 6 小时。

伴随熔融盐储热技术的日趋成熟，越来越多的光热电站开始使用熔融盐储热技术。西班牙作为全球已运行太阳能光热发电站最多的国家，其带储热的槽式电站均采用熔融盐储热，总储热的发电功率为 1 吉瓦，储热发电容量 7.7 吉瓦·时。我国已建成并实现并网发电的商业化太阳能光热电站均采用双罐熔融盐储热，时长达 6~11 小时，如中广核德令哈 50 兆瓦槽式光热电站、中控太阳能德令哈 50 兆瓦塔式光热电站、首航节能敦煌 100 兆瓦塔式光热电站等。

带有储热系统的太阳能热发电站已被验证具有承担基础负荷的能力，如我国中广核德令哈太阳能热发电站连续运行 230 天。

11.10.3.2 固体储热

在燃煤电站调峰领域，华能长春热电厂、华能伊春热电有限公司、调兵山煤矸石发电有限公司、丹东金山热电有限公司分别建成电加热镁砖储热系统，用于电厂调度调峰蓄热。

在风电供热领域，奈曼旗风电供热项目建成 2×3.5 兆瓦固体储热；扎鲁特旗风电供热项目建成 3×5.33 兆瓦固体储热；中核汇能二连浩特风电清洁供暖项目采用 2 台 4000 千瓦/10 千伏固体蓄热式电锅炉，储热量约 20 兆瓦·时，综合热效率可达 95%。

近年来，固体储热在煤改电项目中也得到大量应用。华源电力怀来县煤改电试点项目供暖面积为 20 万平方米，采用 4 台 5 兆瓦/10 千伏固体蓄热式电锅炉，系统设计蓄热量为 117.6 兆瓦·时。石家庄柏林禅寺煤改清洁能源供暖项目、松原市前郭县煤改清洁能源示范项目、长春远达生产资料市场清洁供暖项目、国网北京韩村河煤改电清洁供暖项目等均采用了固体蓄热锅炉技术。

11.10.3.3 大容量水体储热

丹麦等国家对太阳能跨季节储热技术的研究和应用起步较早，马斯塔尔太阳能区域供热项目是全球最早的太阳能跨季节储热水体区域供热系统，为艾尔岛上 1250 户居民提供区域供热。

在中国科学院项目支持下，2018 年中国科学院电工研究所与达华工程集团合作在河北张家口黄帝城小区建立了一个 3000 立方米的混凝土储热水体和 760 平方米的太阳能塔式集热系统，2019 年在北京延庆太阳能热发电基地建立两个 500 立方米土工膜实验水体，用于探索储热水体防渗、水温分层和承压顶盖等关键技术；2022 年建成两个 1 万立方米钢罐储热水体，2023 年建成了 4.6 立方米土工膜储热水体。

11.10.3.4　土壤跨季节储热

20 世纪 70 年代末，瑞典开始对地埋管跨季节储热系统进行实验尝试，是推动地埋管储热技术研究的主要国家。丹麦、瑞士、意大利、荷兰、加拿大等国都有一定数量的示范工程建设。加拿大德雷克太阳能社区建成太阳能与土壤蓄热耦合的供热系统，项目建筑采暖面积 7800 平方米，集热器安装面积约 2300 平方米，蓄热体容积 33700 立方米，系统于 2010 年开始运行，2012 年达到社区供热需求97% 的供热能力，2016 年系统太阳能保证率达 100%。

在国内，清华大学在赤峰建成大规模太阳能 – 工业余热城市集中供热示范工程，利用铜厂余热和太阳能为 100 万平方米建筑供热，系统配置 50 万立方米地埋管跨季节储热系统，对高温土壤跨季节储热技术的基础材料、系统设计与集成进行了探索。

11.10.3.5　水（冰）蓄冷

蓄冷空调系统项目以水蓄冷和冰蓄冷系统为主。其中冰蓄冷系统规模为几千冷吨至十几万冷吨，水蓄冷系统规模为几百冷吨至十几万冷吨，蓄冷项目的应用规模差距较大。蓄冷技术可以解决削峰填谷问题，使制冷设备的容量和配电容量降低，并大幅降低运行费用、延长系统寿命，可以作为医院、计算机房、军事设备及电话机房等的备用冷源。

我国大力鼓励与热泵相结合的蓄能系统，推动蓄冷空调技术的发展和应用。西安咸阳机场 4 号冷站采用钢盘管外融冰系统，蓄冷量为 29600RTh；深圳北站综合交通枢纽、沈阳仙桃国际机场航站区、杭州东站交通枢纽综合体采用复合塑料冰盘管蓄冷系统，蓄冷规模均在 19000RTh 以上；上海虹桥机场能源站水蓄冷系统的蓄水量 22000 立方米，蓄冷量 110000RTh；中国尊大厦采用塑料盘管冰蓄冷系统，蓄冷量达 35000RTh。我国数据中心应用水蓄冷系统的案例非常多，如中国联通西北基地、中国联通北京黄村数据中心、中国电信云计算内蒙古信息园、中国电信云计算贵州信息园。北京用友软件园采用地源热泵 + 冰蓄冷技术为 18.5 万平方米建筑供热供冷，推动夏季冷水机组调峰技术的集成应用。北京环球影城能源中心项目供能系统冰蓄冷装机比例超 20%，利用北京地区峰平谷电价差实现蓄冰槽蓄放能，提高电力系统运行效率，降低项目运行成本。

11.11　其他储能技术

除了以上介绍的储能技术，镍氢电池、超导电磁储能、液态金属储能、新型重力储能等其他储能技术也各具特色，目前处于研发阶段，若能在特定的应用场景中发挥优势，将是对主流储能技术很好的补充。

11.11.1　镍氢电池

11.11.1.1　技术原理与特点

氢能是最清洁的二次能源，储氢材料的发现、发展及应用促进了氢能的开发与利用。金属氢化物－镍（MH/Ni）电池的商业化应用是储氢材料研究成果中最有经济价值的突破。MH/Ni 电池的正极活性物质为氢氧化镍，负极活性物质为储氢合金，电解质是碱性水溶液。

MH/Ni 电池具有高能量密度、高功率密度、无污染、低记忆效应、高安全性、长寿命和优异的耐过充放电能力，标称电压为 1.25 伏，与镉 / 镍电池具有互换性，是镉 / 镍电池理想的替代品。作为一种绿色二次电池，MH/Ni 电池是一种可循环使用的高效洁净新能源，是综合缓解能源、资源和环境问题的重要技术途径，近年应用在电动工具、混合电动车辆、航空航天与国防装备的电源系统以及储能电源等领域。

11.11.1.2　关键材料与发展现状

储氢合金作为 MH/Ni 电池的负极材料，其可逆储氢容量较高，平台压力适中，对氢的阳极氧化具有良好的电催化性能。储氢合金在氢的阳极氧化电位范围内具有较强的抗氧化性能，在强碱性电解质溶液中的化学状态相对稳定，在反复充放电循环过程中的抗粉化性能优良。储氢合金具有良好的电和热的传导性，且成本相对低廉。

需要指出的是，目前商业化储氢合金中金属钴的含量一般仅占 10wt% 左右，但其价格却约占原材料的 40%。低钴或无钴储氢合金的综合性能特别是循环寿命尚无法达到 MH/Ni 电池商业化应用标准。

镍正极被广泛地应用于各种碱性二次电池。用化学方法合成的球形氢氧化镍呈规整的层状结构，具有密度高和稳定性好的优势，其电化学容量约 289 毫安·时 / 克，是高比能 MH/Ni 电池的优选正极材料。氢氧化镍球粒内的孔隙结构和较大的比表面积，使其电化学活性较高。采用球形氢氧化镍做活性物质的镍电极，其体积比容量和质量比容量等性能均得到显著提升。

11.11.1.3　应用情况与发展趋势

AA 型 MH/Ni 电池额定容量从 1990 年的 1050 毫安·时提高到如今的 2500 毫安·时，电池能量密度从最初的 50 瓦·时 / 千克提高到 100 瓦·时 / 千克，同时电池成本已降至最初的 1/3 左右。目前市场上的 MH/Ni 电池主要采用稀土镍系储氢合金作为负极材料，电池容量的提高主要体现在球形氢氧化镍正极材料容量的增加，为储氢合金负极材料的有效填充节省出一定空间。同时，新型储氢材料、泡沫镍、纤维镍和特种镀镍穿孔钢带集流体的使用，干法活性物质的有效填充，正负极的合理匹配，电池整体设计与制造技术的进步都促进了电池综合性能的提高。

当前，各主要发达国家和我国均实现了 MH/Ni 电池的产业化，但在小型二次电池市场竞争中面临镉/镍电池和锂离子电池的双重夹击。镉/镍电池在价格上占据一定优势，锂离子电池在比能量方面更为优秀。通过规模化生产，MH/Ni 电池可进一步降低生产成本，逐步取代部分镍镉电池市场。

电动工具用电池市场一直被高倍率型镉/镍电池垄断，由于环境制约和政策引导，镉/镍电池将逐步退出电动工具市场，为 MH/Ni 电池发展提供了很好的机会。

动力电池是 MH/Ni 电池发展的一个重要方向，主要应用于混合动力汽车。1997 年松下公司开发的动力 D 型 6.5 安·时 MH/Ni 电池已成功应用于丰田汽车公司的混合动力汽车 Prius；2000 年松下公司开发的方形 6.5 安·时 MH/Ni 动力电池又配备了丰田汽车公司的新型混合动力汽车 New Prius 投入市场。与 D 型 MH/Ni 电池相比，方形 MH/Ni 电池内阻较低，主要体现在电池组模块采用内连接方式，用于连接电池的部件减少，缩短了电流路径。装车实验表明，与圆柱形电池包相比，在保持相同容量的前提下，方形电池组模块包分别在体积和重量上减少了 40% 和 20%。

高容量和高能量密度型动力电池主要应用于纯电动汽车。美国奥文尼克公司采用多组分和多相无序合金组装的 C 型 MH/Ni 电池（4 安·时）在 35 摄氏度下的高功率输出达 1057 瓦/千克，但电池尚未进入商业化市场。

自储氢合金发现以来，其作为电极材料的研究一波三折，其中基础研究的关键突破促进了 MH/Ni 电池的研制、开发和产业化进程。目前储氢合金和 MH/Ni 电池的制备技术日臻完善，今后将围绕 MH/Ni 电池的高能量密度、高功率密度和低成本化的要求，进行新型储氢合金电极材料和相关关键材料的探索研究。同时，从资源有效利用的角度出发，电池的失效机制研究和资源再生研究也值得关注。除碱性 MH/Ni 电池体系外，储氢合金还可以作为电极材料探索应用于质子导体全固态 MH/Ni 电池、金属氢化物碱性燃料电池和光充电金属氢化物/空气电池等。

11.11.2 超导电磁储能

11.11.2.1 技术原理与特点

超导储能系统利用超导线圈将电磁能直接储存起来，需要时再将电磁能返回电网或其他负载。超导储能系统可以对电网的电压凹陷、谐波等进行灵活智能补偿，或提供稳定的短时大功率供电。其工作原理是：正常运行时，电网经整流模块向超导电感充电，然后保持恒流运行；当外电网电压跌落发生时，或在其他需要的场合，可从超导电感提取能量，经逆变器转换为交流，并向电网输出可调节电压及相位的补偿电压，实现电网电压波形稳定。

超导储能系统存储的是电磁能，在应用时无须能源形式的转换，响应速度快；同时超导储能系统采用具有很高传输电流密度的超导材料，在超导状态下无焦耳热损耗运行。因此，超导储能具有储能效率高、响应速度快的优点，可以非常迅速地以大功率形式与电力系统进行能量交换。

11.11.2.2　国内外研究现状

超导储能系统的研究始于 20 世纪 70 年代，研究初衷是利用其调节电力日负荷曲线，但由于所需超导线圈尺寸巨大，实现困难。90 年代后，以芯片生产厂为代表的用户对电能质量要求日益提高，同时为提高电力系统稳定性，也需要一种能更快响应系统功率不平衡的方法。在此背景下，超导线圈和现代电力电子技术、现代控制方法相结合，诞生了能独立四象限地补偿电力系统中有功功率和无功功率的超导储能装置。

超导储能系统前期以低温超导技术为主，目前小型超导储能系统已经实现商业化，中大型超导储能系统处于试验和示范阶段。

美国已经实现小型超导储能系统的实用化，用于配电网的分布式超导储能系统产品已推向市场，主要用于保障电力用户的电能质量，提高电力系统的动态稳定性。2000 年美国超导公司将 6 台 3 兆焦 /8 兆伏·安小型超导储能系统安装在威斯康星州公用电力的北方环型输电网，大大改善了当地的供电可靠性和电能质量，将输电能力提高了 15%。美国国家强磁场实验室与电力部门联合研制了用于调峰的 3.6 吉焦 /100 兆瓦超导储能装置，此后又开展了 118 吉焦超导储能系统的设计工作。

欧洲的小型超导储能系统产业化发展十分迅速。2002 年德国 ACCEL 公司成功推出第一台 4 兆焦 /6 兆瓦超导储能装置，并将一台 2 兆焦 /200 千瓦超导储能装置用作不间断电源安装在多特蒙德，用于改善电能质量。2001 年意大利多家机构联合开发的 4 兆焦 /1.2 兆瓦超导储能装置取代了老式蓄电池储能系统安装在 20 千伏的配电网上，用于保障 Elettra 同步辐射实验室的可靠供电。

日本成立了超导储能研究会，致力于推进超导储能技术的实际应用和独立发展。日本九州大学研制的 3.6 兆焦和 360 兆焦超导储能系统已经投入试验运行；日本东京大学和国际超导技术中心完成了 100 千瓦·时 /480 兆焦超导储能系统主要部件的研制。

随着高温超导材料的实用化和市场化，高温超导储能系统成为一个重要的研究方向。法国电力公司开展了兆焦级高温超导储能系统的研制工作，其高温超导线圈将产生 6T 磁场，目前已经完成 800 千焦高温超导储能系统的初步实验；日本完成了 1 兆焦 /1 兆瓦高温超导储能系统研制，并进行了相关测试；韩国完成了600 千焦高温超导储能系统研制，并于 2008 年进行了 2.5 兆焦高温超导储能系统的优化设计和 5.0 兆焦高温超导储能系统的概念设计。

我国开展超导储能技术研究的单位主要有中国科学院电工所、清华大学和华中科技大学等，其中中国科学院电工所处于国内绝对领先水平。2005 年 7 月，中国科学院电工所在国际上首次提出将电能质量调控与故障电流抑制功能集于一体的具有重大原始创新的多功能新型超导电力装置——超导限流 – 储能系统，并完成了世界首台 100 千焦 /25 千瓦超导限流 – 储能系统研制；2011 年 2 月研制的世界首套 1 兆焦 /0.5 兆瓦高温超导储能系统在世界首座全超导变电站投入工程示范运行；2011 年研发的 1 兆焦 /0.5 兆伏·安高温超导储能系统在 10 千伏超导变电站并网示范运行，是国际首台并入实际电网示范运行的高温超导储能系统。

在此基础上，结合超导储能和超导限流器的特点，中国科学院电工所与西电集团联合研发 1 兆焦 /0.5 兆伏·安高温超导储能 – 限流系统，在一套装置上实现了两种功能，其中高温超导储能线圈的电感 13.3 亨，额定储能量 1 兆焦。该装置利用超导线圈大电感的特性，同时将超导线圈作为储能和限流的环节。在正常状态下，利用超导线圈的储能特性，对风力发电输出波动的有功功率进行补偿；在故障状态下，将超导线圈串入风力发电机的定子回路，抑制风力发电机的定转子过电流并减小转子反向感生电动势，从而大大提高风力发电机的低电压穿越能力。2016 年该项目团队完成系统集成并在玉门风电场并网试验。

11.11.2.3　展望和建议

发展超导储能技术的关键在于采用适合的超导储能磁体技术以及灵活的电力电子技术，实现多种电能质量的调节功能。从技术发展层面而言，国内外均已经完全具备产业化条件。从发展趋势来看，短期内低温超导技术与高温超导技术将并行发展，其中高温超导技术是主要发展方向。从技术应用来看，目前商业化发展的小型分布式超导储能系统可广泛应用于新能源发电并网，改善用户端电力质量和供电可靠性及输电网稳定性，与电力电子技术结合构成超导柔性输电系统；此外，超导储能系统还可作为脉冲能源应用于电磁发射等其他场景。

11.11.3　液态金属储能

11.11.3.1　技术原理与特点

液态金属电池具有寿命长、容量大、成本低、安全可靠等优势，是大规模电力储能应用领域的理想选择。液态金属电池的正负极均为金属，电解质为无机盐，工作时正负极金属和无机盐电解质均为熔融态，互不混溶，且由于密度差自动分为三层：负极液态金属密度最小，位于上层；正极液态金属密度最大，位于下层；熔盐电解质密度介于正负极之间，位于中间层。由于电池正负极金属的电负性不同，使得正负极之间具有电动势，放电时，负极金属 A 离子化后，通过熔盐电解质迁移到正极放电，与正极金属 B 合金化；充电过程则相反（图 11.14）。

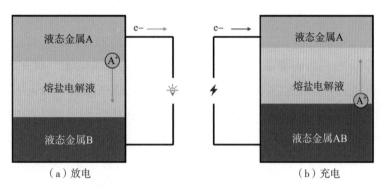

（a）放电　　　　　　　　　　　　　　　（b）充电

图 11.14　液态金属电池工作原理

基于全液态电化学池的设计，液态金属电池在规模储能应用方面具有非常明显的优势：无须考虑传统固态电极材料的结构稳定性问题，同时摒弃了成本较高的电池隔膜，因而拥有超长使用寿命；电极和电解质的材料来源广泛，成本低廉；可实现自装配，电池容易放大和生产，制造流程短；成本低，可以满足大规模储能的要求；采用不可燃的熔融无机盐作为电解质，安全性高；全液态结构的液 / 液界面电荷转移速度快，反应过电位低，能量转换效率高，可实现较高倍率充放电。由此可见，液态金属电池技术面向大规模的电网储能，在中长时间尺度的出力平滑、可再生能源入网、调峰及分布式系统能量管理等应用场景具有明显优势和广阔的应用前景。

11.11.3.2　关键材料与发展现状

液态金属电池的金属电极材料对电池的电压特性、运行温度、能量密度和储能成本等起到决定性作用，一般应具有以下特点：①较低的熔点（一般在 1000 摄氏度以下），低熔点电极材料允许电池在较低温度下运行，有助于电池长效稳定运行；②良好的导电性，高导电率的电极材料可以有效减小电池内阻，提高电池的电压效率；③环境友好，非放射性；④合适的电负性范围，负极金属应具有较低的电负性，正极金属具有高的电负性，以保证电池的电动势；⑤正负极金属及其合金化产物在熔盐电解质中具有较小的溶解度，减小电池的自放电，提高库仑效率；⑥合适的密度范围，以保证电池的三层液态结构；⑦成本低廉。

熔融无机盐在液态金属电池中既作为电解质，也充当正负极之间的隔膜，扮演着十分重要的角色，一般应具有以下特点：①较低的熔点；②较小的金属溶解度；③稳定的化学性质和较宽的电化学窗口；④合适的密度；⑤高的离子导电率。

近年来，液态金属电池技术受到国内外的广泛关注。美国麻省理工学院在材料体系、结构设计等方面进行研究，发展了具有高效率、低成本和长寿命特性的锑－铅基液态金属电池体系。德国亥姆霍兹研究所、法国国家力学与工程计算科学研究所等系统研究了电池内部流场分布、电极－电解质液－液界面特征与变化规律、电池关键材料的腐蚀过程及电流扰动等对电池服役特性的影响；在此基础上，亥姆霍兹研究所牵头的"面向静态储能的低成本钠基液态金属电池"研究计划成功立项，致力于突破液态金属电池关键技术，推动其在静态规模储能中的应用。

国内方面，2017年印发的《能源技术革命创新行动计划（2016—2030）》明确指出，突破液态金属电池关键技术及工艺，开展10兆瓦大容量液态金属电池示范。2022年印发的《"十四五"新型储能发展实施方案》要求重点发展液态金属电池等新型储能技术。2018年华中科技大学、清华大学、西安交通大学等13家校企团队牵头获批了国家重点研发计划智能电网技术与装备专项"液态金属储能电池关键技术研究"重大项目，围绕液态金属电池关键科学与技术问题，在材料、器件、应用三个层面开展了系统深入研究，提出了液态金属电池合金化电极设计新思路，发展了环境友好的Li‖Sb-Sn、高能量密度Li‖Sb、高电压Li‖Te-Sn和资源可持续的Na‖Bi-Sb等创新电池体系，构建了液态金属电池液－液界面动态特性多场耦合模型，提出了大容量液态金属电池界面稳定化调控策略，实现了200安·时级大容量电池单体的稳定长效服役；发展了液态金属电池快速均衡与高效管理系统，构建了国内首台（套）5千瓦/30千瓦·时液态金属电池储能系统，推动了我国在液态金属电池领域的快速发展。

11.11.3.3　应用情况与发展趋势

2014年成立的美国初创储能公司Ambri致力于推动液态金属储能电池技术的商业化应用，已在微软数据中心得到实际应用。国内方面，华中科技大学与威胜集团、西电集团、西安耐百特公司等开展合作，承担了南方电网公司的液态金属储能电池示范项目，推动液态金属电池技术的商业化应用。

基于液态金属电极和熔融盐电解质的液态金属电池具有大容量、长寿命、低成本等优势，是规模电力储能应用的理想选择。近年来，基于碱金属或碱土金属负极的液态金属电池材料体系发展迅速，电池器件构建与应用关键技术取得重要突破。然而，要实现液态金属电池储能技术在电力储能应用领域的规模应用，仍需开发资源可持续的电池材料新体系，进一步降低储能成本，突破大容量液态金属电池构建与长效封装技术，解决电池组高效均衡与能量管理系统中的系列关键问题。

11.11.4　新型重力储能技术

11.11.4.1　技术原理与特点

重力储能是一种机械式的储能方式，借助山体、地下竖井、人工构筑物等的高度落差，对储能介质进行升降实现充放电过程。储能介质主要为密度较高的固体物质，如金属、水泥、砂石等，以实现较高的能量密度。重力储能系统利用卷扬提升机、缆车等实现重物的提升和下落，功率变换系统包括电动发电机和机械传动系统，通过电动发电机控制实现充放电过程。

11.11.4.2　国内外研究现状

根据储能介质和落差实现路径的不同，可以将重力储能分为基于地面构筑物的重力储能、基于山体斜坡的重力储能和基于地下竖井的重力储能。

（1）基于地面构筑物的重力储能

基于地面构筑物的重力储能技术利用构筑物的高度差来进行重力储能，主要有储能塔、支撑梁架、承重墙等结构。

瑞士 Energy Vault 公司提出的储能塔结构利用多臂塔吊将混凝土块堆叠成塔进行储能，于 2019 年在印度部署了 4 兆瓦 /35 兆瓦·时的重力储能系统。2017年徐州中矿大机电科技有限公司提出利用支撑架和滑轮组提升重物储能的方案。2020 年上海发电设备成套设计研究院提出了一种利用行吊和承重墙堆叠重物的方案。2021 年中国科学院电工研究所提出了一种利用山体陡坡架设桥墩和桥梁的重力储能方案，利用重载汽车为重物，通过合理调度可以同时辅助交通运输和进行电力储能。2022 年中国天楹集团和 Energy Vault 公司合作，利用地面预制构筑物和多组卷扬提升机开始 25 兆瓦 /100 兆瓦·时重力储能系统开发。

基于地面构筑物的重力储能技术具有选址灵活、易于集成化和规模化的优点，但高承重地面构筑物的高度受限，并且需要确保构筑物稳定以及对塔吊、行吊的精确控制。如何在室外环境做到毫米级别的误差控制是制约该技术发展的关键问题。

（2）基于山体斜坡的重力储能

基于山体斜坡的重力储能技术利用山体落差和重物载体的拉升实现重力储能，相比人工构筑物结构更加稳定和安全，承载能力更强。目前的研究主要有轨道机重载车结构、缆索循环结构以及缆轨循环结构等。

美国 ARES 公司于 2014 年提出一种机车斜坡轨道重力储能系统，利用机车在轨道上通过坡顶的卷扬机拖动上坡进行储能，下坡机车拖动电机进行释能。该技术已在加利福尼亚州测试成功，首个 50 兆瓦的商业系统在内华达州帕伦普市落地并将与加利福尼亚州电网连接。该储能系统可以提供持续 15 分钟 50 兆瓦的电力，效率可达 80%。这种储能系统利用山地地形和轨道车辆，可以实现大容量储能，但占地面积大、车辆数量大、整体成本高。

奥地利 IIASA 研究所于 2019 年提出了一种山地循环缆索运沙子的重力储能工程设想。该储能系统由山下、山上两个沙池及循环缆索组成。沙池阀门控制装载，通过起重机和电机电缆将其运送到山顶沙池上方卸载实现重力储能；当沙子被运回山下时，重力势能被转化为电能回馈电网。该系统储能容量设计为 0.5~20 兆瓦·时，发电功率为 500~5000 千瓦。系统利用天然山坡和沙子，可以大幅降低建造成本，但缆车运载能力较低，储能功率和容量难以做大。

中国科学院电工研究所肖立业团队 2017 年提出了两种重载车辆爬坡储能方案，一种采用永磁直线同步电机轮轨支撑结构，电动发电都通过直线电机完成；另一种利用多个电动绞盘拉拽车辆，分段储能。该团队提出的轨道与缆索结合的缆轨循环运沙技术方案，结合轨道运载能力强、缆车高效循环拉升和坡度适应性强等优点，利用山体的高落差把山下的沙子、矿砂等连续运输到山顶，进行重力势能的存储；当山上的沙子等沿着轨道拖动缆索运回山下时，重力势能转换为电能回馈电网（图 11.15）。

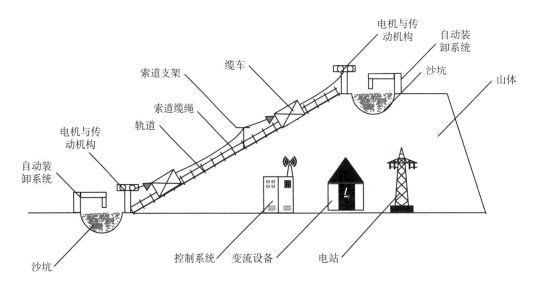

图 11.15　基于缆轨的运沙重力储能技术方案原理图

（3）基于地下竖井的重力储能

地上重力储能系统易受天气和自然环境影响，使重力储能向地下发展成为一种研究趋势。

英国 Gravitricity 公司提出了一种基于废弃钻井平台，利用卷扬提升机进行储能的方案。这种储能技术在封闭的矿井中工作，减少了自然环境影响，安全系数较高。目前，该公司已利用 15 米的钻井平台完成了 250 千瓦原理演示系统的测试。

我国葛洲坝中科储能技术公司和中煤能源研究院分别提出了利用废弃矿井和矿井提升机提升重物的方案。2021 年中国科学院电工研究所提出了多种基于竖井和卷扬提升机提升多个重物的重力储能方案，并于 2022 年完成国内首个利用单梁门式提升机的 10 千瓦级竖井重力储能原理样机的研制和测试。

（4）基于重力势能的综合储能系统

重力势能储能可以与抽水和压缩空气储能系统结合形成综合储能系统。2016 年，Heindl Energy、Gravity Power、EscoVale 等公司先后提出基于重物压力的抽水储能系统，利用重物和活塞的重力势能在密封良好的通道内形成水压进行储能和释能，其中 Gravity Power 公司于 2021 年开始在巴伐利亚建设兆瓦级示范工程。2020 年中国华能集团提出了一种重力压缩空气储能系统，可以解决压缩空气储能压力不稳定的问题。

上述技术的难点是活塞和通道内壁的密封问题。另外，重力储能作为一种能量型储能方式，由于启动时间较慢，难以提供电网惯性，联合其他功率型储能形式（如飞轮储能、超级电容器储能）可以有效解决新能源并网带来的频率、电压不稳定问题。对此，华能集团西安热工研究院提出了一种新能源发电结合电池及重力储能的系统，中国科学院电工研究所提出了重力储能和飞轮储能相结合的综合物理储能系统。

11.11.4.3 展望和建议

如表 11.9 所示，与抽水蓄能技术相比，固体重物型重力储能系统的储能容量和功率相对较小，但由于不需要水泵、水轮机结构，理论上可以实现比抽水蓄能更高的储能效率，响应时间也更短，可以根据不同地形和需求灵活选择不同技术方案。

表 11.9 不同重力储能技术对比

技术	机构	功率	储能量	效率（%）	寿命	响应时间
抽水蓄能		100~5000 兆瓦	1 兆瓦·时 ~20 吉瓦·时	65~80	40~60 年	10~240 秒
海下重力储能	德国弗劳恩霍夫风能和能源系统技术研究所	5~6 兆瓦	20 兆瓦·时	65~70	—	> 10 秒

技术	机构	功率	储能量	效率(%)	寿命	响应时间
活塞水泵	GPM 公司	40 兆瓦~1.6 吉瓦	1.6~6.4 吉瓦·时	75~80	> 30 年	> 10 秒
岩石活塞水泵	Heindl Energy 公司 EscoVale 公司	20 兆瓦~2.75 吉瓦	1~20 吉瓦·时	80	> 40 年	> 10 秒
储能塔	Energy Vault 公司	4 兆瓦	35 兆瓦·时	90	—	2.9 秒
斜坡机车	ARES 公司	50 兆瓦	12.5 兆瓦·时	75~85	> 40 年	秒钟级
斜坡缆车	IIASA 研究所	500 千瓦	0.5 兆瓦·时	75~80	—	秒钟级
地下竖井	Gravitricity 公司	< 40 兆瓦	1~20 兆瓦·时	80~85	> 50 年	秒钟级

重力储能技术方案众多，各有优劣，需要根据不同地形和储能需求来设计。其中，基于山体落差和地下竖井的重力储能相较而言更具发展前景，而与之相关的电动 / 发电机技术、重载快速升降机及自动装卸技术、重物 / 电机群控技术将成为研究重点。重力储能系统的功率和容量与被提升物的质量和抬升高度有关，适合建设中等功率和容量的储能系统。通过建设多个重力储能系统集群，可以获得更大的容量和功率，从而实现规模化利用。今后的重点研究主要包括大功率低速电动 / 发电机及其运行控制、高载重快速升降机及自动装卸、重力储能系统集群运行与控制、重力储能系统的稳定性和全天候适应性等。

11.12　储能系统集成技术

11.12.1　概述

新型储能技术包括锂离子电池、钠离子电池、铅炭电池、液流电池、压缩空气储能、氢（氨）储能、热（冷）储能等多种储能方式，不同类型的储能方式在集成技术上存在差异。例如，新型锂离子电池、钠离子电池、铅炭电池等在成组形式和集成原理上有相似之处，从电池单体、电池模块、电池簇、电池阵列（堆）到电池系统，可采用模块化集成思路；液流电池与之类似，可采用电堆模块化集成方式；电池管理系统的集成技术主要体现在信息监控和控制保护上。

11.12.1.1　储能系统的集成原则

安全性原则：包括电池的安全控制、设备的安全设计、消防的安全设计、多元新型储能接入电网系统的控制保护与安全防御技术等。

经济性原则：不同区域电网需求的储能时间尺度、调度控制方式、可接入容量存在差异，系统集成应考虑应用场景，从系统全生命周期的角度出发，确定储能系统的小时率和容量规模，合理进行场址选择、设备选型、电站设计。

可靠性原则：储能系统的可靠性决定着电网运行的安全，并网性能、可利用小时数、充放电能力是关键集成技术指标。

11.12.1.2　储能系统的集成架构

不同储能技术的系统组成各有特点，例如，电池储能系统主要由电池系统、升压变流系统、通讯控制及保护系统、辅助系统等组成（图 11.16）。

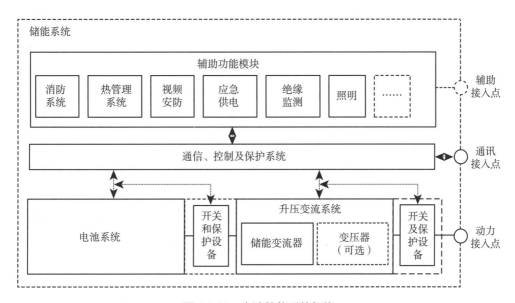

图 11.16　电池储能系统架构

储能系统包括电气一次系统和电气二次系统。电气一次系统包括系统主接线（动力接入点）和辅助供电（辅助接入点），电气二次系统包括站内通信、计算机监控系统、继电保护及自动化系统、调度自动化系统等。

电池系统是电池储能系统的核心，是能量存储的单元，一般采用多层级、模块化集成技术路线，分为电芯、电池模块、电池簇、电池阵列（堆）四个层级。若干个单体电池经过金属导体的串并联后组成电池模块，电池模块一般采用抽屉式结构；多个电池模块经过串联后组成电池簇，电池簇一般采用柜式或框架式结构。为管理电池簇主回路输出端口与外部回路连接的安全可控，电池簇一般配置电池管理系统、高压绝缘检测单元、电流传感器、熔断器、预充电阻、接触器和断路器等控制系统和开关保护器件。

11.12.2　典型系统介绍

11.12.2.1　电池管理系统

随着新能源行业的发展，特别是动力电池和储能电池的发展，电池管理系统的重要性日益突出。电池管理系统是由电子部件和电池控制单元组成的电子装置，具有电池状态监测、电池状态分析、电池安全保护、充放电管理、电池信息管理等功能，能够监控电池状态、提高电池的利用率、防止过度充放电、延长电池的使用寿命。其中，在保障电池安全和提高电池使用寿命两方面具有无法替代的重要地位。

电池管理系统一般采用分层的系统架构，与电池的成组方式和储能变流器的拓扑等系统架构匹配和协调。工程应用中一般采用三级架构，分别为电池阵列管理单元、电池簇管理单元、电池管理单元（图 11.17）。电池阵列管理单元对电池阵列进行控制与保护，实现与储能变流器、监控系统的通信。电池簇管理单元对电池簇电压、电流、高压绝缘电阻等数据进行监测，对电池管理单元采集的电池数据进行汇总，以实现电池簇的状态估算、故障诊断、能量控制。电池管理单元监测单体电池电压、温度状态，执行电池均衡策略，并将监测的电池信息上传至电池簇管理单元。

电池管理系统的关键技术包括电池算法技术、电池均衡技术、控制保护技术等。

电池算法技术：向底层对接电池数字化模型，向顶层支撑控制保护策略，为策略的精准执行提供依据和必要信息，是确保系统稳定运行的核心。

电池均衡技术：因电池批次、一致性、存储自放电差异、系统集成、外部环

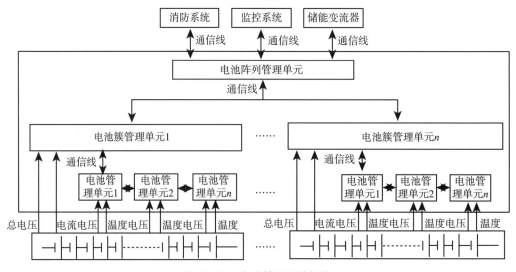

图 11.17　电池管理系统架构

境等因素，电池系统的簇内不一致、簇间不一致是普遍现象。簇间均衡和簇内均衡是电池均衡技术的关键。电化学储能系统均衡的难点在于如何通过控制保护策略寻找电池的差异性，延长均衡的有效时间，在电池系统不均衡出现的早期介入工作，有效避免电池系统不均衡的出现。

控制保护技术：主要是对电池系统的控制策略、监控管理以及消防辅控系统的管理，实现电池系统与外部系统能量流、信息流交互的安全高效，从而优化电池整体放电能效，延长储能电池整体寿命。

11.12.2.2　热管理系统

热管理系统是储能电池系统的重要组成部分，对系统的安全、可靠、高效运行发挥重要作用。热管理系统的设计要结合应用场景和环境特点，通过适宜的冷／热源、冷却方式、冷却介质的驱动部件等构成完整的循环系统；同时需要配合控保策略，以保证储能系统正常运行。

热管理系统由冷／热源、循环系统、采集监控模块、控制策略模块组成。冷／热源主要采用集成式工业空调、水冷机组、水冷机组＋末端表冷器等方案，针对寒冷或风沙较大的地区，可选配加热模块、微正压模块等。风扇、水泵搭配风道、流道构成循环系统，实现整个电池系统与冷热源之间的能量交换。采集监控模块可以监测温湿度和系统运行状态，实现对整个电池系统的运行状态评估并及时反馈调节。控制策略模块可根据采集监控模块反馈的数据，对风扇、空调的启停做逻辑控制和管控，兼备预警保护功能。

热管理系统的核心功能包括温湿度控制、内部运行环境控制和预警保护功能，其关键技术有：①温控技术，通过对温控方式、散热路径、传热介质等各项参数的设计优化，实现高效稳定可靠的散热、加热、保温、均温等功能，是热管理系统的核心要求，也是最重要的技术；②能耗控制技术，确保热管理系统高效运行，减少运行能耗；③系统控制技术，对储能系统的运行状态以及整个系统的运行效率起着至关重要的作用，稳定、鲁棒性强的热管理控制策略需要经过严格的仿真模拟与测试验证，避免产生由逻辑上的冲突及单点失效等问题导致的温控失效隐患；④控制和预警技术，通过合理布置温湿度监控单元，对核心器件参数进行实时监控，实现与安防系统的联动控制保护。

11.12.2.3　电气与控制系统

储能系统是融合了机械、电气、化学的复杂系统，需配置电气与控制系统，通过各类传感器获取系统运行状态，并传输给可编程逻辑控制器、分布式控制系统、工控机等进行控制保护策略，并通过继电器、接触器、伺服电机等执行控制和保护指令。

　　储能系统的电气和控制系统架构设计可以从能量、信息、辅助三个层次进行设计和考虑（图 11.18）。

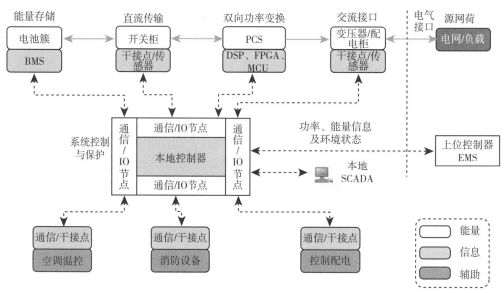

图 11.18　典型储能系统电气和控制设计架构

　　能量层一般由交流接口、双向功率变换设备、能量传输设备和能量存储设备组成，是储能系统集成中的核心部分。能量流主要考虑能量双向流动的安全高效，确保系统可靠运行，同时还要考虑电力系统或者负荷对储能系统在频率响应、无功补偿等功能方面的特殊需求。

　　信息层由各种传感器、通信线缆、控制器和网络设备组成，是储能系统中状态感知、控制保护算法实现、信息传输和存储的关键，相当于储能系统的神经网络和大脑。信息流通过传感器获取系统工作状态，作为控制保护策略的输入信号反馈给控制系统，再由控制系统实现系统状态分析、执行控制和故障保护的功能。

　　辅助层通常包括二次控制配电设备、环境控制设备和消防系统，通过风冷、水冷、除湿、加热等环控方案设计，保证系统安全、长寿命运行。辅助功能需要相应的配电设计来提供持续可靠的供电电源，特殊重要设备还要考虑不间断电源供电或者备用电源方案。

　　电气与控制系统的关键技术包括电力电子及电力传动技术、电机控制技术、变流器及脉冲宽度控制技术等。特别是电化学储能系统，储能变流器不仅要实现可靠的双向电能转换，还要实现电力系统调频、有功无功调节、离网用电保证功能，因此并网逆变器的各类控制技术是实现系统集成的核心技术。

11.12.2.4 智能运维系统

电化学储能电站的智能运维贯穿电池制造、电站设计建设、运行维护、事故应急处理等多个关键环节，需要建立电池和关键组件的重大风险预警体系和协同控制流程，提升储能设备的质量问题源头管控能力、全流程精细管理能力和极早期风险预判能力。面对呈指数级爆发增长的储能电池全生命周期数据，大规模数据的实时、自动化、智能化分析也成为重要前提。为满足上述需求，具有高性能分布式存储、并行计算以及智能分析能力的智能运维系统成为支持储能电站全生命周期安全的重要保障。

智能运维系统的核心技术包括：①电池溯源系统，对产品全流程数据进行标准化采集存储，通过统一身份标识与制造执行系统数据中的关键字段进行管理和检索，建立电芯静态信息与项目现场电芯分布信息的映射关系，实现电池全生命周期各环节的信息打通与溯源；②电池全生命周期综合评价，通过全流程数据标准化存储、智能数据分析技术以及模型闭环管理，深入挖掘全生命周期数据，为储能电站现场运维工作提供多阶段、多层次、多时间尺度的数据分析服务与运维决策支持；③储能远程安全诊断技术，通过远程监控、诊断、控制形成储能设备智能管控新模式，通过数据挖掘与分析，采集储能设备运行状态、环境信息等数据，建立专家库和辅助决策系统；④储能云端均衡技术，依托云端存储的电池系统长期运行数据以及强大计算能力，对电池历史运行数据进行分析，与电池管理系统本地均衡策略协调工作，提升储能运维效率，提高电池系统均衡的精准度。

11.12.2.5 能量管理系统

储能监控与能量管理系统是储能电站就地监视和数据采集、接受调度控制、功率设备控制的核心计算机监控系统，主要采集、处理储能电站端储能设备运行数据、配网信息等数据，通过对控制系统和功能应用的集成，实现对储能电站的实时监视、分析和控制。具备自动发电控制、自动电压控制、紧急调频功能等高级控制功能；通过远动装置接入调度数据网，具有良好的在线可扩展性，维护简便，满足电力系统二次安全防护的要求。

大规模储能电站的能量管理系统采用双机双网结构，主要硬件设备采用冗余配置，避免单点硬件故障导致系统失效。系统兼具实时历史数据库及其管理系统功能，可对电池管理系统、升压变流系统、协调控制器、配电设备、环境监测系统等设备进行数据采集、监视控制，从而为电站数字化管理提供一体化解决方案。

11.12.3 发展趋势

长寿命：长寿命的储能电站可以有效降低电站全生命周期的投入成本，其中长寿命电池发挥着至关重要的作用。当前储能大规模应用所面临的瓶颈之一就是电池的循环寿命短，长寿命电池研发对大型储能电站的推广十分重要。

低成本：电化学储能的成本基本由材料决定，化学元素成本决定着电池成本能达到的最低水平，化学元素的成本与其在自然环境中的量有很大关系。

高安全性：一方面要建立适合现阶段储能发展的制度和标准，不断完善安全管理机制；另一方面系统集成设计需充分考虑安全设计原则，多维度保障系统安全可靠运行。

智能化运营：智能化运维模式能够高效实现设备智能预警诊断、故障定位、健康度管理、运行评估分析，解决储能电站的运维难题。

11.13 储能电站消防安全技术

11.13.1 概述

在热滥用、电滥用或机械滥用的情况下，储能电池温度会异常升高，电池内部材料发生一系列放热反应，导致电池发生热失控，温度呈指数上升（通常可达800摄氏度）并产生可燃气体，诱发储能电站的火灾事故（图11.19）。

储能电站火灾是一种复杂多变的燃烧形式，深入了解储能电站的火灾特性对于科学控制火灾具有指导意义。储能电站的火灾特性主要有：热失控时反应剧烈，具有极高的温升速率，电池温度高，高温持续时间长；产生猛烈的射流火，燃烧剧烈；具有极高的热释放速率，热危害大；会发生热失控传播，火灾呈现复

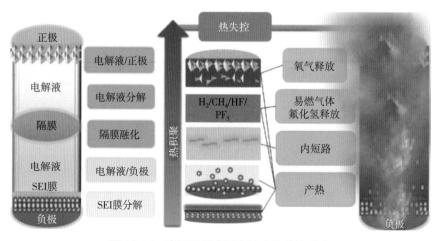

图 11.19 高温下锂离子电池内部放热反应

燃性；释放的气体量大，大部分具有可燃性，具有爆炸性和毒害性。

11.13.2　常用灭火剂

目前，用于抑制储能电池火灾的常用灭火剂可分为气体灭火剂、液体灭火剂和固体灭火剂。

气体灭火剂具有不导电、无腐蚀、无残留、流动速度快的优势，在密闭空间内可发挥更好的灭火效果，在储能电站火灾防控中发挥着重要作用。气体灭火剂通常需要高压状态存储，储能电站的常用气体灭火剂主要有二氧化碳、气溶胶、七氟丙烷、全氟己酮。液体灭火剂包括液氮和常见的水基灭火剂（如水、水雾和泡沫等），但由于水的导电性较强，使其不适用于高电压的储能电站火灾。干粉等固体灭火剂具有灭火效率高、储存方便、成本低等优势。

灭火剂的灭火效能、冷却能力是基本指标，同时还应综合考虑其绝缘、毒性、残留物及成本（图 11.20）。

11.13.3　消防安全要求

随着储能产业的快速发展壮大，其暴露的安全问题也成为社会各界关注的焦点。国家发改委、国家能源局发布的《"十四五"新型储能发展实施方案》明确要求加快建立新型储能项目管理机制，规范行业管理，强化安全风险防范。

11.13.3.1　储能电站的消防布置

电站选址：储能电站应远离人员聚集区域，远离具有易燃液体、易爆气体、易发生剧烈化学反应、助燃气体等物质的厂房。

厂房布置：电站厂房应具有较低的火灾危险性和较高的耐火等级，同时设置合理的防火间距和防火分区，可以在保证储能系统火灾不蔓延的前提下，最大化提高储能电站的空间利用率。

11.13.3.2　储能电站消防要求

消防给水：储能电站应设置消防给水系统，且消防用水量应能够扑灭储能电站在同一时间内发生的火灾。

火灾自动报警系统：自动报警系统应设置在具有潜在火灾危险的场所，如主控制室、配电装置室、继电器及通信室、电池室、储能变流室、可燃介质电容器室等。由于储能电站火灾中有大量可燃气体，具有爆炸风险，因此火灾自动报警系统应选用防爆型设备。

灭火设施：由自动灭火系统和灭火器组成。自动灭火系统分为自动水灭火系统和自动气体灭火系统。当自动灭火系统接收到报警信号后，释放灭火剂对电站

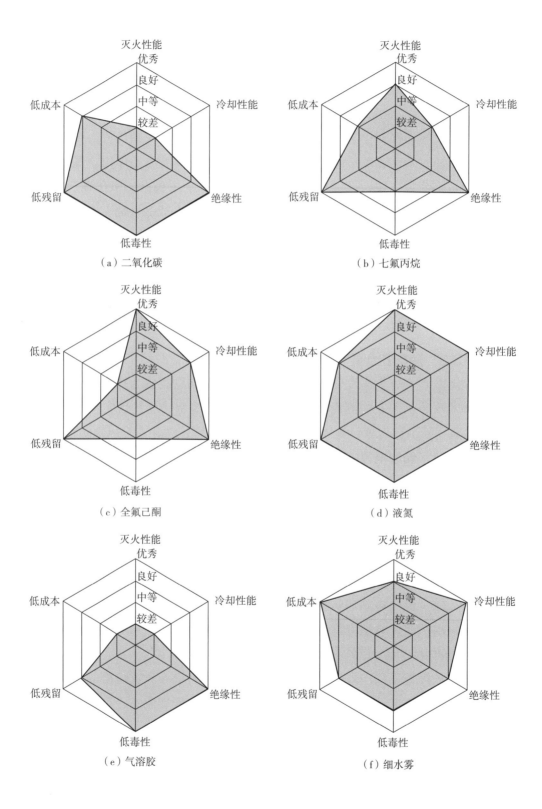

（a）二氧化碳

（b）七氟丙烷

（c）全氟己酮

（d）液氮

（e）气溶胶

（f）细水雾

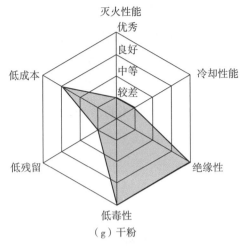

图 11.20　不同灭火剂效能评估

火灾进行扑灭。

11.13.4　应急与救援

储能电站一旦发生火灾，电池在高温下会释放可燃气体，火势迅速蔓延甚至出现爆炸的情况，可造成巨大的财产损失和人员伤亡，给消防部队灭火救援工作带来巨大挑战。消防部门对储能电站的火灾应急与救援主要措施如下。

加强第一出动力量调集：加大调派力量，如消防车、消防器材和个人防护装备等资源。同时调集相关联动力量和行业专家。

强化现场安全管控：火灾现场严格等级防护，切实做好防爆炸、防中毒、防触电、防腐蚀、防灼伤等措施；要根据储能电站电压、电流、容量、事故现场环境以及爆炸冲击可能产生的风险危害，实施安全管控和交通管制。

全方位开展火情侦察：了解核实事故现场情况；调阅电池管理系统、监控视频、烟感报警信息等，核查电站相关数据资料，合理利用消防机器人、无人机实施有效的灭火救援、化学检测和火场侦察。

合理选择扑救措施：要对储能电站所有进出电线路实施断电，优先使用固定灭火系统，未经允许不得打开室门，防止破坏密闭空间的灭火抑制环境。根据电站条件合理选择对应的扑救措施。

11.14　本章小结

储能技术的应用推动了新型电力系统、新能源动力和新能源技术的快速发展，也为能源安全提供了关键技术支撑。在各种储能技术中，抽水蓄能技术成熟度高、储能容量大，占据市场主导地位。压缩空气蓄能、飞轮蓄能也随着技术的不断成熟，逐步走向实际应用。化学储能技术是近年来发展速度最快的方向，进一步推动了锂离子电池新体系的开发。各种新型二次电池的研发也受到广泛关注。随着市场的不断完善，未来对储能技术将有更新和更高的要求，需要从高安全性、低成本、长寿命等方面提升储能技术，从而强力支撑经济发展和实现"双碳"目标。

参考文献

［1］白亚开. 太阳能跨季节储热水体储热性能研究［D］. 北京：中国科学院大学，2020.

［2］陈海生，李宏. 2021年中国储能技术研究进展［J］. 储能科学与技术，2022，11（3）：1052-1076.

［3］陈海生，刘金超，郭欢，等. 压缩空气储能技术原理［J］. 储能科学与技术，2013（2）：146-151.

［4］陈建，相佳媛，吴贤章，等. Pb-Sn-Me铅酸电池板栅合金的耐腐蚀性能研究［J］. 电源技术，2013，12（37）：2170-2173.

［5］戴兴建，姜新建，张剀. 飞轮储能系统技术与工程应用［M］. 北京：化学工业出版社，2021.

［6］戴兴建，魏鲲鹏，张小章，等. 飞轮储能技术研究五十年评述［J］. 储能科学与技术，2018，7（5）：18.

［7］高喜军. 煤矿液氮防灭火技术应用标准及发展趋势［J］. 中国石油和化工标准与质量，2022（42）：4-6.

［8］郭放. 工业余热与太阳能跨季节储热用于集中供热系统研究［D］. 北京：清华大学，2018.

［9］郭文宾，周鑫，左志涛，等. CAES离心压缩机可调扩压器调节规律研究［J］. 工程热物理学报，2021，42（2）：335-341.

［10］国家电网公司"电网新技术前景研究"项目咨询组. 大规模储能技术在电力系统中的应用前景分析［J］. 电力系统自动化，2013，37（1）：3-8.

［11］贺明飞，王志峰. 水体型太阳能跨季节储热技术简介［J］. 建筑节能，2021，49（10）：66-70.

［12］胡静，黄碧斌，蒋莉萍，等. 适应电力市场环境下的电化学储能应用及关键问题［J］. 中国电力，2020，53（1）：100-107.

［13］胡勇胜，陆雅翔，陈立泉. 钠离子电池科学与技术［M］. 北京：科学出版社，2020.

［14］李万杰，张国民，王新文，等. 飞轮储能系统用超导电磁混合磁悬浮轴承设计［J］. 电工技术学报，2020，35（S1）：10-18.

［15］李维波. 电力电子装置中的信号隔离技术［M］. 北京：机械工业出版社，2020.

［16］李欣然，崔曦文，黄际元，等. 电池储能电源参与电网一次调频的自适应控制策略［J］. 电工技术学报，2019，34（18）：3897-3908.

［17］廖晓军，何莉萍，钟志华，等. 电池管理系统国内外现状及其未来发展趋势［J］. 汽车工程，2006（10）：961-964.

［18］刘璐，牛萌，李建林，等. 电化学储能系统标准现状与体系架构研究［J］. 电力建设，2020，41（4）：63-72.

［19］刘明义. 电池储能电站能量管理与监控技术［M］. 北京：中国电力出版社，2022.

［20］孟冲，左志涛，郭文宾，等. 压缩空气储能系统高压离心压缩机进口导叶调节规律研究［J］. 工程热物理学报，2021，42（11）：7.

［21］钱钢粮. 我国海水抽水蓄能电站站点资源综述［J］. 水电与抽水蓄能，2017（5）：1-6.

［22］邱彬如. 世界抽水蓄能电站新发展［M］. 北京：中国电力出版社，2006.

［23］水电水利规划设计总院. 中国水力发电技术发展报告（2018 年版）［M］. 北京：中国电力出版社，2018.

［24］孙伟卿，裴亮，向威，等. 电力系统中储能的系统价值评估方法［J］. 电力系统自动化，2019，43（8）：47-55.

［25］孙玉坤，陈家钰，袁野. 飞轮储能用高速永磁同步电机损耗分析与优化［J］. 微电机，2021，54（8）：19-22，79.

［26］索鎏敏，郭欢，俞振华，等. 2021 年中国储能技术研究进展［J］. 储能科学与技术，2022，11（3）：1052-1076.

［27］唐西胜，齐智平，孔力. 电力储能技术及应用［M］. 北京：机械工业出版社，2021.

［28］田刚领，张柳丽，牛哲荟，等. 集装箱式储能系统热管理设计［J］. 电源技术，2021，45（3）：317-319，329.

［29］王大杰，孙振海，陈鹰，等. 1MW 阵列式飞轮储能系统在城市轨道交通中的应用［J］. 储能科学与技术，2018，7（5）：841-846.

［30］王粟，肖立业，唐文冰，等. 新型重力储能研究综述［J］. 储能科学与技术，2022，11（5）：1575-1582.

［31］王婷婷，曹飞，唐修波，等. 利用矿洞建设抽水蓄能电站的技术可行性分析［J］. 储能科学与技术，2019（1）：195-200.

［32］王婷婷，张正平，赵杰君，等. 变速机组对我国抽水蓄能规划选点的影响分析［J］. 水力发电，2018，44（4）：60-63.

［33］王志伟，张子峰，尹韶文，等. 集装箱储能系统降能耗技术［J］. 储能科学与技术，2020，9（6）：1872-1877.

［34］吴静云，郭鹏宇，黄峥. 磷酸铁锂储能电站电池预制舱消防系统研究［J］. 消防科学与技术，2020（39）：500-502.

［35］肖立业. 超导技术在未来电网中的应用［J］. 科学通报，2015，25（60）：2367-2375.

［36］肖立业. 中国战略性新兴产业研究与发展：智能电网［M］. 北京：机械工业出版社，2013.

［37］杨艺云，张阁，葛攀. 高适用性集装箱储能系统技术研究［J］. 广西电力，2015，38（6）：10-14.

［38］杨裕生，程杰，曹高萍. 规模储能装置经济效益的判据［J］. 电池，2011，41（1）：19-21.

［39］杨征. 亚临界水蓄热技术的研究［D］. 北京：中国科学院大学，2015.

［40］元博，张运洲，鲁刚，等. 电力系统中储能发展前景及应用关键问题研究［J］. 中国电力，2019，52（3）：1-8.

［41］张新敬，陈海生，刘金超，等. 压缩空气储能技术研究进展［J］. 储能科学与技术，2012（1）：26-40.

［42］张宗玟，梁双，严超. 碳达峰碳中和背景下电化学储能安全有序发展研究与建议［J］. 中国工程咨询，2021（10）：41-45.

［43］中国水电顾问集团北京勘测设计研究院. 抽水蓄能电站工程技术［M］. 北京：中国电力出版社，2008.

［44］BOTHA C D, KAMPER M J. Capability Study Of Dry Gravity Energy Storage［J］. Journal of Energy Storage, 2019, 23（6）：159-174.

［45］BUDT M, WOLF D, SPAN R, et al. A Review on Compressed Air Energy Storage：Basic Principles, Past Milestones and Recent Developments［J］. Applied Energy, 2016（170）：250-268.

［46］DING C, ZHANG H, LI X, et al. Vanadium Flow Battery For Energy Storage：Prospects And Challenges［J］. Journal of Physical Chemistry Letters, 2013（4）：1281-1294.

［47］GAO A, ZHANG Q, LI X, et al. Topologically Protected Oxygen Redox in a Layered Manganese Oxide-Cathode for Sustainable Batteries［J］. Nat Sustain, 2022, 5（3）：214-224.

［48］GOLUBKOV A W, FUCHS D, WAGNER J. Thermal-Runaway Experiments On Consumer Li-Ion Batteries With Metal-Oxide And Olivin-Type Cathodes［J］. RSC Adv, 2014（4）：3633-3642.

［49］GONG K. All-Soluble All-Iron Aqueous Redox-Flow Battery［J］. ACS Energy Letters, 2016（1）：89-93.

［50］HEDLUND M, LUNDIN J, DE SANTIAGO J, et al. Flyw·Heel Energy Storage for Automotive Applications［J］. Energies, 2015, 8（10）：10636-10663.

［51］HUA L, LU W, LI T, et al. A highly Selective Porous Composite Membrane With Bromine Capturing Ability For a Bromine-Based Flow Battery［J］. Materials Today Energy, 2021（21）：100763.

［52］HUANG L, JIANG H, ZHANG T, et al. Effect of Superfine $KHCO_3$ and ABC Powder on Ignition Sensitivity of PMMA Dust Layer［J］. Journal of Loss Prevention in the Process Industries, 2021

（1）：04567.

［53］HYNES R G, MACKIE J C, MASRI A R. Inhibition of Premixed Hydrogen-Air Flames By 2-H Heptafluoropropane［J］. Combustion and flame, 1998（113）：554-565.

［54］JHU C Y, WANG Y W. Thermal Explosion Hazards On 18650 Lithium Ion Batteries With a Vsp2 Adiabatic Calorimeter［J］. J Hazard Mater, 2011（192）：99-107.

［55］JIAN Z, HAN W, LU X, et al. Superior Electrochemical Performance and Storage Mechanism of Na3V2（PO4）3 Cathode for Room-Temperature Sodium-Ion Batteries［J］. Adv Energy Mater, 2013, 3（2）：156-160.

［56］Li H, Yin H, Wang L, et al. Liquid Metal Electrodes For Energy Storage Batteries［J］. Advanced Energy Materials, 2016（6）：1600483.

［57］LI Y, HU YS, QI X, et al. Advanced Sodium-Ion Batteries Using Superior Low Cost Pyrolyzed Anthracite Anode：Towards Practical Applications［J］. Energy Storage Mater, 2016（5）：191-197.

［58］LI Y, YANG Y, LU Y, et al. Ultralow Concentration Electrolyte for Na-Ion Batteries［J］. ACS Energy Lett, 2020（5）：1156-1158.

［59］LI Y, ZHOU Q, WENG S, et al. Interfacial Engineering to Achieve an Energy Density of over 200W·h/kg in Sodium Batteries［J］. Nat Energy, 2022（7）：511-519.

［60］LIU T, LI X, XU C, et al. Activated Carbon Fiber Paper Based Electrodes with High Electrocatalytic Activity for Vanadium Flow Batteries with Improved Power Density［J］. Acs Applied Materials & Interfaces, 2017（9）：4626-4633.

［61］LU W, YUAN Z, ZHAO Y, et al. Porous Membranes In Secondary Battery Technologies［J］. Chemical Society Reviews, 2017（46）：2199-2236.

［62］MAO B, CHEN H, JIANG L. Refined Study On Lithium Ion Battery Combustion In Open Space And a Combustion Chamber［J］. Process Safety and Environmental Protection, 2020（139）：133-146.

［63］MENG Q, LU Y, DING F, et al. Tuning Closed Pore Structure of Hard Carbons with the Highest Na Storage Capacity［J］. ACS Energy Lett, 2019, 4（11）：2608-2612.

［64］MIYAMOTO R K, GOEDTEL A, CASTOLDI M F. A Proposal for the Improvement of Electrical Energy Quality By Energy Storage in Flyw·Heels Applied to Synchronized Grid Generator Systems［J］. International Journal of Electrical Power & Energy Systems, 2020（118）：105797.

［65］OLABI A G, WILBERFORCE T, RAMADAN M, et al. Compressed Air Energy Storage Systems：Components and Operating Parameters-A Review［J］. Journal of Energy Storage, 2021（34）：102000.

［66］PAN H, HU Y S, CHEN L. Room-Temperature Stationary Sodium-Ion Batteries for Large-Scale Electric Energy Storage［J］. Energy Environ Sci, 2013, 6（8）：2338-2360.

［67］RUOSO A C，CAETANO N R，ROCHA L. Storage Gravitational Energy for Small Scale Industrial and Residential Applications［J］. Inventions，2019，4（4）：64.

［68］RUPP A，BAIER H，MERTINY P，et al. Analysis of a Flyw·Heel Energy Storage System for Light Rail Transit［J］. Energy，2016，107（15）：625-638.

［69］SCHWENZER B，ZHANG J，KIM S，et al. Membrane Development for Vanadium Redox Flow Batteries［J］. ChemSusChem，2011（4）：1388-1406.

［70］SLOCUM A H，FENNELL G E，DUNDAR G，et al. Ocean Renewable Energy Storage（ORES）System：Analysis of an Undersea Energy Storage Concept［J］. Proceedings of the IEEE，2013，101（4）：906-924.

［71］STADLER I，HAUER A，BAUER T. Thermal Energy Storage. In：Sterner M，Stadler I.（eds）Handbook of Energy Storage［M］. Berlin：Heidelberg，2019.

［72］TARAFT S，REKIOUA D，AOUZELLAG D. Wind Power Control System Associated to the Flyw·Heel Energy Storage System Connected to the Grid［J］. Energy Procedia，2013（36）：1147-1157.

［73］Wang K，Jiang K，Chung B，et al. Lithium-Antimony-Lead Liquid Metal Battery for Grid-Level Energy Storage［J］. Nature，2014（514）：348-350.

［74］WANG Q，JIANG L，YU Y，et al. Progress of Enhancing The Safety Of Lithium Ion Battery From The Electrolyte Aspect［J］. Nano Energy，2019（55）：93-114.

［75］XU W，JIANG Y，REN X . Combustion promotion and extinction of premixed counterflow methane/air flames by C6F12O fire suppressant［J］. Journal of Fire Sciences，2016（34）：289-304.

［76］XU Y，XIE C，LI T，et al. A High Energy Density Bromine-Based Flow Battery with Two-Electron Transfer［J］. ACS Energy Lett，2022（7）：1034-1039.

［77］XU Y，XIE C，LI X. Bromine-Graphite Intercalation Enabled Two-Electron Transfer for a Bromine-Based Flow Battery［J］. Transactions of Tianjin University，2022（28）：186-192.

［78］YUAN Z，LIANG L，DAI Q，et al. Low-Cost Hydrocarbon Membrane Enables Commercial-Scale Flow Batteries For Long-Duration Energy Storage［J］. Joule，2022（4）：884-905.

［79］ZAKERI B，SYRI S. Electrical Energy Storage Systems：A Comparative Life Cycle Cost Analysis［J］. Renewable & Sustainable Energy Reviews，2015（42）：569-596.

［80］ZHAO C，DING F，LU Y，et al. High-Entropy Layered Oxide Cathodes for Sodium-Ion Batteries［J］. Angew Chem Int Ed，2020，59（1）：264-269.

［81］ZHAO C，WANG Q，LU Y，et al. High-Temperature Treatment Induced Carbon Anode with Ultrahigh Na Storage Capacity at Low-Voltage Plateau［J］. Sci Bull，2018，63（17）：1125-1129.

［82］ZHAO C，WANG Q，YAO Z，et al. Rational Design of Layered Oxide Materials for Sodium-Ion Batteries［J］. Science，2020，370（6517）：708-712.

［83］ZHAO L，PAN H，HU YS，et al. Spinel Lithium Titanate（Li4Ti5O12）as Novel Anode Material for Room−Temperature Sodium−Ion Battery［J］. Chin Phy B，2012，21（2）：028201.

［84］ZHAO L，ZHAO J，HU YS，et al. Disodium Terephthalate（Na2C8H4O4）as High Performance Anode Material for Low−Cost Room−Temperature Sodium−Ion Battery［J］. Adv Energy Mater，2012，2（8）：962−965.

［85］ZHENG Q，LI X F，CHENG Y H，et al. Development and Perspective In Vanadium Flow Battery Modeling［J］. Applied Energy，2014（132）：254−266.

［86］Zhou H. A Sodium Liquid Metal Battery Based on The Multi−Cationic Electrolyte For Grid Energy Storage［J］. Energy Storage Materials，2022（50）：572−579.

第 12 章　储能政策

本章介绍了国内外储能领域相关政策，包括储能在参与电力市场、输配电资产、容量电价和补贴等方面的宏观政策，以及在可再生能源、辅助服务市场和用户侧等应用领域的政策，并对国内外同类型政策进行对照分析。

12.1　宏观政策

国内外宏观政策主要覆盖战略规划、市场机制、输配电资产、容量机制、财政税补等方面。

12.1.1　国外宏观政策

在战略规划方面，国外一些国家和地区非常重视储能战略规划，出台的政策涵盖储能技术、储能产业、储能应用等不同环节，如美国《储能大挑战》、欧洲《储能目标 2030 和 2050》等，呈现出持续化、体系化的特征。

在市场机制方面，一些发达国家的电力市场已有 30 余年的发展历史，市场机制较为成熟。随着储能产业的逐步兴起与规模壮大，相应政策推动原有市场机制调整和优化，以逐步接纳储能、虚拟电厂等新型市场主体。在储能市场主体身份方面，欧美国家赋予其发电类型的市场身份，澳大利亚则赋予综合资源提供商类型的市场身份。在储能参与电力市场形式方面，按照并网点划分，国外储能主要分为独立储能（电网侧储能）和非独立储能（发电侧储能和用户侧储能）。其中，独立储能具有独立市场主体资格，可直接参与电力市场交易获取收益；负荷侧非独立储能通过与负荷一起，或采取虚拟电厂、负荷聚合商等聚合形态，参与电力市场获取固定租费或动态分成；发电侧（以可再生能源为主）非独立储能通过与电源一起参与电力市场获取固定租费或动态分成。在储能市场准入方面，国外一般采取较低的准入规模机制，如英国准入门槛已经降低到 1 兆瓦，美国降低到 100 千瓦。在储能参与交易品种方面，国外电力市场全面接纳储能参与电能量市场、电力辅助服务市场，储能与其他类型市场主体享受同等市场机制与机遇。

在输配电资产方面，国外监管机构对储能作为输配电资产持有谨慎态度，原则上不允许电网公司直接投资或控制储能资源，而要求独立储能作为市场主体参与市场；不允许储能同时从市场渠道和监管渠道获取收益，因为双轨制可能引发监管费率确定、储能运营权归属等争议。

在容量机制方面，国家准许储能参与容量市场。例如，在 2020 年英国组织的容量市场中，储能中标容量占比约 5%（50.4 吉瓦中的 2.7 吉瓦）。然而，相对于传统能源，储能属于能量有限型资源，放电时长、最大能量等尚不能满足电力系统运行可靠性等要求，而原先的容量市场无法考虑这一特性。因此，需对储能容量价值进行折算处理。

在财政税补方面，一些国家（如美国）在国家层面出台相关税收减免政策；或在各州或地方郡等层面有初装补贴、容量补贴等政策扶持，如美国、澳大利亚各州的补贴等，补贴对象多以用户侧储能为主。

12.1.2　国内宏观政策

2017 年 10 月，我国印发《关于促进储能技术与产业发展的指导意见》，这是我国第一个支持储能产业发展和技术应用的综合性文件，提出了两个阶段性储能发展目标：第一阶段实现储能由研发示范向商业化初期过渡，第二阶段实现商业化初期向规模化发展转变。此后，为推动储能行业发展，我国储能领域相关政策密集发布，覆盖战略规划、市场机制、技术攻关、应用示范、补贴扶持、学科建设、人才培养等各方面。

在战略规划方面，我国非常重视储能战略规划，出台的政策涵盖了储能技术、储能产业、储能应用、学科建设、人才培养等不同环节的战略规划文件与措施，如国家能源局发布《能源领域首台(套)重大技术装备评定和评价办法》等，呈现出体系化的特征。

在市场机制方面，我国电力市场发展较晚，相应机制尚不成熟。自 2015 年《关于进一步深化电力体制改革的若干意见》颁布以来，截至 2022 年 9 月，我国已有 14 个省（区、市）开展了省级电力现货市场试运行；2022 年 3 月，共享储能在山东省电力现货市场完成了我国首笔电力现货市场交易。在储能市场主体身份方面，我国尚未给予其明确身份类型，多数省（区、市）按照发电类型或独立第三方主体进行认定。在储能参与电力市场形式方面，按照并网点划分为共享储能、独立储能和非独立储能，其中共享储能通过与新能源场站一体化方式或剩余容量，以独立市场身份参与电力市场交易获取收益；独立储能则以独立市场身份参与电力市场交易获取收益；负荷侧的非独立储能通过与负荷一起，或采取虚拟电厂、负荷聚合商等聚合形态，参与电力市场获取固定租费或动态分成；发电侧（以可再生能源为主）的非独立储能与电源一起参与电力市场获取固定租费或动态分成。在储能市场准入方面，我国多数省（区、市）的准入规模为 10 兆瓦（广东为 2 兆瓦）、时长则为 2~4 小时不等。在储能参与市场交易品种方面，我国电力市场尚未全面接纳储能参与电能量市场、电力辅助服务市场，相比国外而言，储能可参与市场交易品种较为单一、有限。目前，仅有山东储能进入了电能量现货市场交易，14 个电力现货试点省（区、市）中，储能可参与自动发电控制调频辅助服务市场交易；而在非现货省（区、市），储能仅参与调峰辅助服务补偿。储能尚未与其他类型市场主体享受到同等市场机制与机遇。

在输配电资产方面，我国监管机构对储能作为输配电资产持有态度尚存在争议。2019 年 5 月，《输配电定价成本监审办法》出台后，储能成本在该监审周期不能核入输配电价成本之中，作为被管制资产的电网侧储能发展受到了限制。2021 年 4 月，国家发改委、国家能源局发布《关于加快推动新型储能发展的指导意见（征求意见稿）》，要求明确储能市场主体定位，同时探索将电网替代性储能设施成本收益纳入输配电价回收。2021 年 5 月，国家发改委发布《进一步完善抽水蓄能价格形成机制的意见》，提出储能可从输配电价中回收部分成本，体现其调频、调压、系统备用和黑启动服务的价值。

在容量机制方面，目前我国尚未建立容量市场或容量电价等机制，现行容量电价机制仅针对抽水蓄能电站，新型储能的容量电价机制尚处于探索之中。2022 年 8 月，山东发布《关于促进我省新型储能示范项目健康发展的若干措施》，明确了独立储能参与电力现货市场给予容量补偿及其补偿标准。2022 年 9 月，甘肃能监办发布《甘肃省电力辅助服务市场运营暂行规则（征求意见稿）》，明确了独立储能可参与调峰容量市场交易及其补偿标准。

在财政税补方面，共享储能、独立储能在国家层面以鼓励新能源租赁或自建储能、减免输配电价、取消双向收费、优先调用或出清等政策为主；地方政策层面以共享储能、用户侧储能的初投资、运营等补贴，充放电价、调用次数、利用小时数、用电指标、新能源指标等多种类型奖励或减免为主。

12.1.3　国内外宏观政策对照

在市场机制方面：①在市场主体身份方面，国外以纳入发电类型为主，澳大利亚给予了综合类型；国内以独立第三方为主，尚未明确具体归类。②在市场准入方面，国外准入更开放、规模要求更低；国内准入更拘谨、规模要求更高。③在电能量市场机制方面，国外市场机制更成熟，储能与其他类型主体参与规则、机制一致；国内市场机制尚未成熟，储能与其他类型主体参与规则、机制尚不统一。④在辅助服务机制方面，国外更侧重于调频、备用、黑启动等品种，尤其是调频辅助品种非常丰富、细分，适合于储能价值发挥；国内以调峰、火储联合调频为主，其他品种与模式尚处于探索之中。

在输配电资产方面：国外以被管制对象不参与竞争性业务、是否影响市场流动性为据，禁止电网企业投资或拥有储能设施；国内正在研究电网功能替代类型的新型储能的管制措施与机制。

在容量机制方面：国外建立了容量市场或机制的国家准许储能参与容量市场或机制，但多采用考虑储能时长或能量规模的容量价值折算机制；国内尚未建立容量市场或机制，仅山东建立了容量补偿机制、甘肃提出了调峰容量市场机制，相关效果或影响尚需观察与验证。

在财政税补方面：国外更侧重于在非交易环节的间接补贴方式，如税费减免、装机补贴等，补贴类型简单、模式较为透明；我国更侧重于在交易环节的直接补贴方式，如调用次数、利用小时数、优先调用等，补贴类型更丰富、模式更复杂。

12.2 应用领域政策

12.2.1 可再生能源领域
12.2.1.1 国外可再生能源领域相关政策

在可再生能源配置储能政策方面，国外并没有强配储能的措施或要求，通过提高可再生能源的并网标准或运行性能要求，并网可再生能源业主根据盈利能力或市场竞争等需要，自主决定是否配置储能及其运行方式。盈利模式为储能与可再生能源场站联合参与电力市场获取相应收益。

形态分为两种：①集中式可再生能源＋储能形态，以集中式可再生能源为主体参与电力市场交易获取约定收益。为了提高集中式可再生能源的市场竞争能力或履约能力，部分大规模集中式可再生能源场站自主配置一定容量的储能设施，储能与集中式可再生能源场站联合参与电力市场交易或提供辅助服务。②分布式可再生能源＋储能形态，以用户侧分布式光伏＋储能为主要形态，通过与分布式光伏匹配，储能提供能量时移，降低用户电费、提高用电可靠性与供能自主性；或与其他多个用户组成虚拟电厂、负荷聚合商等形态，参与需求响应或辅助服务市场，获取额外的约定收益。

12.2.1.2　国内可再生能源领域相关政策

我国已经有 20 余省（区、市）发布了鼓励或强制可再生能源配置储能的相关政策文件，配置规模比例为 5%~30%，配置时长在 2~6 小时。客观上促进了我国储能规模的快速提升，反映了电网灵活性资源稀缺与新能源渗透率持续提升之间正在加剧的矛盾；但在电力市场机制尚未成熟的条件下，配置储能的成本不能合理疏导，在加重了平价新能源发电企业的财务负担与降低持续造血能力的同时，给储能产业平稳发展带来了巨大的潜在风险。

形态分为四种：①共享储能形态，是我国独有的一种形态。储能采用双边协商或集中竞价等方式与多个新能源场站实现市场化交易，通过独立自动发电控制分区运行方式与控制策略，参与弃电调峰、自动发电控制调频等辅助服务获取交易服务收益。青海共享储能仅能参与弃电共享储能调峰服务，甘肃共享储能可参与弃电调峰和自动发电控制调频两种辅助服务，山东、湖南、宁夏等共享储能在获取新能源场站调峰容量租赁收益的同时，尚可参与系统调峰或自动发电控制调频辅助服务获取一定收益。②集中式新能源 + 储能形态：与国外形态、商业逻辑基本相似，但可参与辅助服务品种、市场机制等尚未成熟。③常规电源 + 储能形态：以燃煤火电为主，联合参与调频辅助服务获取收益分成。在开展电力现货市场的试点省（区、市），以纯凝火电为依托，配置一定比例电储能设施（如磷酸铁锂电化学储能、飞轮物理储能等），联合参与一次调频、自动发电控制调频辅助服务；我国三北地区以供热火电为依托，配置一定比例蓄热储能设施（如镁砖），联合参与调峰辅助服务。④分布式可再生能源 + 储能形态：用户侧分布式光伏 + 储能的形态、商业逻辑等与国外相似；以虚拟电厂、负荷聚合商等聚合形态，国内尚以参与需求响应为主，目前只有华北、山西、广东等可参与辅助服务市场，获取约定收益。

12.2.1.3　国内外可再生能源领域政策对照

在可再生能源配置储能政策方面：国外没有强配政策要求，而是通过提高并网标准或运行要求，由可再生能源企业自主决定是否配置以及配置类型与规模等；国内有 20 余省（区、市）已出台强配储能政策或要求，相关并网标准或运行要求正逐步完善，可再生能源企业可选择配置类型，但不能自主决定配置规模等。

在可再生能源配置储能形态方面：国外以集中式可再生能源 + 储能、分布式可再生能源 + 储能两种形态为主；国内以共享储能、集中式可再生能源 + 储能、常规电源 + 储能、分布式可再生能源 + 储能四种形态为主。

在可再生能源配置储能商业模式方面：国外以可再生能源为市场主体，储能为辅助手段，以提升可再生能源的并网性能和市场竞争能力，获取交易收益分成；

国内以共享储能为主，通过市场化机制降低可再生能源弃电或提升其电力市场竞
争能力或并网性能，获取共享储能服务收益分成。

12.2.2 辅助服务市场领域

12.2.2.1 国外辅助服务市场领域相关政策

在市场机制方面，国外辅助服务市场运行较早，机制较为成熟与协调。随着
储能的逐步兴起与规模壮大，调整和优化原有市场机制，逐步接纳储能、虚拟电
厂等新型市场主体参与辅助服务市场，并不断扩展原有辅助服务品种，满足新型
电力系统客观需求。2011 年美国能源监管机构颁布 755 号法令，要求各电网运营
机构区分不同响应速度的资源，给予高响应速度资源更多的奖励，客观上提升了
储能在辅助服务市场的竞争力。2016 年澳大利亚开展了储能参与辅助服务市场机
制的改进与完善，采取了将 30 分钟出清间隔调整为 5 分钟等高频交易举措。2017
年英国天然气与电力管理委员会提出了多项辅助服务市场机制改革，比如适合快
速响应类型的动态抑制频率响应、动态稳定频率响应和动态调节频率响应等辅助
服务品种。截至 2022 年 9 月，国外对储能开放了全部辅助服务市场，且通过电能
量现货市场机制实现了调峰功能。

在辅助服务品种方面，广泛开展了调频、备用、无功、黑启动等辅助服务品
种，涵盖独立储能、非独立储能（如新能源＋储能、虚拟电厂、负荷聚合商等非
独立储能）。按照事故前和事故后、响应速度、持续时间、上调节和下调节等需
求差异，建立了更加细化的调频细分品种与市场。

在市场准入方面，在准入规模上采取了较低的准入规模要求，比如美国 100 千
瓦、英国 1 兆瓦等。在准入品种方面，储能与传统电源主体享受同等品种准入机制。

在辅助服务耦合方面，在集中式电力市场中，采取辅助服务市场与电能量市
场联合出清与运行模式；在分散式电力市场中，辅助服务市场与电能量市场既有
联合，又有独立出清或运行情况。

在辅助服务成本分摊方面，国外的辅助服务成本主要由用户分摊，辅助服务
费用单独在用户电费账单中列支。

12.2.2.2 国内辅助服务市场领域相关政策

在市场机制方面，我国辅助服务正逐步由补偿机制向市场机制过渡。2013 年
9 月 16 日，北京石景山热电厂 3 号机组联合 2 兆瓦储能系统共同完成自动发电
控制联合调频任务，成为全球首例将兆瓦级储能技术运用于火力自动发电调频的
工程项目，正式拉开了我国储能技术商业应用的序幕。2016 年 11 月,《东北电力
辅助服务市场运营规则（试行）》颁布，首次将储能纳入联合调峰辅助服务管理

范围。2017 年 11 月，山西发布《关于鼓励电储能参与山西省调峰调频辅助服务有关事项的通知》，首次将电储能纳入自动发电控制联合调频辅助服务管理范围。2018 年 5 月，华北电力大学与青海省电力有限公司首次提出"共享储能"的理念，并开展了国内第一个非电网企业的共享储能商业化应用工作。2019 年 6 月，《青海电力辅助服务市场运营规则（试行）》印发，是我国第一个有关共享储能参与电力辅助服务的运营规则。2019 年 11 月，《第三方独立主体参与华北电力辅助服务市场试点方案（征求意见稿）》发布，成为国内第一个将储能作为第三方独立主体参与电力辅助服务的运营规则。2021 年 5 月，甘肃省开展了共享储能同时参与调峰和调频两种辅助服务交易的长周期运行与结算工作。2022 年 5 月，《山西电力一次调频市场交易实施细则（试行）》印发，山西成为国内第一个开展一次调频有偿辅助服务的省份。截至 2022 年 9 月，我国 14 个电力现货市场试点省（区、市）基本建立了调频辅助服务市场机制，非现货市场省（区、市）均有调峰辅助服务补偿机制；在区域层面，六大区域电网均建立了省（区、市）间调峰、备用等辅助服务补偿机制，南方区域建立了省（区、市）间自动发电控制调频辅助服务市场机制。

在辅助服务品种方面，截至 2022 年 9 月，我国南方、华北、华东等六个区域全部完成了新版"两个细则"的修订工作，辅助服务品种涵盖调峰、一次调频、自动发电控制调频、旋转备用、爬坡、惯量、无功和黑启动等，涵盖了共享储能、独立储能、非独立储能，未来我国储能参与辅助服务的品种将更加丰富多样。我国各地区辅助服务品种存在一定的差异，如华东提出低频调频，山西和南方区域提出一次调频有偿辅助服务，多数地区并未开展惯量和爬坡辅助服务等。

在市场准入方面，在准入规模上，单一主体准入条件正由 10 兆瓦 /20 兆瓦·时向 2 兆瓦 /2 兆瓦·时过渡，聚合主体准入条件正由 30 兆瓦 /60 兆瓦·时向 20 兆瓦 /40 兆瓦·时过渡。在准入品种上，各地区差异较大，尚未与传统电源主体享受同等品种准入机制。

在辅助服务成本分摊方面，我国正由以发电主体分摊为主的模式向以发电主体、用户主体共担的模式转变，其中部分地区未将储能纳入辅助服务成本分摊对象中，如华北、南方区域等。有部分地区部分品种的辅助服务成本仅在新能源、储能进行分摊，如山东的惯量、快速调压、一次调频等品种。

在辅助服务耦合方面，我国多数省（区、市）辅助服务市场采取独立出清与运行模式，部分现货试点地区正尝试调频、备用等品种的耦合出清与运行。

12.2.2.3 国内外辅助服务市场领域政策对照

在市场机制方面：国外路线为以原有市场机制为基础，改进和完善不适合储能特性的机制或制度，将其纳入已有市场中，市场机制相对较为成熟与协调。我国辅助服务市场尚处于设计与建设过程中，将储能作为新型主体在制度和机制设计中考虑，市场机制尚需完善与丰富。

在辅助服务品种方面：国外在传统辅助服务品种的基础上，正逐步深入细化和丰富现有品种的不足，尤其在调频辅助服务品种与市场机制方面探索了多种值得我们借鉴的高频品种与市场。我国辅助服务品种继续沿用现有类型与品种，但亦有部分省（区、市）正在尝试解决现有辅助服务品种的不足，如华东地区提出了低频调频辅助服务。

在市场准入方面：国外市场准入更加积极和开放，储能与传统市场主体享有同等市场机制与机遇；国内市场准入相对谨慎和要求高，储能与传统市场主体尚未享有同等市场机制与机遇。

在辅助服务耦合方面：国外辅助服务品种耦合更加普遍，与电能量市场耦合依据国情有所不同；国内辅助服务品种多为独立，与电能量市场耦合正逐步探索。

在辅助服务成本分摊方面：国外的辅助服务成本主要由用户分摊，辅助服务费用单独在电费账单中列支；国内的辅助服务成本正由发电主体分摊模式向以发电主体、用户主体共担模式转变，已有部分现货试点省份将辅助服务费用单独列支在用户电费账单中。

12.2.3　用户侧领域

12.2.3.1　国外用户侧领域相关政策

受极端天气频发、用户电费上涨等因素的影响，越来越多的欧美居民用户开始安装户用光伏与储能设施，户用电储能规模正快速增长。在电力与交通、建筑等融合领域，融合用能趋势正在加速，储电、蓄热蓄冷等储能形式越来越受到关注。

国外用户侧储能的相关政策主要集中在财政税补和电力市场机制方面。

在财政税补方面，国外多数采取税费减免、初装补贴等扶持政策，如美国太阳能投资税减免政策、欧洲长期购电协议、澳大利亚初装补贴政策等。

在电力市场机制方面，国外多数采取较低的准入门槛，鼓励虚拟电厂、负荷聚合商等储能聚合形态参与电力市场交易。2020 年，美国要求各市场运营机构修正市场机制，激励分布式资源聚合商参与电力市场，其商业模式包括固定费用租赁合约、根据表现事后分配利润等。欧洲和澳大利亚准许用户侧储能以虚拟发电厂形式参与电力市场，如澳大利亚虚拟电厂项目，其可获得的收益包括光储系统销售给用户的电费收益、参与电力市场的收益、政府为每户家用电池提供的家用电池补贴收益、政府为光伏提供的小规模技术证书收益等，在这些收益的支持下，项目投资回收期通常在 5 年以内。

12.2.3.2 国内用户侧领域相关政策

目前，我国用户侧储能以一般工商业用户、各类产业园区或微网为主，离网型以海岛、边防和牧区等为主，居民户用储能应用较少。在电力与交通、建筑等用能融合方面，以车 – 网融合、低碳建筑等形态出现，尤其是有序充电、光储充一体化、换电模式等形态正快速涌现。

我国用户侧储能的相关政策主要集中在补贴扶持、电力市场机制和强配储能等方面。

在补贴扶持方面，我国用户侧储能没有税费减免政策，国家层面鼓励点对点绿电交易、绿电产业或技术目录等举措；各地方层面则以地方政府出台的短期扶持政策为主，尚缺乏长期、系统性的扶持政策。

在市场机制方面，我国用户侧储能主要以一般工商业用户、各类产业园区或微网为依托，作为单一主体参与需求响应获取交易分成收益，或通过峰谷电价差套利、降低用户需量电费等模式获取服务或电费分成收益；而虚拟电厂、负荷聚合商等聚合形态尚未成熟，市场机制尚需完善、品种尚待丰富，盈利空间比较有限。2021 年 12 月，我国颁布了新版"两个细则"文件，明确了用户侧可调节资源参与电力辅助服务的相关机制。目前，我国已有部分地区出台支持虚拟电厂、负荷聚合商等聚合形态参与电力辅助服务的相关政策或运营规则，尚未有参与电力现货市场规则出台。

在用户侧强配储能方面，山东枣庄等部分地市政府出台了分布式光伏配置5%~20% 比例储能的要求，部分省（区、市）已出台要求分布式光伏承担辅助服务费用分摊责任的文件。

12.2.3.3 国内外用户侧领域政策对照

国外用户侧储能政策更侧重长效机制的建立，如给予用户侧储能类似长期购电协议的长期协议，执行低门槛准入机制，鼓励用户侧分布式资源采取聚合形态参与电力市场，提供辅助服务，进行现货套利等长效的市场机制。目前，我国用户侧储能政策更侧重短期补贴机制和峰谷套利等非电力市场机制，随着电力市场改革步伐的加快，已有部分省（区、市）出台了虚拟电厂、负荷聚合商等聚合形态参与电力市场的机制，正加快建立适合用户侧储能发展的长效政策框架与机制体系。

12.3 本章小结

从储能政策发展历程来看，国外储能政策是在电力市场机制、新能源政策等已经相对成熟与稳定的条件下出现的"新增"储能的政策"增量"问题；国内储能政策是伴随我国电力市场机制建立、大规模新能源快速发展等电力体制改革进入深水区和"双碳"目标确立阶段多重不确定因素叠加中的"总体"问题。因此，相对而言，国外储能政策比国内储能政策更完善、更稳定和更可预期，尤其在多种储能政策的协同性、稳定性、长效性、可预期性等方面更值得我们借鉴与探讨。

从政策手段而言，国外政策以电力市场机制为核心，以可预期的市场外税收、补贴等政策为辅助；国内政策以市场化机制为核心，以短期的市场化补贴、新能源指标置换为辅助。随着我国电力现货市场机制与政策的深化与完善，在交易品种、市场准入、报价机制、定价机制、市场出清、输配电价等全方面，国内政策将会呈现出与国外政策趋同、互相借鉴的趋势。

参考文献

［1］陈启鑫，房曦晨，郭鸿业，等. 储能参与电力市场机制：现状与展望［J］. 电力系统自动化，2021，45（16）：14-28.

［2］国家能源局. 电力辅助服务管理办法［R/OL］. http://zfxxgk.nea.gov.cn/202112/21/c_1310391161.htm.

［3］国家能源局. 电力并网运行管理规定［R/OL］. http://zfxxgk.nea.gov.cn/2021-12/21/c_1310391369.htm.

［4］国家发展改革委办公厅，国家能源局综合司. 关于进一步推动新型储能参与电力市场和调度运用的通知［R］. https://www.ndrc.gov.cn/xwdt/tzgg/202206/t20220607_1326855.html?code=&state=123.

［5］刘国静，李冰洁，胡晓燕，等. 澳大利亚储能相关政策与电力市场机制及对我国的启示［J］. 储能科学与技术，2022，11（7）：2332-2343.

［6］刘英军，刘亚奇，张华良，等. 我国储能政策分析与建议［J］. 储能科学与技术，2021，10（4）：1463-1473.

［7］Federal Energy Regulatory Commission. Order No.890［R］. Washington DC：FERC，2007.

［8］Federal Energy Regulatory Commission. Order No.755［R］. Washington DC：FERC，2011.

［9］Federal Energy Regulatory Commission. Order No.2222［R］. Washington DC：FERC，2020.

［10］OFGEM. Decision on Clarifying the Regulatory Framework for Electricity Storage：Changes to the Electricity Generation Licence［EB/OL］.［2021-03-25］. https://www.ofgem.gov.uk/ofgem-publications/166793.

第 13 章　储能应用

储能作为重要的灵活性调节资源，可以在电力系统的多个环节中发挥重要作用，从规划和运行上提升电力系统的安全可靠性和经济高效水平，以及对新能源规模化接入的消纳能力。本章分析了储能在电源、电网和用户等不同环节的主要应用模式，并给出了典型应用场景。

13.1　储能在发电侧的应用

13.1.1　应用场景

在碳达峰碳中和目标下，新能源发电装机占比逐渐攀升，我国能源结构逐步转型。新能源的波动性和不可预测性在一定程度上打破了传统电力系统的平衡关系。储能技术具有响应速率快、调节精度高的特点，可作为提升电能品质和促进新能源消纳的重要支撑手段。伴随储能技术的进步、产品质量的提高及成本的不断降低，储能技术已具备商业化运营的条件。

对于传统发电领域，在发电侧配置储能系统进行调频辅助服务，可以辅助动态运行、提升调节品质。对于新能源电站，储能系统可以改善电源特性、平抑发电功率波动、减少弃风弃光、跟踪计划出力、提高电能质量、提高电网安全稳定运行水平。

13.1.1.1　储能参与调峰

调峰是指为跟踪系统负荷的峰谷变化及可再生能源出力变化，并网主体根据调度指令进行的发用电功率调整或设备启停所提供的服务。目前，火电机组是我国调峰服务的主要供给来源。

充足的备用容量是电力系统安全运行的基本要求。新能源发电的增加使电网对调峰备用容量的需求增加，而调峰备用容量的增加以牺牲发电机组的经济性为代价，受制于传统机组最低技术出力和运行特性，峰谷负荷正负储备矛盾日益突出。

储能系统可以在电负荷较低的谷段从电网充电，在电负荷较高的峰段向电网放电，平滑电力需求分布，从而适应外界负荷变化的需要（图 13.1）。配备发电侧储能可以在电网输送通道受限以及光伏、风电满负荷工作的情况下实现调峰，平滑新能源发电输出曲线，缓解电网负担，实现能量双向流动，改善电能质量，延缓电网故障，支持大规模可再生能源接入的能源系统安全稳定运行升级和储备能源。

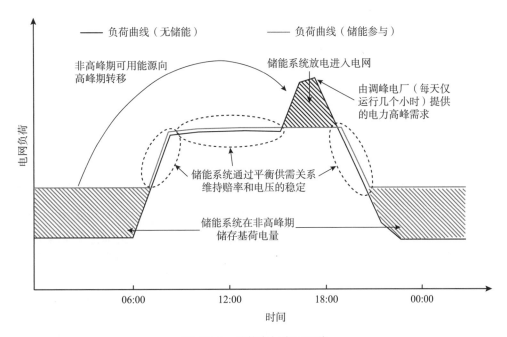

图 13.1　储能参与电网调峰

电网调峰具有一定的时间和空间规律，建立日前峰谷特性、优化调度模型，可以有效降低峰谷差，延长储能系统使用寿命。在电量平衡的准则下，根据实际削峰填谷效果调整削峰线，控制储能充放电的时机和深度，改变以往储能以恒定功率充放的形式，可使电网波动范围和波动程度更小。

储能执行单一调频调峰任务时存在功能性和经济性缺陷。例如，在跟随电网自动发电控制调度时，储能系统功率和容量有限，无法独自承担调峰任务；相比之下，火电机组虽然响应速度慢、调节精度较低，但其具有较大的调节范围和容量。

13.1.1.2　储能参与调频

频率是反映电力系统供需平衡的标志，是衡量电能质量的基本指标之一。调频是指电力系统频率偏离目标频率时，并网主体通过调速系统、自动功率控制等方式调整有功出力减少频率偏差所提供的服务。调频分为一次调频和二次调频。

一次调频是指当电力系统频率偏离目标频率时，常规机组通过调速系统的自动反应、新能源和储能等并网主体通过快速频率响应，调整有功出力减少频率偏差所提供的服务。二次调频是指并网主体通过自动功率控制技术（包括自动发电控制、自动功率控制等）跟踪电力调度机构下达的指令，按照一定调节速率实时调整发用电功率，以满足电力系统频率、联络线功率控制要求的服务。电力系统中常规机组一般都参与一次调频，二次调频则由选定的部分电厂发电机组承担，负有二次调频任务的电厂通常称为调频厂。

可再生能源的大规模使用使电网面临巨大的调频压力。近年来，风电、太阳能等新能源发电占比增加，导致大量的火电机组长期承担繁重的调频任务，造成发电煤耗增高、设备磨损严重等一系列负面问题。现有的电力调频资源难以满足可再生能源的入网需求。

储能系统通过响应频率的降低（增加），动态地向（从）电网注入（吸收）功率来提供频率调节。储能系统调频效率极高，约是水电的 1.4 倍、燃气机组的 2.2 倍、燃煤机组的 20 倍。

目前电力系统主要还是依靠传统的火电和水电调频。与储能调频相比，火电调频最大的劣势是调节速率慢。为了提高自动发电控制辅助服务的调频收益，火电厂往往采取火电 + 储能联合调频的策略，可以明显提升调频调节速率（图 13.2）。

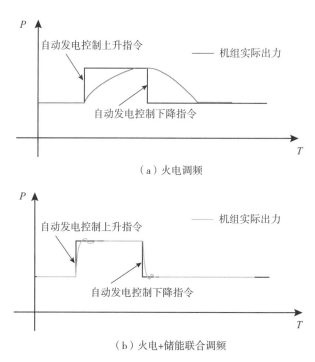

（a）火电调频

（b）火电+储能联合调频

图 13.2　火电调频与联合调频效率对比

储能系统具有快速精确的功率响应能力，能够提高火电厂的调频能力，保证电网频率稳定，提高电力系统安全性。应用于辅助电网频率调节的储能应具有较大的功率输出，且能快速、精确地跟踪电网调频指令完成充放电动作。此外，成本、转换效率、循环使用寿命及安全性等也是选择储能类型的重要因素。

13.1.1.3　储能参与黑启动

黑启动是大规模停电后系统的自恢复过程，是发电设备重新启动电力系统以从停电中恢复的能力，是维持电力系统可靠性和弹性的关键资源。这个过程需要孤立的发电站分别单独启动，并逐渐各自相连，再次形成一个相互连接的系统。黑启动过程不依赖其他网络的帮助，由有自启动能力的发电机组带动无自启动能力的发电机组，逐步将恢复范围扩大到整个系统。当电网出现"全黑"故障时，储能系统进入孤岛运行状态，完全依靠储存的电能维持运行，可为区域内重要负荷供电。储能系统的独立控制系统可以在孤岛运行时调节电压频率和相位，随时作为黑启动电源参与电网黑启动。储能系统作为一种绿色启动电源，具有启动方案简单、启动时间短、成本低等优点。

通常使用水力发电机组、小型柴油发电机和大型燃气轮机作为黑启动机组。传统燃机和柴油发电机靠近电网主干网架，辅机设备少、启动速度快、流程简单、单机功率大，作为黑启动电源具有较强、较快的电网恢复能力和较高的可靠性。水力发电机组由于机械调速系统的响应速度慢以及地域的限制，通常调节能力较低。燃气蒸汽机组需要较大的启动功率才能实现自启动能力，且功能较为单一，经济性较差。辅助发电机的启动时间较长，在启动时可能出现较大的延迟，从而导致负荷恢复的不确定性。发电机也可能无法向主要负载单元提供足够的电力，导致电压和频率波动，从而导致黑启动失败。

储能系统具有更大的调节幅度、更快的动态响应，利用储能设备辅助黑启动能够有效提高局域电网的恢复速度。大容量的储能系统在必要的情况下有足够的启动功率，可以很好地解决传统方式机组黑启动容量不足、调节能力较低的问题。

在储能参与黑启动的条件下，建立可靠的黑启动策略对电网至关重要。典型的电力系统恢复计划包括准备阶段、系统恢复阶段和负荷恢复阶段三个阶段。第一阶段分析系统状态，制定系统黑启动策略；第二阶段启动具有黑启动能力的发电机，用于为输电线路供电并启动其他非黑启动发电机；第三阶段系统负载迅速恢复。

13.1.2　应用案例

13.1.2.1　华润海丰 30 兆瓦调频项目

华润电力（海丰）有限公司（简称海丰电厂）一期安装 2 台 1000 兆瓦燃煤

机组，分别于 2015 年 3 月和 5 月开始运营。2 台机组的调节速率相对全省的平均标准调节速率（包含水电机组和燃气机组）较低，调节精度较差。

该项目基于磷酸铁锂电池技术建设的储能辅助调频系统由 15 个储能单元组成，总功率容量为 30 兆瓦，总电池容量为 14.9 兆瓦·时。储能辅助调频系统将联合火电机组开展自动发电控制（AGC）调频业务，运行时间超过 2 年，显著提升海丰电厂发电机组 AGC 调节性能。

13.1.2.2 龙源老千山风场混合储能一次调频

龙源电力山西老千山风电场混合储能一次调频项目由 1 兆瓦飞轮 +4 兆瓦锂电池组成，采用 4 组 1 兆瓦 /1 兆瓦·时磷酸铁锂电池系统。储能系统经变压器升压接入场站 35 千伏集电线，后经场站升压站接入电网。

该项目实现了规模化风电场配合"飞轮 + 锂电池"混合储能装置参与电网一次调频。"飞轮 + 锂电池"混合储能协调控制，提高储能系统在高频次充放电应用场景下的安全性和经济性。风电场与储能装置协调控制，在提高场站一次调频性能的前提下，最大限度减少弃风，提高场站经济性。项目于 2020 年 7 月完成并网试验，数据符合预期。

兆瓦级磁悬浮飞轮储能系统由 8 台 REGEN-125 千瓦功率型磁悬浮飞轮储能单元组成飞轮储能阵列系统，构成 1 兆瓦 /15 兆瓦·秒的储能飞轮系统，由飞轮储能总控单元协调控制各飞轮储能单元，飞轮总控单元接受来自储能能量管理系统下发的指令，经计算分配给 8 台飞轮储能单元，储能单元根据指令进行充放电操作。

该项目通过配置混合储能系统，可减少因风电场预留一次调频备用容量带来的发电量损失，每年可减少风电场损失约 500 万元。

13.1.2.3 阜新风电场风机 - 储能协同虚拟转动惯量支撑项目

大唐国际阜新风电场风场规划装机容量 450 兆瓦，分期建设。一期工程建设规模为 99 兆瓦，已于 2011 年 7 月建成。该风电场升压站还接入阜蒙梁北光伏 20 兆瓦，于 2017 年 6 月投产。

该项目安装 0.3 兆瓦 /7.46 兆焦飞轮储能系统，与 1 台单机容量 1.5 兆瓦的风力发电机组配套，配置 4 台 REGEN-125 飞轮储能单元，经新增升压箱变升压至 0.69 千伏后接入 35 千伏升压箱变低压侧，参与电网一次调频及虚拟惯量响应。

该项目是全球首个"风机 + 飞轮储能"协同一次调频及惯量响应应用，2021 年 9 月通过并网前验收，各项性能指标均优于现行国家标准。

13.2　储能在电网侧的应用

13.2.1　应用场景

应用在电网侧的储能一般是指电网企业投资的储能，或是其他企业投资的既不在发电厂关口表内、也不在用户关口表内的储能。电网侧储能的传统商业模式是纳入输配电价，能否纳入输配电价，关键问题是如何认定哪些储能属于保障电网安全的储能、具备纳入输配电价的基本条件。近年来独立储能兴起，通过参与电力辅助服务市场或电力现货市场盈利，成为新兴的商业模式。电网侧储能发挥的作用主要是提高电力系统关键节点应对大功率瞬间缺额的能力、提高电力系统调峰能力、缓解局部电网输电阻塞和满足局部电网调峰需要等。

13.2.1.1　关键电网节点储能

设置在关键电网节点的储能以提高系统应对大功率瞬间缺额的能力为目标，可以提供紧急功率支撑、保障电网安全、提高电网供电可靠性和安全性，可以纳入输配电价。

以山东省为例，设置在外电落地点的储能或枢纽变电站的储能可归为关键电网节点储能。"十四五""十五五"期间，山东省将有 3~4 条特高压直流深入省内负荷中心供电，直流单极停运，山东电网将瞬间损失 400 万 ~500 万千瓦电源，引起电网频率波动。同时，为了增大整个系统的快速调节能力、提高新能源消纳能力和新能源渗透率，在直流落点附近、大城市核心变电站附近建设适当容量的大型储能电站，在其他地理、环境允许的地区建设适量抽水蓄能电站，为系统提供功率支撑，提高电网的稳定性，均为关键电网节点储能。

13.2.1.2　输变电设施升级改造

在输电网中，负荷的增长和电源的接入特别是大容量可再生能源发电的接入，都需要新增输变电设备，提高电网的输电能力。然而，受用地、环境等制约，输电走廊日趋紧张，同时输变电设备的投资大、建设周期长，难以满足可再生能源发电快速发展和负荷增长的需求。大规模储能系统安装在输电网中，可以解决局部电网输电阻塞问题，延缓输变电设备的投资。

通过输变电设备设置储能设施，可以解决线路距离过长、负荷日内不均衡和输变电设备利用率不高等问题。大城市中心区输电线路建设困难、峰谷差大，大部分时间输变电设备容量存在空余，可以通过增加储能设施解决个别时段线路输送容量不足的问题。新能源集中的区域在个别时段存在送出受限的问题，可以通过建设储能设施延缓输变电设备的投资。部分农村地区用电负荷不大、峰谷负荷差距大、输送距离远、电压支撑和功率支撑能力不足，需要储能来提高局部供电质量。上述几种场景均为延缓或替代输变电设备升级改造的应用场景，可以纳入输配电价。

13.2.1.3　应急备用电源

在工业园区供电中，为了保障高度关键应用的最大正常供电时间，部分一类或二类负荷要求双电源供电，但有些场地实现双电源供电非常困难。可以通过储能设施作为备用电源，解决重要负荷供电的可靠性问题，如在重大节日庆典、体育赛事和集会期间的应急供电保障需求可采用移动储能车完成。这类应用可以纳入输配电价。

13.2.1.4　调峰调频服务

电力系统中的独立储能可以起到直接为电网调峰的作用。储能系统可在电力负荷供需紧张时向电网输送电能，协助解决短时、局部缺电问题。对于新能源装机容量较大的电网，易出现低谷负荷、电力供应盈余的问题，储能系统可以在电力供应盈余时吸收电网多余电能，减少弃风弃光率，提高电网新能源渗透率。

储能系统具有快速响应的特点，可以为电网提供调频服务。之前，国内储能参与调频辅助服务只能以与火电机组联合参与的形式进行。国家承认储能独立市场地位后，理论上电网侧储能也可以直接为电力系统提供调频服务，山东、山西、甘肃等省都在进行相关研究和尝试。

在电力中长期市场下，储能只能参与调频或调峰辅助服务市场，两者不可兼得。参与调峰时电网侧储能运行方式为充满放光，参与调频时电网侧储能要预留50%的电量；在电力现货市场下，调峰辅助服务取消，代之以电力现货价格引导发电企业多发或者少发电量，调频辅助服务保留，在这种情况下，储能可以通过预留部分电量的方式参与调频，不充满、不放光，预留电量参与调频。

13.2.2　应用案例

13.2.2.1　三峡新能源庆云储能电站

山东省风光资源丰富，电网调峰以火电为主，缺乏燃气轮机、水电等调峰资源。基于此，山东省开展了风光配建储能的实践，将风光分散配建的储能改为共享独立储能电站，开展"5+2"示范建设，即建设5座百兆瓦级大型共享独立储能电站、2座火电调频电站。三峡新能源庆云储能电站就是5座储能电站之一，项目总规模300兆瓦/600兆瓦·时，一期建设于2022年2月进入电力现货市场运行，成为全国第一批运行于电力现货市场的独立储能电站。

三峡新能源庆云储能电站主要用于电网调峰。项目建设规模为100兆瓦/200兆瓦·时磷酸铁锂电池储能示范，磷酸铁锂储能系统均为户外预制舱布置，全站共 32 套储能单元。采用宁德时代 280 安·时磷酸铁锂电芯和液冷系统，是全国首个百兆瓦级液冷电站，占地面积最小，能量密度最高。目前，项目主要受益有赚取现货市场节点电价差、赚取容量补偿电价、租赁给新能源作为并网条件三种方式。

储能电站运行主要依靠政策和市场机制。鉴于山东省电力现货市场储能发展还在实践初期，政策尚不稳定，因此经济性一般，亟待储能价格下降，开拓更多辅助服务品种。

13.2.2.2　镇江五峰山储能电站

为解决迎峰度夏供电压力，提高镇江区域电网的调频能力，国网江苏公司建设了镇江五峰山储能电站。电站功率 / 容量为 24 兆瓦 /48 兆瓦·时，采用预制舱户外布置方式，一期电站于 2018 年夏顺利投产，运行状况良好。

全站共 24 座套储能电池预制舱，每个集装箱包含 2 套 500 千瓦 /1 兆瓦·时磷酸铁锂储能电池系统，磷酸铁锂电池能量密度高，充放电可达 8000 次，且电池芯经过针刺、耐压、过充等试验，稳定性良好。储能电池配套电池管理系统的主要作用是通过实时监控电池电压、电流、温度等参数，防止电池过度充放电，提高电池利用率。电池舱采用空调采暖 / 制冷方式，每个电池舱选用 2 台工业空调。舱内装有监控系统（可检测温度）、应急照明、烟雾报警器，与七氟丙烷自动灭火系统共同组成防火体系。

五峰山储能电站在各种工况下，由负荷转变为电源的切换时间均小于 100 毫秒，响应速度快，调节稳定。除调峰功能外，电站还可以快速响应省调度指令进行一次调频。

13.2.2.3　肥城压缩空气储能调峰电站

肥城压缩空气储能调峰电站利用地下盐穴作为储气库，采用 10 兆瓦先进压缩空气储能系统。该系统是由葛洲坝中科储能技术有限公司和中国科学院工程热物理研究所联合研制开发的一种非补燃 – 蓄热式压缩空气储能系统，具有不消耗化石燃料、寿命长、无二次污染、效率高等优点。

电站于 2021 年 9 月建成，一期建设规模为 10 兆瓦 /80 兆瓦·时。储能过程压缩机额定功率 13.5 兆瓦，在 70%~100% 范围内可变；释能过程发电功率 10 兆瓦，在 40%~105% 范围内可变，按释能 8 小时设计运行。储热系统包括储热装置及循环泵，该系统是压缩空气储能系统的主要组成部分，主要用于在储能过程中存储压缩机产生的压缩热，并且在释能过程中将热能传给膨胀机入口前的空气，提高空气的膨胀做功效果。压缩空气储能系统辅助设施是用于保证系统正常运行的辅助设备，主要包括仪用气系统、冷却水系统、润滑油系统及干燥系统等。

储能时，电动机驱动多级压缩机将空气压缩至高压并储存至地下盐穴中，完成电能到空气压力能的转换，实现电能的储存。在此过程中，各级压缩机的压缩热通过间冷器换热回收并储存在蓄热介质中，回收热量后的蓄热介质储存在热罐中。释能时，压缩空气从地下盐穴中释放，并通过节流阀将压力降至膨胀机进口压力，随后进入多级透平膨胀做功，完成空气压力能到电能的转换。在此过程中，来自热罐的蓄热介质通入各级膨胀机的级前换热器，加热各级膨胀机进口空气，释放完热量的蓄热介质储存到冷罐中。

电站已经取得独立参与现货市场资格，获得的容量补偿电费预期是充电 2 小时锂电池电站的 5 倍以上。

13.3 储能在用户侧的应用

13.3.1 应用场景

用户侧储能是用于用户电表之后的储能系统，与用户的用电需求、分布式发电等密切相关，商业模式较多，是储能未来发展非常重要的应用场景。

用户侧储能一般以中小型电池储能为主，各种电池系统通过储能变流器接入用户内部供电网络。储能系统还可以在市电供电中断时切换为独立供电系统，保障用户内重要负荷的不间断供电。随着电力市场改革的日益深化与完善，逐步形成了激励用户参与多种市场的机制，用户侧储能参与电量和容量市场，可以提升用户的经济效益、提升电力系统的灵活性调节能力。

13.3.1.1 工商业园区储能

布置于工业或商业园区的新型储能系统，在分时电价或实时电价的驱动下，通过充放电控制主动实现用电削峰或移峰，可以为用户节约电费，并在客观上起到对电力系统进行峰谷调节的作用。同时，储能运行方式灵活，可以为工商业园区的重要负荷提供应急供电，代替无功补偿设备。

储能应用于工商业园区的主要优势有：①响应快，新型储能装置具有双向功率调节功能，充放电转换时间不到百毫秒，远快于传统电源；②效率高，各类电池储能系统的充放电循环效率一般较高，用于峰谷调节的电量损失小；③损耗小，储能可以分散式布置于各类园区，直接与临近负荷进行时空匹配，避免远距离输送的网络损耗。

13.3.1.2 居民户用储能

户用储能一般部署于居民用户内部，以实现峰谷套利和其他功能。目前我国居民用电单价较低且峰谷差较小，户用储能的市场并不大。未来随着光伏发电成本进一步降低、新农村建设、高端住宅供电可靠性需求提高，户用储能将逐步释放出市场空间。

以新农村住宅和别墅区为例，其屋顶可以安装光伏组件，自身用电需求较大，门禁、安防等对供电可靠性要求高，配置储能系统可以实现光伏发电的最大化利用和用电可靠性提升。

13.3.1.3　分布式发电与微电网

以光伏和风电为主的分布式发电技术具有靠近用户、发电利用效率高、紧密结合用户需求的优点，成为可再生能源发电的主要应用形式之一。分布式发电的规模化发展改变了传统配电网潮流单向流动的特点，影响了系统的运行控制、继电保护、运维检修等，已有配电网需要适应分布式发电的规模化接入，新建配电网需要更好地融合分布式发电。储能与分布式发电伴生发展，分散布置的分布式储能装置可以很好地与分布式发电融合，解决分布式发电自身的技术短板，在配电网安全稳定控制、潮流优化、电力交易等方面发挥重要作用。"分布式光伏 + 储能"将成为配电网和电力市场的主角之一。

微电网是实现分布式发电负荷高效、高可靠性运行的高级组织形式，可以并网或离网运行。储能技术可实现对微电网的有效管理与调控，使其成为大电网的一个"可控单元"。对于以可再生能源发电为主的微电网，储能系统几乎成为必备单元。储能可以平抑微电网内部的有功和无功功率不平衡，提高微电网运行稳定性和电能质量；优化微电网与大电网间的潮流，响应调度指令或实现电力交易；当大电网故障或检修时，支撑微电网离网运行，保证内部重要负荷的供电可靠性。

13.3.1.4　虚拟电厂

虚拟电厂是随着分布式发电和电力市场的发展而出现的。虚拟电厂通过先进的信息通信技术和调控交易平台整合各种分布式电源、储能、可控负荷，形成一个有机聚合体和电力市场主体，参与电网调度或电力市场交易。

虚拟电厂在更大的范围内整合了多种分布式资源，使其在技术性能和运行方式上更好地融入电力系统，满足电力系统的运行调控需求，从架构上引导分布式发电的有序发展。储能系统作为虚拟电厂的重要单元和调节手段，一方面通过虚拟电厂将数量多、体量小的用户侧储能聚合起来，另一方面弥补了分布式发电和可控负荷的调控能力不足问题，是虚拟电厂整体性能和容量可信度的重要保障。

13.3.2　应用案例

13.3.2.1　工商业园区储能：广东东莞智慧储能项目

工商业侧储能可降低企业用电成本和保障重要负荷供电。厦门科华数能科技有限公司在广东东莞建设的 13.35 兆瓦 /27 兆瓦·时工商业用户侧储能项目于 2022 年 7 月成功交付，该储能系统将用于削峰填谷以及需求侧响应。

根据广东省工商业电价，夏季尖峰与低谷时段的电价差在 1 元以上，广东工商业用户适量配置用户侧储能系统，可减少用电费用。该项目采用峰谷电价套利模式，在电价低谷和平价时段为电池充电，在电价尖峰和高峰时段放电，实现每天两次充放电循环，利用储能系统实现收益最大化。该储能系统还具有应急供电、降低用电量、参加需求侧响应以及动态扩容等功能。

该项目充分优化空间设计布局，储能系统设备采用钢结构架高 4 米，下方作为厂区停车场，高效利用空间。在储能升压一体机集装箱和电池系统集装箱顶部安装了光伏导轨，用于安装光伏组件，并且在一体机低压配电柜中预留光伏接入开关，光伏发电就近并网。

科华数能东莞 13.35 兆瓦 /27 兆瓦·时工商业储能项目的成功投运，充分展示了用户侧储能在土地高效利用、峰谷电价套利和需求侧响应等方面的应用效果。

13.3.2.2　光储充电站：唐家湾多端交直流混合柔性配网互联工程

唐家湾多端交直流混合柔性配网互联工程位于广东省珠海市，光伏装机 1 兆瓦，配有 1 兆瓦 /1 兆瓦·时储能和 12 台 60 千瓦、2 台 150 千瓦充电桩，于 2019 年 1 月正式投运。该工程是南方电网推进国家能源局首批"互联网 +"智慧能源示范项目建设的重要里程碑，成功引导了一系列标志性、带动性强的重点产品和装备推广应用，形成柔性直流配电网系统技术标准规范。

该项目攻克多项能源互联网关键技术，创下当时"世界首例 ±10 千伏、±375 伏、±110 伏三电压等级多端柔性直流联网示范工程""世界最大容量的 ±10 千伏中低压柔直换流阀（20 兆瓦）""世界首创应用三端口直流断路器""世界首创应用集成 IGCT 交叉钳位换流阀"等多项纪录。

传统交流配电系统的潮流是由系统网络结构和参数决定的，潮流的调节控制手段和能力较为有限，直流柔性设备形成的多端交直流配电网可以有效解决这一问题。唐家湾多端交直流混合柔性配网互联工程实现了供电区域互联互济，提高了配网灵活性与可控性，促进分布式可再生能源的友好接入，提升电网资产使用效率和电能质量。该工程在光储充项目及多端交直流混合柔性配网项目领域具有重要示范意义。

13.3.2.3　微电网：西藏尼玛可再生能源局域网工程

西藏尼玛可再生能源局域网工程项目由光伏电站、储能系统、柴油发电机及配电网组成，是大电网尚未联通的独立可再生能源局域网系统，系统最高电压等级为 10 千伏。项目为尼玛县居民生活、公共服务以及商业提供电力供应，实现高寒高海拔地区的源－网－荷－储一体化多能供应，在同类地区可再生能源的规模化开发利用、解决无电地区用电问题等方面发挥了引领作用。项目形成的我国高寒高海拔多能互补独立微电网系统设计、建设、运行等技术和标准体系，有力促进了我国多能互补独立微电网产业发展和行业技术进步。

该项目于 2016 年 9 月 10 日正式开工，12 月 25 日建成投运。项目充分利用西藏地区太阳能资源丰富的优势，将太阳能发电作为系统主电源，柴油发电机组作为辅助电源。其中，光伏发电系统在白天为负荷供电的同时，为储能系统充电；锂离子电池维持电网电压、频率稳定；铅炭电池可满足县城一类负荷在光伏无出力的情况下 3 天用电所需；配置高可靠性的柴油发电机组，可满足系统启动、光伏出力不足、事故应急等工况需求。

光伏系统、储能系统、柴油发电机组及县城负荷在储能能量管理系统的控制下实现能量平衡，可实现正常情形下无须其他能源输入。极端天气时，柴油发电机组投入弥补系统能量缺额，经优化，其全年运行小时数不超过 800~1000。

13.3.2.4 实证平台：湖南常德中科多源电力融合平台

风光可再生能源的应用范围不断扩展，特别是微电网和储能系统在不同场景、不同类型电源组合的应用，需要具有不同的系统架构和系统控制方案。目前尚无可供实验与实证的手段和工具，使项目研究和设计方案的安全性、适用性、可行性具有很大的不确定性，系统投资建设的可实现性无法有效评估。储能及微电网应用场景多变，目前没有统一的规律和成熟的系统方案可以套用推广，每一个应用系统都要重新设计并进行可行性研究，且论证结果无法验证，制约了新能源微电网系统和储能系统的应用和推广。

湖南常德中科多源电力融合平台是百兆瓦级多能互补微电网和储能电站系统的实验／实证平台系统，系统集电化学储能、氢储能、光伏发电及燃气发电等多电源融合技术实验验证。平台系统以离网微电网独立运行，功率规模超过 100 兆瓦，是全球首个能够完成百兆瓦级储能和多能互补微电网实验验证的平台，可对新能源设备、储能设备、储能监控系统、储能能量管理系统、多电源无缝切换、黑启动、微电网设计组网、储能电站设计搭建等进行实验、运行、验证。

该平台可促进新能源和储能系统的发展，为储能和多电源互补及微电网项目投资提供科学、有效的支撑和前期评价与实证，填补了国内外大规模储能的百兆瓦多电源融合实验验证技术与平台的空白。平台在实现开放性实验验证的同时，也是一个实时应用的商业化供电服务的储能及微电网应用系统。

13.4　本章小结

随着新型电力系统的快速发展，储能作为灵活性资源的地位和作用将越来越重要，在电源、电网和用户等不同环节均将快速发展。从能源电力发展总体目标和电力系统整体层面上看，对储能进行科学规划，实现源网荷各侧统筹与协调、经济部署，是目前面临的重要问题。同时要加快多类电力市场改革，促进价值发现与价值实现，挖掘储能参与灵活性调节的多种潜力。此外，多种储能在电力系统不同环节的应用模式各不相同，相应的储能装备及运行管理策略、标准规范等是其健康高效发展的保障。

参考文献

［1］陈浩忠. 电力系统规划［M］. 北京：中国电力出版社，2014.

［2］高春辉，肖冰，尹宏学，等. 新能源背景下储能参与火电调峰及配置方式综述［J］. 热力发电，2019，48（10）：38-43.

［3］韩逸飞. 解决电源侧储能四大痛点［EB/OL］.（2022-04-14）［2023-04-24］. http://www.cnenergynews.cn/chuneng/2022/04/14/detail_20220414121633.html.

［4］胡泉. 孤岛微电网的储能并联控制技术研究［D］. 北京：中国科学院大学，2014.

［5］李欣然，黄际元，陈远扬，等. 大规模储能电源参与电网调频研究综述［J］. 电力系统保护与控制，2016，44（7）：145-153.

［6］刘志成，彭道刚，赵慧荣，等. 双碳目标下储能参与电力系统辅助服务发展前景［J］. 储能科学与技术，2022，11（2）：704-716.

［7］鲁宗相，王彩霞，闵勇，等. 微电网研究综述［J］. 电力系统自动化，2007（19）：100-107.

［8］牟爱政，彭博伟，张连垚，等. 储能系统应用于火电厂调频经济性评价的研究［J］. 上海电力学院学报，2019，35（5）：479-485，492.

［9］牛远方. 考虑外电入鲁的山东电网风电接纳能力分析［J］. 中国工程咨询，2017（7）：66-68.

［10］裴善鹏，朱春萍. 高可再生能源比例下的山东电力系统储能需求分析及省级政策研究［J］. 热力发电，2020，49（8）：29-35.

［11］RAICA. 发电侧&用户侧：储能应用两个场景分析［EB/OL］.（2021-03-31）［2023-04-24］. https://forum.huawei.com/enterprise/zh/thread/580931425421639680.

［12］唐西胜. 储能在电力系统中的作用与运营模式［J］. 电力建设，2016，37（8）：2-7.

［13］唐西胜，齐智平，孔力. 电力储能技术及应用［M］. 北京：机械工业出版社，2019.

［14］王成山，郑海峰，谢莹华，等. 计及分布式发电的配电系统随机潮流计算［J］. 电力系统自动化，2005（24）：39-44.

［15］王康怡，胡云龙，杜应刚. 电池储能技术在风电系统调峰优化中的应用［J］. 工程建设，2022（9）：5.

［16］卫志农，余爽，孙国强，等. 虚拟电厂的概念与发展［J］. 电力系统自动化，2013，37（13）：1-9.

［17］夏榆杭，刘俊勇. 基于分布式发电的虚拟发电厂研究综述［J］. 电力自动化设备，2016，36（4）：100-106，115.

［18］元博，张运洲，鲁刚，等. 电力系统中储能发展前景及应用关键问题研究［J］. 中国电力，2019，52（3）：1-8.

［19］张文建，崔青汝，李志强，等. 电化学储能在发电侧的应用［J］. 储能科学与技术，2020，9（1）：287-295.

［20］赵兰明，沙志成，董霜. 山东电网建设抽水蓄能电站的必要性［J］. 电力与能源，2012，33（3）：266-270.

［21］BRIJS T，BELDERBOS A，KESSELS K，et al. Energy Storage Participation in Electricity Markets［J］. Advances in Energy Storage，2022: 775-794.

［22］XIONG J，CAI Q，DAI L，et al. Reliability Assessment of Battery Energy-Storage Module Based on Correlation Analysis［C］//2022 7th Asia Conference on Power and Electrical Engineering. IEEE，2022: 257-262.

［23］LIU Z，LIU B，DING X，et al. Research on Optimization of Energy Storage Regulation Model Considering Wind-Solar and Multi-Energy Complementary Intermittent Energy Interconnection［J］. Energy Reports，2022（8）：490-501.

［24］LIU C，CHEN G，HUANG Y，et al. Determining Deep Peak-Regulation Reserve for Power System with High-Share of Renewable Energy Based on Virtual Energy Storage［C］//2019 IEEE Sustainable Power and Energy Conference. IEEE，2019.

［25］ZHOU K，ZHANG Z，LIU L，et al. Energy Storage Resources Management: Planning, Operation，and Business Model［J］. Frontiers of Engineering Management，2022，9（3）：373-391.

［26］KATIRAEI F，IRAVANI M R，LEHN P W. Micro-grid Autonomous Operation During and Subsequent to Islanding Process［J］. IEEE Transactions on Power Delivery，2005，20（1）：248-257.

第 14 章　储能发展展望

近年来，世界各国和地区纷纷积极构建低碳或零碳社会，推动全球可持续发展。中国、美国、欧盟、日本、韩国等都制定了相关领域的国家战略，并持续加强相关领域的专项资金和政策支持。2020 年 9 月，习近平总书记提出碳达峰碳中和战略以来，国内各领域加速低碳转型，为包括储能在内的绿色技术迎来重大发展机遇。在这样的大背景下，国内外储能市场发展提速，未来市场空间持续加大。

14.1　全球储能市场规模预测

彭博新能源财经在《2021 年全球储能展望》中预测，2021—2030 年全球新增储能装机规模将达 345 吉瓦 /999 吉瓦·时，2030 年全球储能规模将是 2020 年的 20 倍以上。从地区分布看，美国和中国将引领全球储能市场；从应用分布看，约 55% 的储能装机将用于提供能量转移。2030 年，居民家庭和企业侧储能装机将占全球储能总装机的 25% 左右，其他应用仍然处于边缘地位；在技术分布上，磷酸铁锂电池将成为锂电池在储能领域的主要细分技术路线，这得益于其在中国的主导地位以及在海外市场占有率的不断提高。此外，钠离子电池、长时储能等技术也将与锂离子电池竞争发展。

伍德麦肯齐预测，2021—2031 年全球新增储能装机规模将达 460 吉瓦 / 1292 吉瓦·时；市场集中度高，中国和美国将引领全球储能市场，二者合计占全球市场总规模的 75%。

埃信华迈预测，2030 年全球新增储能装机规模将达 30 吉瓦。其中，中国的装机量将是 2020 年的 14 倍，美国和欧洲分别是各自 2020 年水平的 3 倍和 4 倍。

14.2　中国储能市场规模预测

未来中国储能市场的发展除了受技术和成本的影响外，还受新能源建设速度、电力系统调节需求、电力市场需求等外部因素影响，具有系统性、复杂性和动态性的特征。

在政策方面，"十四五"新型储能发展规划直接影响未来储能市场的发展。截至 2021 年年底，国内已有 13 个省（区、市）相继发布了"十四五"储能建设规划，总规模约 40 吉瓦。各地基本瞄准各自设定的规划目标推进储能项目备案和配套政策，但现阶段仍存在因政策激励程度不足而出现的"备案多，建设少"情况（表 14.1）。

表 14.1　各省（区、市）"十四五"储能建设规划

省（区、市）	规划	文件
天津	力争新型储能装机规模达 50 万千瓦	《天津市电力发展"十四五"规划》
内蒙古	建成并网新型储能装机规模超 500 万千瓦	《内蒙古自治区关于加快推动新型储能发展的实施意见》
浙江	2023 年建成并网 100 万千瓦新型储能示范项目，"十四五"力争实现 200 万千瓦新型储能示范项目发展目标	《关于浙江省加快新型储能示范应用的实施意见》
安徽	积极推动灵活性电源建设，新增电力顶峰能力 400 万千瓦，其中储能 120 万千瓦	《安徽省电力供应保障三年行动方案（2022—2024 年）》
山东	2025 年建设 450 万千瓦储能设施	《山东省能源发展"十四五"规划》
河南	力争新型储能装机规模达 220 万千瓦	《河南省"十四五"现代能源体系和碳达峰碳中和规划》
湖北	安排集中式（共享式）化学储能电站（不含基地配置的化学储能电站）37 个、容量 2536~5372 兆瓦·时	《湖北省能源局关于公布 2021 年平价新能源项目的通知》
湖南	以发展电网侧独立储能为重点，集中规划建设一批电网侧储能电站，2023 年建成电化学储能电站 150 万千瓦 /300 万千瓦·时以上	《湖南省发展和改革委员会关于加快推动湖南省电化学储能发展的实施意见》
广东	2025 年储能规模约 200 万千瓦	《广东省培育新能源战略性新兴产业集群行动计划（2021—2025 年）》
陕西	陕湖直流一期、渭南新能源基地规划 1 吉瓦 /2 吉瓦·时储能电站，远期规模 2 吉瓦 /4 吉瓦·时	《关于征求陕西省 2022 年新型储能建设实施方案意见的函》
甘肃	2025 年储能装机规模达 600 万千瓦	《甘肃"十四五"能源发展规划》
青海	2025 年建成电化学等新型储能 600 万千瓦	《青海打造国家清洁能源产业高地行动方案（2021—2030 年）》
宁夏	2025 年储能设施容量不低于新能源装机规模的 10%（已备案项目装机超过 500 万千瓦）	《关于加快促进储能健康有序发展的通知》

此外，新能源与储能的协同发展关系将影响未来储能市场规模。因此，合理制定新能源电站配储比例、配储时长以及分摊储能成本比例，对实现新能源和储能的协同发展具有重要意义。

以中关村储能产业技术联盟全球储能项目库为定量研究的基础，参考各省"十四五"新型储能、新能源发展规划，基于保守场景和理想场景分别对 2026 年我国新型储能装机规模进行评估预测。其中，保守场景为政策执行、成本下降、技术改进等因素未达预期的情形，理想场景为储能规划目标顺利实现的情形。

在保守场景下，预计 2026 年新型储能累计规模将达到 48.5 吉瓦，2022—2026 年复合年均增长率为 53.3%，市场将呈现稳步、快速增长的趋势（图 14.1）。

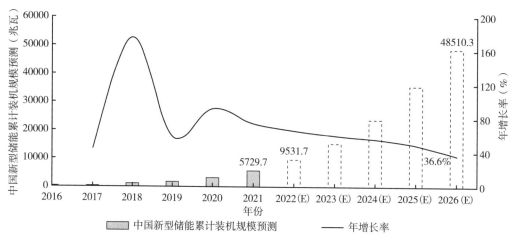

图 14.1　保守场景下中国新型储能累计投运规模预测

在理想场景下，随着电力市场的逐渐完善、储能供应链配套、商业模式日臻成熟，新型储能凭借建设周期短、环境影响小、选址要求低等优势，有望在竞争中脱颖而出。预计 2026 年新型储能累计规模将达到 79.5 吉瓦，2022—2026 年复合年均增长率为 69.2%（图 14.2）。

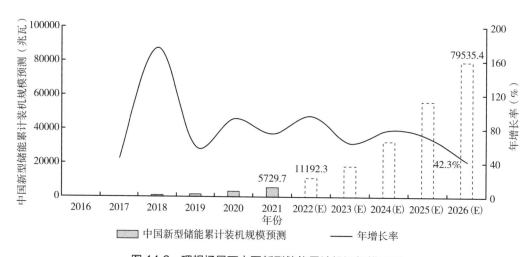

图 14.2　理想场景下中国新型储能累计投运规模预测

14.3　本章小结

储能市场的未来发展空间非常广阔。2025 年全球新型储能装机规模能够实现至少 10 倍的增长，2030 年有望实现 15 倍的增长，全球储能万亿市场即将开启。"十四五"是加快构建以新能源为主体的新型电力系统、推动实现碳达峰目标的关键时期，中国新型储能装机规模快速提升，近五年装机规模复合年均增长率达70%。新型储能作为能源革命核心技术和战略必争高地，有望形成一个技术含量高、增长潜力大的全新产业，成为新的经济增长点。

参考文献

［1］国家能源局. 新型储能项目管理规范（暂行）［R/OL］.（2021-9-24）. http://www.gov.cn/gongbao/content/2021/content_5662016.htm.

［2］BLOOMBERG NEF. 2021 Global Energy Storage Outlook［EB/OL］.（2021-11-15）. https://about.bnef.com/blog/global-energy-storage-market-set-to-hit-one-terawatt-hour-by-2030/.

［3］Wood Mackenzie.Global energy storage outlook: H2 2021［EB/OL］.（2021-9-29）.https://www.woodmac.com/reports/power-markets-global-energy-storage-outlook-h2-2021-532298/.

［4］IHS Markit. Global Clean Energy Technology［EB/OL］.（2021-10-1）.https://ihsmarkit.com/products/clean-energy-technology.html.